U0239311

2018

登记作物品种发展报告

农业农村部种业管理司
全国农业技术推广服务中心 编

中国农业出版社
北京

编 辑 委 员 会

执 行 编 委 会

 Preface 前 言

　　2019 年是打赢脱贫攻坚战的关键之年，也是全面建成小康社会的攻坚期。为完成这两大重点任务，必须持续抓好农业稳产保供，继续调整优化农业结构，加强优质绿色农产品供给，稳定增加农民收入，推进农业高质量发展。列入登记目录的 29 种农作物是我国农业农村特别是贫困地区经济发展的支柱产业，是农村脱贫攻坚的重要抓手。

　　为掌握登记作物产业发展现状，挖掘登记品种特征特性，了解作物育种进展，提出各作物品种创新主攻方向，我们组织编写了《登记作物品种发展报告 2018》。内容包括马铃薯等 29 种登记作物的产业发展、品种登记和品种创新情况分析，为种业管理部门、科研院校和种子企业了解登记作物产业发展、品种选育推广现状、品种创新主攻方向提供参考。

　　本书在编写和出版过程中，得到了各级种子管理部门、科研教学单位、种子企业，以及国科现代农业产业科技创新研究院的大力支持和帮助。在此，对为本书编写出版提供帮助和支持的所有单位和有关专家表示衷心感谢！

　　由于本书所涉及的作物种类多、知识领域广，加之作者水平有限，掌握资料不全，书中错误在所难免，敬请广大读者批评指正！

编　者

2019 年 9 月

Contents 目录

油料作物

糖　　料

西甜瓜 …………………………………………………………………………………… 167

果 树

苹果 …………………………………………………………………………………… 177

柑橘 …………………………………………………………………………………… 185

2018

粮食作物

登记作物品种发展报告

马 铃 薯

我国是世界第一大马铃薯生产国。马铃薯在我国分布区域广、栽培模式多、可周年生产、经济效益好，是我国第四大粮食作物。马铃薯不仅是种植业调整和产业扶贫的主要作物，也是重要的蔬菜和加工原料作物，对于保障我国食物安全、增加农民收入、推进扶贫攻坚、促进健康膳食和绿色发展具有重要意义。

一、产业发展情况分析

（一）生产情况

1. 种植面积、单产及总产变化

据专家调查估计，2018 年全国马铃薯种植总面积约 8 900 万亩①，总产量为 1.23 亿吨，分别比 2017 年减少了 9.32％和 9.31％，平均亩产 1 369 千克，比 2017 年略增 1.56％。面积总体呈现南稳北减的特征，北方一季区和中原二作区均出现不同程度下降，部分地区减少幅度在 30％以上，南方冬作区和西南混作区基本稳定。只有非主产区的江苏、浙江、新疆 3 个省份播种面积和产量出现了增加，出现面积和产量双降的有 19 个省份，内蒙古、黑龙江、宁夏、贵州、四川、山东等马铃薯主产区下降明显，其中福建和河南的降幅接近 50％。贵州、四川、甘肃等省份种植面积超过 1 000 万亩，云南、内蒙古、陕西和重庆等省份在 500 万～1 000 万亩，湖北、河北、黑龙江、山西、山东、宁夏和吉林等省份在 200 万～500 万亩。各地生产水平差异较大，平均亩产超过 2 000 千克的省份有山东、吉林、新疆和安徽，而大部分主产区单产低于全国平均水平。

2. 重大灾害发生情况

2018 年全国马铃薯主产区发生的灾害主要是干旱、霜冻、晚疫病和土传病害等。北方一作区：主要是早期干旱、后期多雨，致使晚疫病发生严重，特别是乌兰察布市，有 352 万亩的马铃薯单产大幅下降，降幅达 17％。土传病害依然是重要病害，北方产区产量损失较大，但因各地管理措施不同，不同地区间也呈现较大差异。中原二作区：4 月上旬冻害严重，受灾面积 200 万亩左右，总体产量损失 15％左右。西南混作区：因干旱和晚疫病造成的损失较大，其中云南 3—4 月干旱面积约 200 万亩，减产 10％左右；6—7 月晚疫病爆发约 300 万亩，减产 30％左右；3 月倒春寒，小春马铃薯霜冻危害约 10 万亩，减产 15％左右。

---

① 亩为非法定计量单位，1 亩≈666.7 平方米。——编者注。

3. 政府对产业的支持情况

由于种植业结构调整和脱贫攻坚战略需求，大部分省份对马铃薯的产业更加重视，出台实施一系列利好政策。陕西榆林市农业部门继续实施马铃薯"一亩种薯田"工程，全市实施面积 3 万多亩；青海安排资金 1 500 万元继续实施马铃薯种薯补贴项目，安排资金 9 600 万元继续实施全膜马铃薯覆盖项目；黑龙江省人民政府将马铃薯品种选育、绿色高效生产技术推广示范等项目列入"十三五"科技攻关规划，重点给予支持，省农村农业厅将马铃薯产业技术体系列入"十三五"规划；甘肃将马铃薯产业发展确定为扶贫产业，印发《甘肃省马铃薯产业精准扶贫三年行动工作方案》，组织召开了系列推进会，安排资金 2 000 万元用于马铃薯晚疫病防控；中央财政安排资金 1 000 万元专项用于马铃薯主食产品及产业开发试点；广东出台了种薯补贴、自然灾害保险、配方肥项目补贴、统防统治项目补贴、农机补贴等政策；云南将马铃薯产业列为重要的扶贫产业，投入大量资金用于发展马铃薯产业，主要以农户生产资料补贴为主；山东自 2018 年起在全省实施马铃薯种植保险，纳入中央补贴险种。

（二）市场情况

1. 市场价格

全国马铃薯平均价格基本呈现"低-高-落-升"的阶段变化特征，鲜薯市场整体价格较 2017 年提高约 10%，但不同地区、不同时间差异较大，提高幅度也各不相同。总体上看，2018 年 4 月后马铃薯田间价格和批发市场价格总体高于上年，但仍处于偏低水平；年度内马铃薯价格整体波动趋缓，不同产区不同时间收获的马铃薯形成周年生产能力，冲淡了淡旺季的价格差异，但也使地区间市场竞争加深；薯形好、品质佳的品种受到消费市场的认可，销售价格要高于其他品种，且易销售。

2. 国内贸易

受马铃薯总产量减少及商品率降低等因素影响，2018 年可供上市的商品量明显下降，马铃薯走货速度好于上年。虽然未出现火热的走货局面，但也未出现区域性的马铃薯价低且滞销现象。2018年全年各地区马铃薯收获后实现鲜薯异地销售超过 3 800 万吨，占总产量的 30.98%，略低于上年；马铃薯储藏量接近 4 500 万吨，占总产量的 36.68%。

3. 国际贸易

2018 年，我国马铃薯及其制品进出口总额为 5.72 亿美元，较 2017 年增加 0.31 亿美元，贸易顺差为 0.4 亿美元。其中，出口额 3.06 亿美元，相比于 2017 年（3.27 亿美元）减少 0.21 亿美元；进口总额为 2.66 亿美元，比 2017 年增加 0.52 亿美元，增幅高达 24.30%。出口产品中，种薯 615 吨157.6 万美元，鲜薯 44.75 万吨 25 863.5 万美元（占出口总额的 84.52%），冷冻马铃薯 1.64 万吨共1 624.5 万美元，全粉及淀粉类制品 0.25 万吨共 272.3 万美元，非醋方法制作或保藏马铃薯制品（薯条、薯片、薯宝等）1.36 万吨共 2 705 万美元（占出口总额的 8.84%）；进口产品主要为非醋方法保藏的马铃薯制品和淀粉制品两类，其中非醋方法保藏的马铃薯进口量由 12.58 万吨大幅增加到 19.26万吨共 21 363.6 万美元（占进口总额的 80.31%），全粉及淀粉类制品进口量 5.83 万吨共 5 287.2 万美元（占进口总额的 19.88%）。

（三）种业情况

1. 种业发展现状

据统计，我国生产上应用的马铃薯品种近 300 个。2018 年全年共登记马铃薯品种 139 个，其中，新选育品种依旧较少，已销售品种占 1/3 左右，已审定品种占一半以上，新育成品种的比例呈逐年增加趋势；品种主要由科研院所和高校育成，企业单独作为育种者的登记品种不到登记总数的 1/4，马铃薯种业企业品种自主创新能力还有待提高。

登记品种主要是通过传统有性杂交经无性世代选择和评价育成，少数品种是由田间变异株选育成。目前，国内马铃薯育种技术仍然以传统有性杂交为主，标记辅助选择技术在抗病毒病和抗晚疫病等抗病育种方面应用较多，2n 配子利用和体细胞融合在种质资源创新方面发挥了重要作用，而以转基因和基因编辑为主的基因工程技术，主要应用在可控环境下进行抗性、品质等重要性状定向改良，但相关产品未见田间试验和生产应用。

脱毒种薯生产基本稳定，质量有所提高。据调查，全国 26 个省份规模以上马铃薯脱毒种薯企业 186 家，年原原种设计生产能力 42 亿粒，2018 年实际生产量不超过 20 亿粒，生产高度集中，其中 2018 年甘肃实际生产原原种 9 亿粒，内蒙古和河北各生产原原种 4 亿粒左右。二级种薯以内脱毒薯覆盖率 40.2%，其中山东、宁夏、青海、广东和福建 5 个省份在 80% 以上。与 2017 年相比，原原种设计生产能力、实际生产量和脱毒种薯应用率基本持平。

2. 种业发展存在的问题

（1）品种结构有待于优化

应用的品种包括以前审定但未登记的品种、未登记未审定品种和已经登记品种等，品种名称不规范。因利益驱动造成马铃薯的同种异名和同名异种现象严重，扰乱了市场。由于品种登记缺乏品种真实性鉴定和科学试验评价，也可能会导致登记品种造假和侵权，造成种植户的损失。

（2）脱毒种薯应用率低、质量良莠不齐

全国规模以上脱毒原原种生产企业年原原种设计生产能力 42.02 亿粒，2018 年实际生产量不到 20 亿粒，脱毒薯质量良莠不齐，生产成本高，繁育技术有待改进。脱毒种薯应用地区间也差距较大，有的产区应用面积在 80% 以上，但大多数产区仍然低于 30%，病毒病仍是造成马铃薯低产的主要因素之一。

二、品种登记情况分析

2018 年共登记马铃薯品种 139 个，登记品种中，新选育品种 10 个，已审定品种 83 个，已销售品种 46 个。根据登记品种信息，具体情况整理分析如下。

1. 亲本情况

登记品种中，直接选用国外资源作为母本和父本而育成的品种 32 个，国外资源作母本的品种 24 个，国外资源作父本的品种 12 个；直接选用国内资源作为母本和父本的品种 24 个，国内资源作母本的品种 16 个，国内资源作父本的品种 20 个。可见大多数育成的登记品种含有国外引进资源的血缘，国外引进资源在我国马铃薯育种中具有非常重要的作用。

2. 选育方式

登记品种中，按选育方式分析，自主选育的品种 112 个，合作选育的品种 20 个，国外引进的品种 6 个，其他类型（地方品种）1 个。自主选育的品种依然占绝大多数，合作选育的品种较品种审定时期有增加趋势，预计未来将继续保持增加。国外引进品种较少，但未来增加的趋势明显。

3. 产量

登记品种中，按单产分析，产量大于 3 000 千克/亩的品种 17 个，产量在 2 500～3 000 千克/亩的品种 14 个，产量在 2 000～2 500 千克/亩的品种 44 个，产量在 1 500～2 000 千克/亩的品种 54 个，产量小于 1 500 千克/亩的品种 9 个，产量缺失的品种 1 个。产量是优质马铃薯品种的评判基础，小于 2 000 千克/亩的品种将近占总量一半，推测与品种比较试验未按照实际大田生产进行高效栽培管理有关，应进一步加强试验管理，充分发挥出品种产量潜力。

4. 品质

登记品种中，按块茎干物质含量分析，干物质含量大于 25％的品种 9 个，干物质含量在 20％～25％的品种 74 个，干物质含量小于 20％的品种 56 个。干物质含量是影响马铃薯加工品质的重要因素。整体上，干物质含量较高的品种占比偏低，这将在一定程度上限制品种在全粉、淀粉、炸条炸片等加工中的应用。

登记品种中，按块茎淀粉含量分析，淀粉含量大于 20％的品种 3 个，淀粉含量在 15％～20％的品种 48 个，淀粉含量在 10％～15％的品种 85 个，淀粉含量小于 10％的品种 2 个，淀粉含量空缺品种 1 个。马铃薯干物质中的绝大部分为淀粉。淀粉含量较高的品种占比偏低，这将限制品种在全粉、淀粉加工中的应用。

登记品种中，按块茎粗蛋白含量分析，粗蛋白含量大于 2.5％的品种 21 个，粗蛋白含量在 2.0％～2.5％的品种 68 个，粗蛋白含量在 1.5％～2.0％的品种 40 个，粗蛋白含量小于 1.5％的品种 6 个，粗蛋白含量空缺品种 4 个。马铃薯块茎含有人体所需的全部必需氨基酸，作为食物中重要的植物蛋白质来源，是人们饮食中蛋白摄入的重要补充。粗蛋白含量大于 2％的品种占比接近 2/3，为利用马铃薯补充日常蛋白质摄入提供了基础。

登记品种中，按块茎维生素 C 含量分析，大于 0.40 毫克/克（鲜薯）的品种 4 个，在 0.30～0.40 毫克/克（鲜薯）的品种 9 个，在 0.20～0.30 毫克/克（鲜薯）的品种 45 个，小于 0.20 毫克/克（鲜薯）的品种 68 个，维生素 C 含量空缺或填报不规范的品种 13 个。马铃薯是人们补充维生素 C 的重要食品之一。维生素 C 大于 0.20 毫克/克（鲜薯）的品种占比接近一半，为利用马铃薯补充日常维生素 C 提供了基础。

登记品种中，按块茎还原糖含量分析，还原糖含量小于 0.1％的品种 19 个，还原糖含量在 0.1％～0.2％的品种 30 个，还原糖含量在 0.2％～0.3％的品种 23 个，还原糖含量在 0.3％～0.4％的品种 22 个，还原糖含量大于 4％的品种 39 个，还原糖含量填报不规范的品种 6 个。较低还原糖含量是加工品种尤其是炸条炸片品种的重要要求。还原糖含量小于 0.2％品种占比超过 1/3，基本可以满足加工品种的还原糖含量要求。

5. 抗病性

登记品种中，按晚疫病抗性类型分析，高抗病型品种 21 个，抗病型品种 24 个，中抗病型品种 48 个，轻感病型品种 1 个，中感病型品种 27 个，感病型品种 11 个，高感病型品种 4 个，抗性描述不规范品种 3 个。中抗病型以上品种占比较大，但生产上需要在晚疫病频发区进一步检验。

登记品种中，按马铃薯 X 病毒（PVX）抗病类型分析，高抗病型品种 7 个，抗病型品种 18 个，中抗病型品种 19 个，轻感病型品种 2 个，中感病型品种 1 个，感病型品种 5 个，抗病性不明确或空缺品种 87 个。抗病性不明确、不规范或空缺的品种占比较多，需要加强抗病性鉴定和规范填报。

登记品种中，按马铃薯 Y 病毒（PVY）抗病性类型分析，高抗品种 5 个，抗病品种 22 个，中抗品种 16 个，中感品种 1 个，感病品种 7 个，抗性不明确或空缺品种 88 个。抗性不明确、不规范或空缺的品种占比较多，需要加强抗病性鉴定和规范填报。

三、品种创新情况分析

（一）育种新进展

自实行品种登记制度以来，马铃薯按照品种类型主要划分为鲜食、淀粉、全粉、炸片炸条、特色等类别。2018 年登记品种中，鲜食品种 91 个，淀粉品种 6 个，全粉品种 2 个，炸片炸条品种 10 个，特色品种 1 个，2 种及以上用途兼用品种 29 个。鲜食品种占绝大多数，加工专用和特色品种依然匮乏。根据登记品种信息整理分析，具体情况如下。

1. 登记鲜食品种占比超过 2/3

其中新选育品种只有 5 个，预计 2019 年新选育鲜食品种数量将大幅增加。主要新选育鲜食品种如下。

（1）龙薯 1 号：早熟鲜食品种，由出苗到成熟生育日数 70 天左右。株型直立，株高 58 厘米左右，分枝中等。茎绿色，茎横断面三棱形。叶绿色，叶缘平展，复叶较大。开花正常，花冠白色，花药橙黄色，子房断面无色。块茎椭圆形，浅黄皮乳白肉，芽眼浅，顶芽有红色，耐贮性较强，结薯集中。块茎蒸食品质好。

（2）天薯 14：晚熟鲜食品种。株型直立，生长势强。茎绿色带褐色条纹，复叶小，叶缘平展，花冠白色，天然结实性少。薯块卵圆形，薯皮光滑，皮色浅黄，肉色浅黄，芽眼深度中等。结薯集中，商品薯率 77.8%，薯块大而整齐，商品性好。

天薯 15：晚熟鲜食用品种。株型直立，生长势强。茎绿色带褐色条纹，复叶绿色且小，叶缘平展，花冠白色，天然结实性少。薯块卵圆形，薯皮光滑，皮色黄，肉色浅黄，芽眼少而浅。结薯集中，商品薯率 80.3%，薯块大而整齐，商品性好。

土岩 1 号：中晚熟鲜食品种。茎浅紫色，叶缘波状，花冠白色。块茎短卵圆形，黄皮黄肉，成熟前芽眼显红，芽眼浅，结薯较多。薯形好，食味佳。中抗晚疫病、PVX、PVY。

土岩 2 号：中晚熟鲜食品种。植株繁茂，分枝多，叶片浅绿色，花冠白色。块茎短卵圆形，黄皮，深黄肉，芽眼浅，结薯较多。薯形好，食味佳。中抗晚疫病、PVX、PVY。

2. 登记鲜食品种中，已审定品种 56 个

生产上种植面积较大的品种如下。

费乌瑞它：早熟鲜食品种。株型直立，茎粗壮呈紫褐色，生长势强。叶绿色，复叶大，下垂，叶边缘微有波状；花冠蓝紫色，天然结实，浆果大。块茎长椭圆形，皮色淡黄，肉色深黄，表皮光滑，块茎大而整齐，芽眼少而浅；结薯集中，休眠期短，较耐储藏。

冀张薯 12：中晚熟鲜食品种。株型直立，主茎粗壮，分枝少，茎、叶浅绿色；花冠浅紫色，天然结实中等，生长势较强。块茎长卵圆形，薯皮光滑，芽眼浅，浅黄皮浅黄肉。结薯浅而集中，商品薯率 86.98%；干物质含量 19.21%。

冀张薯 8 号：晚熟鲜食品种。株型直立，生长势强。茎、叶绿色，花冠白色，花期长，天然结实性中等。块茎卵圆形，浅黄皮，乳白肉，芽眼浅，薯皮光滑。商品薯率 75.3％。

中薯 5 号：早熟鲜食品种。株型直立，生长势较强。茎绿色，复叶大小中等，叶缘平展，叶色深绿，分枝数少；花冠白色，天然结实性中等。块茎略扁，长圆形或圆形，黄皮，浅黄肉，表皮光滑，大而整齐，春季大、中薯率可达 97.6％，芽眼极浅，结薯集中。炒食品质优。

中薯 3 号：早熟鲜食品种。株型直立，分枝数少，枝叶繁茂、生长势强。单株主茎数 3 个左右，茎绿色，叶绿色，茸毛少，叶缘波状；花序总梗绿色，花冠白色，雄蕊橙黄色，能天然结实。匍匐茎短，结薯集中，块茎椭圆形，黄皮，浅黄肉，表皮光滑，大而整齐，芽眼少而浅，商品薯率 80％～90％。蒸食品质优。

早大白：早熟鲜食品种。株型直立茎绿色，叶绿色，花白色，顶小叶卵形，复叶较大。结薯集中，块茎扁圆形，白皮，白肉，表皮光滑，芽眼深浅中等。高抗马铃薯病毒病，较抗真菌、细菌病害。

尤金：中早熟鲜食品种。株型直立型，茎紫褐色，叶深绿色，花白色，顶小叶椭圆形，复叶较长。块茎椭圆形，大而整齐，结薯集中，黄皮，黄肉，表皮光滑，芽眼平浅。

丽薯 6 号：中晚熟鲜食品种。株型半直立，茎微紫绿，叶绿色，花白色，结实性弱。薯形椭圆，白皮，白肉，芽眼浅，表皮光滑，商品率高，大中薯率 83.9％；结薯集中，薯块休眠期长，耐贮性好。

3. 登记鲜食品种中，已销售品种 30 个

生产上种植面积较大的品种较少，近年来面积增长趋势较大的品种如下。

闽薯 1 号：中熟鲜食品种。株型直立，分枝少，匍匐茎短，叶片椭圆形，茎叶绿色。块茎长椭圆形，薯皮中等黄色，薯肉淡黄色，表皮光滑，芽眼浅；结薯集中，薯块整齐，大中薯率 86.10％。熟食味香质面，粗纤维少，食用品质好。

4. 登记品种中，淀粉专用品种 6 个

其中新选育品种 2 个，已审定品种 3 个，已销售品种 1 个，整体生产上种植面积比较小，有待市场检验，具体如下。

陇芋 1 号：晚熟淀粉加工品种。株型半直立，主茎分枝较多，叶深绿色，复叶较大；花冠白色，天然结实性较弱。薯块椭圆形，芽眼较浅，黄皮，黄肉，表皮光滑。结薯集中，商品薯率 80％。

陇芋 2 号：晚熟淀粉加工品种。茎浅紫色，花冠浅红色，天然不结实。结薯集中，单株结薯 8 个左右。薯块椭圆形，红皮，黄肉，芽眼较浅。中感晚疫病、病毒病。

云薯 205：晚熟淀粉加工品种。株型半直立，叶色绿，茎浅紫色；花冠紫色，开花性中等繁茂，天然结实性非常弱。匍匐茎中等长，块茎扁圆形，紫皮，白肉，维管束有紫圈，麻皮，芽眼中等，耐贮性好。

宁薯 15：晚熟淀粉加工品种。株型直立，分枝少，茎秆粗壮，茎绿色，匍匐茎较短，叶色浓绿，复叶较大；聚伞花序，花冠白色。结薯集中，薯块较大且整齐，商品薯率 73％。薯形扁圆，皮黄色，薯皮光滑，芽眼中等，薯肉黄色。抗旱耐瘠薄，薯块休眠期长，耐贮藏。

德薯 3 号：中晚熟淀粉加工品种。株型直立，生长势较强，茎叶浓绿色。匍匐茎中等，结薯集中，结薯多。块茎扁圆形、圆形，白皮，白肉，表皮略麻，芽眼浅。

北薯 2 号：早熟淀粉加工品种。株型直立，生长势强，分枝中等，茎带紫褐色花纹，叶绿色，复叶大、下垂；花冠蓝紫色，有浆果。匍匐茎短，结薯集中。块茎长卵圆形，皮淡黄色，薯肉黄色，薯皮光滑，芽眼极浅，商品率在 85％以上。

5. 登记品种中，全粉专用品种 2 个

已审定和已销售品种各 1 个，生产上种植面积比较小，有待市场检验，具体如下。

宁薯 16：晚熟全粉加工品种。株型直立，茎深紫色，叶色浓绿，复叶较大，花冠蓝色。分枝较多，匍匐茎短，天然结实性少，结薯集中。薯块椭圆形，淡黄皮，白肉，薯皮光滑，芽眼浅、紫色，块茎大而整齐，商品薯率 83.1%。丰产稳产性好，适应性广。

北薯 1 号：中早熟全粉加工品种。株型直立，生长势强。分枝中等，茎秆粗壮，叶色深绿，叶片肥大平展，花冠浅紫色，有天然结实。块茎圆形，顶部稍平，淡黄色皮，薯肉白色，表皮有轻微网纹，芽眼浅，结薯集中，商品率 86%。

6. 登记品种中，特色品种 1 个

已审定。特色品种在生产上种植面积比较小，具体如下。

紫罗兰：中晚熟特色品种。株型直立，生长势强。结薯集中，分枝少，主茎发达，棱形，茎秆颜色紫色，随温度增高变浅。叶为复叶；叶色淡紫色；花冠白紫色，花药黄色。块茎长椭圆形，薯皮紫色，薯肉紫色，芽眼浅，表皮光滑。

7. 兼用品种

登记品种中，鲜食全粉兼用品种 2 个，鲜食、淀粉兼用品种 9 个，鲜食、特色兼用品种 4 个，鲜食、炸片炸条兼用品种 7 个，全粉、炸片炸条兼用品种 1 个，鲜食、淀粉、全粉兼用品种 1 个，鲜食淀粉、全粉、炸片炸条兼用品种 2 个，鲜食、全粉、炸片炸条、特色兼用品种 2 个，鲜食、炸片炸条、特色兼用品种 1 个，以上兼用品种大部分为已审定或已销售，新选育品种较少，具体如下。

雪育 1 号：中熟，全粉、炸片炸条兼用品种。株型半直立，生长势强。茎绿色，叶绿色，花冠白色，天然可结实，匍匐茎短。薯块椭圆形，黄皮，淡黄肉，薯皮粗糙，芽眼浅食味品质优良。高抗 PVY、晚疫病，中抗马铃薯卷叶病毒（PLRV）、PVX，感早疫病。

土岩 3 号：中晚熟，鲜食、淀粉兼用品种。分枝多，茎叶绿色，花冠白色。块茎短卵圆形，黄皮，黄肉，块茎麻皮，芽眼浅，结薯较多。淀粉含量 16.23%，薯形好，食味佳，鲜食、加工两用品种。中抗晚疫病、PVX、PVY。

土岩 4 号：中晚熟，鲜食、淀粉兼用品种。分枝多，茎粗壮，叶片浅绿色，花冠白色。块茎圆形，黄皮，黄肉，表皮有网纹，芽眼中深。结薯集中，耐贮藏。淀粉含量 15.2%。中抗晚疫病，抗 PVX、PVY。

（二）品种应用情况

主要品种推广应用情况

马铃薯按品种类型可划分为鲜食、加工（淀粉、全粉、炸片炸条等）和特色三大类，目前我国生产上种植面积超过 1 万亩的品种 200 余个，其中绝大多数为鲜食品种，少部分为加工品种和特色品种。

（1）生产上应用的主要品种数量

根据全国农技推广中心不完全统计，推广面积在 100 万亩以上的品种有 18 个，绝大多数为鲜食品种，加工专用品种仅有 1 个；推广面积在 50 万~100 万亩的有 14 个，加工专用品种仅有 1 个；推广面积在 10 万~50 万亩的有 49 个品种。

（2）品种在生产上的表现和风险预警

截止到 2018 年年底，我国共审定或登记了 800 余个马铃薯品种，其中绝大部分是具有我国自主知识产权的自育品种，对我国马铃薯产业的发展起到了重要支撑作用。但随着社会的发展，一些主栽品种逐渐不能适应当前马铃薯产业高质量发展的要求，如曾经全国种植面积最大的品种克新 1 号，虽然适应性广，抗病耐逆性好，但因为外观和品质稍差，种植面积逐年下降；国外引进品种费乌瑞它，虽然目前生产上面积依然较大，但由于其抗病耐逆性差，不适合当前农业绿色发展的要求，面积已呈下跌趋势。2018 年马铃薯品种总体上存在以下问题：

①早熟品种缺乏。国外引进品种费乌瑞它依然是应用面积最大的早熟品种，国内品种仅有中薯系列、早大白等品种应用面积较大，加强早熟种质资源引进、筛选和创制，创新早熟育种技术，选育早熟优质多抗马铃薯品种任务依然艰巨。

②加工专用品种少。国外引进的大西洋和夏坡蒂依然是生产上应用的主要加工品种，淀粉加工专用品种依然缺乏。2018 年登记的国内自主选育的加工专用品种数量呈增加趋势，但仍待市场的检验和加强推广力度。加强加工专用品种选育，是推进马铃薯产业提质增效的紧迫需求。

③适合绿色生产的品种不足。晚疫病、病毒病、疮痂病、黑胫病依然是影响马铃薯生产的主要病害，其中晚疫病危害依然最大，土传病害危害有增加趋势。生产上应用的抗性品种依然以传统的米拉、合作 88、鄂马铃薯系列为主，近年新育成的抗晚疫病品种青薯 9 号面积逐渐扩大，但在部分主产区抗性有所减弱，贮藏问题显现。生产上还未发现对疮痂病和黑胫病具有显著抗性的品种，干旱和霜冻等非生物逆境造成的马铃薯生产损失和投入成本也逐年增加。生产上急需可以减少资源消耗和化肥农药使用以及适合绿色栽培技术的绿色品种。

④品种的耐贮性有待改良。马铃薯总产和价格的年际间波动比较频繁，为了保障收益，北方一作区内建设了大量马铃薯贮藏设施，以使马铃薯在市场价格较高时出售。然而，受温湿度和病害的影响，马铃薯在贮藏期间易发生失水萎蔫、发芽和腐烂，影响商品质量。目前一些种植面积较大的品种在贮藏期间易发生生理性和非生理性病害，限制了一些优良品种面积的进一步推广。因此针对品种的耐贮性进行系统评价并筛选耐贮性好的优良品种，对于调节马铃薯的市场供应和提高种植户收益具有重要意义。

⑤潜在土传病虫害的防控和抗性资源创新有待加强。以疮痂病、黑胫病和黑痣病为主的土传病害在北方一作区尤其是华北地区日益严重，随着种薯的调运，中原和南方冬作地区土传病害的危害开始显现。近年来，茎基腐病、黄萎病、线虫、甲虫等一些潜在或检疫性病害在部分地区开始出现。针对以上情况，开展抗土传病害的种质资源筛选并创制相关育种材料，选育抗病或耐病品种是防控土传病害的根本措施，同时加强对茎基腐病、黄萎病、线虫、甲虫等病虫害的预先研究和抗性资源贮备也尤显必要。

（三）品种创新的发展趋势

1. 不同生态区品种创新的主攻方向

总体上，高产、稳产、抗病、耐逆、优质是最重要的育种目标，品种的外观、口感和专用品质好、早熟、适合绿色生产是重点突破方向，不同的生态区域育种目标不尽相同。

北方一作区：以中熟和晚熟品种为主，东北地区尤其应注重培育抗晚疫病、黑胫病品种，华北和西北地区需注重选育耐旱及抗土传病害、晚疫病、病毒病的品种，该地区地势平整，连片种植规模大，适合机械化栽培，耐损伤、耐贮藏、节水、减肥、减药品种是重要发展方向。

中原二作区：以早熟或薯块膨大快、对日照长度不敏感的品种选育为主，早熟、鲜食品质和商品性好、高产、抗病毒病和疮痂病是主要的育种目标。

南方冬作区：以日照长度不敏感、抗晚疫病、耐寒、耐弱光的中、早熟品种选育为主，鲜食品质和商品性好是品种选育重要方向。

西南混作区：高海拔地区主要以高抗晚疫病、癌肿病、粉痂病的中晚熟和晚熟品种选育为主要育种目标，中低海拔地区以抗晚疫病、病毒病的中熟和早熟品种为选育目标，抗晚疫病是西南地区品种选育的优先方向。

2. 下一步育种方向

（1）育种技术的综合应用

马铃薯品种选育将综合各种育种技术，以杂交为基础的传统育种技术为基础，以 $2n$ 配子利用技术和体细胞杂交为主的倍性操作技术为资源改良和创制的途径，以简单性状和复杂性状追踪及利用的标记辅助选择技术和基因组选择技术为提升亲本组配和后代选择效率的工具，以培育抗病、抗逆、高产、优质、专用马铃薯优良品种为目标，全面促进马铃薯优良品种选育进度。

（2）专用型品种选育

以改良块茎干物质、淀粉、维生素 C、粗蛋白、还原糖、微量元素和花色苷等加工和特色品质为目标，选育适于马铃薯全粉加工、淀粉加工、特色食品加工的丰产抗病优质专用品种，提高加工和特色原料生产能力，促进马铃薯产业高附加值和高质量发展。另外，针对国内马铃薯鲜食比重大，但传统品种外观和商品性较差的问题，选育食用品质好、外观好、特色营养的适合炖食、炒食、蒸烤和榨汁等鲜食专用品种，对于满足细分市场需求、促进消费具有良好前景。

（3）绿色品种选育

制订马铃薯绿色品种评价指标体系，加大高产、抗病、耐逆、肥料高效利用、优质等特性的品种选育，减少资源消耗和农药施用并产生良好的种植效益，促进马铃薯产业绿色发展。

（编写人员：金黎平　徐建飞　罗其友　等）

甘　薯

甘薯具有高产稳产、适应性强、营养丰富等特点，兼具粮食、经济作物的特点，除鲜食外，可用于食品加工。近年来菜用甘薯和紫薯发展较快，在农业供给侧结构性改革中越来越得到重视。近年来甘薯及甘薯加工产品价格稳定，且有逐年升高的趋势。甘薯产业在特色作物中产业化程度比较高，经济效益高，精准扶贫中也具有比较大的优势，许多地方政府将甘薯列入产业扶贫项目。

一、产业发展情况分析

（一）生产情况

2018 年我国甘薯种植面积相对稳定，根据体系专家调研分析，种植面积为 6 150 万亩，略高于 2017 年。多数省份面积保持稳定，增幅较大的省份有山东、辽宁、陕西、广西，增幅为 5.0%～10.0%。重庆和安徽面积减少较多，分别为 9.0% 和 13.4%。根据各省份调查数据分析，鲜产水平为 1 665 千克/亩，产量水平从北向南呈现依次降低的趋势，北方薯区平均亩产 1 900 千克，长江中下游薯区平均亩产 1 700 千克/亩，南方薯区平均亩产 1 500 千克/亩。

2018 年甘薯产业继续向优质高效发展，我国许多县将甘薯列为高产高效和结构调整的优势作物，部分地区出现了甘薯种植热。在种植技术上，北方薯区重点推广"一水一膜"地膜覆盖技术、深沟大垄高效栽培生产技术、水肥一体化地膜覆盖栽培技术、健康壮苗繁育技术和甘薯主要病害综合防治技术；长江中下游薯区重点推广起垄栽培和配方施肥，增加栽培密度和增加施用钾肥"二推二增"技术；南方薯区重点推广平衡施肥技术和水肥一体化栽培技术。

（二）市场需求与销售

1. 市场销售情况

2018 年全国甘薯市场需求有所变化，淀粉加工量略有减少，休闲食品加工量增加。鲜食市场因甘薯独特的保健特性深受消费者喜爱，价格一直高位稳定。据调查，紫甘薯产地收购价稳定在 2.2 元/千克左右，淀粉加工型品种略有上涨，为 0.8～1.1 元/千克，普通红心甘薯产地收购价在 1.6～4.0 元/千克。部分电商价格更高，如遂宁 524 红薯在电商平台的销售价格高达 24 元/千克。同时，海南红薯逐步打开大陆市场，且供不应求。

2. 甘薯加工制品的销售情况

淀粉及粉条类：出口韩国及东南亚市场占到大企业产品的 30%～40%，其余内销。2018 年精制干淀粉出厂价格为 7 000～7 200 元/吨（2017 年为 6 600～6 800 元/吨），粉条及粉皮类出厂价格为

9 500～11 000元/吨（2017 年为 8 800～9 500 元/吨）。

速冻薯块：以出口订单为主，出厂价格根据品种和质量有一定浮动，基本为 5 000～6 000 元/吨。

薯条（干）：传统的蒸熟烘烤工艺主要供应国内的农村及批发市场，呈衰退趋势，出厂批发价格为 8 000 元/吨左右。倒蒸红薯干（浙江工艺）主要供应大型超市、网商等，出厂批发价格为 22 000 元/吨左右。

冰烤薯类：主要供应国内的超市及便利店，少部分出口，出厂价格因品种和质量、规格有所差异，基本出厂价格在 12 000～16 000 元/吨。

（三）种业情况

1. 甘薯种业的发展特点

改革开放前，甘薯种薯种苗主要以自繁自育为主，市场调节为辅，无固定的繁育基地，政府无管理甘薯良种繁育的部门。改革开放初期，家庭式种薯种苗繁育公司较多，市场比较混乱，同种异名普遍，侵权现象较多，规模较小，抵御市场风险能力差。由于近年来甘薯病毒病害（SPVD）扩散较快，种薯种苗繁育和甘薯生产上时有病毒危害现象发生，种薯种苗产业面临着市场重新洗牌的问题。目前，大公司多集中在北方薯区，其优越性逐渐彰显，但规模企业仍然不多；南方薯区甘薯种苗繁育主要以农户或合作社自留、自繁、自用为主，以苗繁苗或直接用老苗种植现象很多。据不完全统计，2018 年全国甘薯繁种面积为 22 万亩，种薯繁育量为 1.5 198 亿千克，薯苗 127 亿株；生产经营种薯 2 187 万千克，薯苗 82 亿株。2016—2018 年繁种制种量为上升趋势。

2. 甘薯种业发展存在问题

第一，甘薯脱毒种薯种苗繁育体系尚不健全，脱毒种薯种苗的应用率不足 10%，产业提升空间巨大。

第二，种薯种苗繁育技术不规范，不能严格按照规范化操作技术进行，种薯种苗繁育基地不稳定，隔离措施不严格。

第三，国家对甘薯种薯种苗的监管力度不足，缺乏必要的检疫程序，种薯种苗质量监督标准缺失，盲目跨区调种导致检疫性病害在南北方之间传播，南病北移、北病南移现象时有发生。

二、品种登记情况分析

1. 亲本来源和育成方式分析

我国自育品种占国内甘薯种植的 95% 以上。根据 2018 年底甘薯品种登记系统已完成签收和入库的 131 个登记品种信息统计分析（包括部分没有公告的品种），其中，自主选育的品种 108 个，合作选育的品种 21 个，无境外引进的品种，其他选育方式的品种 2 个。登记品种中直接选用国外资源作为亲本的有 14 个，其中父本是国外资源的有 7 个，母本是国外资源的有 7 个。亲本为国内资源的品种有 117 个，但向上追溯 2～3 代，绝大多数育成的登记品种含有国外引进资源的血缘。可见，引进资源在我国甘薯改良中的推进作用不可低估。

2. 品种类型分析

登记品种中，淀粉型品种 29 个，鲜食型品种 68 个（包括 6 个鲜食型高胡萝卜素类型品种和 9 个鲜食高花青素类型品种），高花青素型品种 5 个，高胡萝卜素品种 2 个，叶菜型品种 6 个，淀粉和鲜食兼用型类型品种 17 个,鲜食和加工兼用型品种 1 个,食饲兼用型品种 1 个,其他类型品种 2 个。

亩产超过 3 000 千克的品种有 8 个,湖北宜昌的三峡红心王薯亩产最高 6 198 千克;亩产在 2 000～3 000 千克的品种有 83 个;亩产低于 2 000 千克的品种 40 个,其中绵阳市农业科学研究院的绵渝紫 11 亩产最低,为 1 314.9 千克。

3. 品质分析

登记品种中,干物质含量高于 30％的品种 53 个,重庆三峡农业科学院的万薯 8 号干率最高,达 39.34％,干率低于 30％的品种 72 个;泰安市农业科学研究院的泰薯 14 干率最低,为 19.36％。淀粉率高于 30％的品种 21 个,淀粉率低于 30％的品种 97 个,湖北省农业科学院粮食作物研究所的鄂薯 11 淀粉率最低,为 18％;河南商丘市的商薯 9 号淀粉率最高,达 71.85％(以干基计算的未列入统计)。

薯块干基粗蛋白含量高于 5％的品种 27 个,河北慧谷农业科技有限公司的慧谷 2 号粗蛋白含量最高,达 10.5％,粗蛋白含量低于 5％的品种 50 个;河北石家庄的石甘薯 1 号粗蛋白含量最低,为 0.291％。薯块干基还原糖含量高于 5％的品种 41 个,山西省农业科学院棉花研究所的晋甘薯 3 号还原糖含量最高,达 53.7,还原糖含量低于 5％的品种 33 个;福建省农业科学院作物研究所的福菜薯 18 还原糖含量最低,为 0.15％。薯块干基可溶性糖含量高于 10％的品种 41 个,河北慧谷农业科技有限公司的慧谷 2 号可溶性糖含量最高,达 34.6％,可溶性糖含量低于 10％的品种 43 个;山西省农业科学院棉花研究所晋甘薯 9 号可溶性糖含量最低,为 2.61％。鄂薯 7 号鲜薯胡萝卜素含量最高,为 143.4 毫克/千克。

4. 抗病性分析

登记品种中,高抗根腐病的品种 12 个,中抗根腐病的品种 26 个,抗根腐病的品种 25 个,感根腐病的品种 7 个,高感根腐病的品种 18 个。高抗黑斑病的品种 4 个,中抗黑斑病的品种 32 个,抗黑斑病的品种 25 个,感黑斑病的品种 7 个,高感黑斑病的品种 28 个。高抗茎线虫病的品种 10 个,中抗茎线虫病的品种 26 个,抗茎线虫病的品种 17 个,感茎线虫病的品种 3 个,高感茎线虫病的品种 30 个。高抗蔓割病的品种 13 个,中抗蔓割病的品种 18 个,抗蔓割病的品种 30 个,高感蔓割病的品种 15 个。高抗薯瘟病的品种 2 个,中抗薯瘟病的品种 10 个,抗薯瘟病的品种 9 个,感薯瘟病的品种 3 个,高感薯瘟病的品种 33 个。

三、品种创新情况分析

(一) 育种新进展

2017 年甘薯被列入首批我国 29 种实行登记制度的非主要农作物。2018 年,有 60 余个品种通过农业农村部登记,登记品种绝大部分已通过国家或省级审(鉴)定。甘薯品种按类型可分为淀粉型、鲜食型、兼用型、胡萝卜素型、花青素型、菜用型等。

1. 淀粉型品种

目前生产上主推或有推广前景的登记(包括已经审、鉴定的)淀粉型品种主要有商薯 19、徐薯 22、济薯 25、漯薯 11、冀薯 98、万薯 5 号、龙薯 24 等。

商薯 19 为河南省商丘市农林科学院以豫薯 7 号作父本进行有性杂交,从其后代中选育而成。

2013年通过国家鉴定，2015年申请品种权保护。该品种顶叶色微紫，地上部其他部位均为绿色。叶形心脏形带齿。蔓长1.0～1.5米，基部分枝8个左右，茎顶端无茸毛。薯纺锤形，皮色红，肉色白。萌芽性好，茎叶生长势强，结薯早而集中，单株结薯4块左右。夏薯烘干率28％～32％。淀粉品质极优。据中国农业科学院甘薯研究所鉴定为高抗根腐病，抗茎线虫病，不抗黑斑病，不开花，属春夏薯型。2001—2002年，进行河南省区域试验，两年平均较对照种徐薯18，鲜薯增产16.31％，薯干增产20.6％。目前在全国各地均有种植，且面积较大。

徐薯22为江苏徐淮地区徐州农业科学研究所（江苏徐州甘薯研究中心）以豫薯7号为母本，以苏薯7号为父本，通过有性杂交选育而成。该品种中长蔓，茎绿色，顶叶、叶、叶脉、叶柄均为绿色，叶心齿形。基部分枝6～7个。薯块下膨纺锤形，红皮白肉，结薯整齐集中，商品薯率高，薯块萌芽性好，夏薯块干物率31.0％左右。中抗根腐病，感茎线虫病。薯干产量比对照南薯88增产显著。适宜在江苏、浙江、江西、湖南、湖北、四川、重庆作春、夏薯种植。

济薯25为山东省农业科学院作物研究所以济01028为母本放任授粉选育而成。该品种顶叶、叶片、叶脉、柄基均为绿色，脉基紫色，叶为心脏形；茎蔓中等长度，绿色，基部分枝6～7个，匍匐型；薯块纺锤形，薯皮红色，薯肉白色，萌芽性较好，结薯早而集中，薯块数较多，食味中等，耐贮藏；干物质含量高，烘干率32.0％左右；抗逆性较强，适应性广。中抗蔓割病，抗根腐病，感黑斑病和茎线虫病。淀粉产量比对照徐薯22增产显著。适宜在山东、河北、陕西、河南南部、安徽、江苏北部春季或夏季种植。

万薯5号是重庆三峡农业科学院以徐55-2为母本，以92-3-7为父本通过有性杂交选育而成。该品种顶叶褐色，叶与叶脉绿色，脉基紫色；叶心形，叶片较大，蔓绿色，株型匍匐，基部分枝平均4.2个，单株结薯3个；薯块纺锤形，薯皮紫红色，薯肉白色，萌芽性较优，烘干率36.0％左右。抗黑斑病，感茎线虫病。淀粉产量比对照南薯88增产显著。适宜在重庆、四川、江西、湖南、湖北、江苏南部种植。

龙薯24是龙岩市农业科学研究所以龙薯39-1为母本放任授粉选育而成。该品种株型中长，蔓半直立，单株分枝数5～12条，成叶五裂片，叶片大小中等，顶叶、成叶为绿色，叶主脉、叶侧脉、柄基、脉基均为紫色，叶柄、茎为绿带紫；蔓粗中等，单株结薯2～4个，薯块纺锤形，薯皮黄色，薯肉黄色，结薯集中，薯块均匀，烘干率31.0％左右。中抗蔓割病，感薯瘟病。淀粉产量比对照金山57增产显著。抗旱性较强，适宜在福建薯瘟病轻发区春季和夏季种植。

2. 鲜食型品种

目前生产上主推或有推广前景的登记（包括已经审、鉴定的）鲜食型品种有烟薯25、济薯26、徐薯32、普薯32、徐渝薯35、徐紫薯6号、徐紫薯8号、苏薯16、宁紫薯4号、万薯7号、遂薯524、龙薯9号、湛薯271等。

烟薯25是烟台市农业科学研究院以鲁薯8号为母本放任授粉选育而成。该品种萌芽性较好，中长蔓，分枝数5～6个，茎蔓中等粗，叶片浅裂，顶叶紫色，成年叶、叶脉和茎蔓均为绿色；薯纺锤形，淡红皮橘黄肉，结薯集中薯块较整齐，单株结薯5个左右，大中薯率较高；食味好，干基还原糖和可溶性糖含量较高；耐贮；烘干率27.0％左右，干基可溶糖含量10.0％左右，鲜基胡萝卜素含量0.035毫克/克左右。蒸煮后呈金黄色，甜香味极好，适宜食用和烤甘薯。抗黑斑病，中抗根腐病。鲜薯产量比对照徐薯18增产显著。适合在山东、河北、河南、安徽、江苏、辽宁、山西、陕西、内蒙古、新疆、吉林、北京、天津等地种植。

济薯26为山东省农业科学院作物研究所以徐03-31-15为母本，经放任授粉逐级生产力测定及抗病性鉴定选育而成。该品种顶叶黄绿色带紫边，成年叶心形、绿色，叶脉、脉基和柄基均为紫色；茎蔓中等长度，较细，绿色带紫斑，茎基部分枝数10个左右，匍匐型；薯块纺锤形，薯皮红色，薯肉黄色，萌芽性较好，结薯集中整齐，单株结薯 4 个左右，大中薯率较高；烘干率 23%～28%，薯干较平整，可溶性糖含量高，食味优；抗逆性较强，适应性广，较耐贮；中抗根腐病和茎线虫病，抗蔓割病，感黑斑病。2012—2013 年参加国家甘薯北方薯区区域试验，两年平均鲜薯产量 2 169.1 千克/亩，较对照增产 8.77%，居第二位；平均烘干率 25.76%，比对照低 3.57 个百分点；2013 年生产鉴定试验中，济薯 26 鲜薯平均产量 2 317.4 千克/亩，比对照徐薯 22 增产 14.34%；烘干率 25.73%，比对照低 2.21 个百分点。济薯 26 抗逆性强，适应性广，可在北方春薯区、黄淮流域春夏薯区、长江流域夏薯区和南方夏秋薯区种植。

苏薯 16 是江苏省农业科学院粮食作物研究所以 Acadian 为母本，以南薯 99 为父本通过有性杂交选育而成。该品种顶叶绿色、叶脉绿色，叶片心脏形，茎绿色，短蔓型，单株分枝 10 个左右。薯短纺形，薯皮紫红色，薯肉橘红色。单株结薯 5 个左右，块根干物率为 27.0%，干基可溶性糖含量 4.46%，鲜基胡萝卜素含量 0.039 1 毫克/克。薯形光滑整齐，熟食黏甜，风味佳。高抗蔓割病，中抗根腐病，抗黑斑病，感茎线虫病。鲜薯产量比对照苏渝 303 略有增产。适宜在江苏甘薯产区作为春、夏薯种植。

3. 高胡萝卜素品种

目前生产上主推或有推广前景的登记高胡萝卜素品种有徐渝薯 34、徐渝薯 35、苏薯 25 等。

徐渝薯 34 是江苏徐淮地区徐州农业科学研究所和西南大学以渝 06－2－9 为母本，以渝 04－3－218 为父本通过有性杂交选育而成。该品种幼苗形态半直立，多分枝；成株中短蔓，半直立，叶片心形，叶绿色；薯块纺锤形，紫红皮，橘红肉。结薯集中整齐，鲜薯胡萝卜素含量 0.11 毫克/克左右，薯块烘干率 24.0% 左右，干基可溶糖含量 28.5% 左右，食味较好；较耐储。中抗根腐病，抗茎线虫病，感黑斑病，高感蔓割病。鲜薯产量比对照宁紫 1 号略有增产。适宜在重庆、四川、湖南、江西、浙江适宜地区作为高胡萝卜素加工型甘薯品种种植。

4. 紫薯品种

目前生产上主推或有推广前景的登记紫薯品种有徐紫薯 8 号、冀紫薯 2 号、宁紫薯 4 号、万紫薯 56、湛紫薯 2 号等。

徐紫薯 8 号为江苏徐淮地区徐州农业科学研究所以徐紫薯 3 号为母本，以万紫薯 56 为父本，通过有性杂交选育而成。该品种为高花青素和鲜食兼用型品种，薯块萌芽性好，萌芽数多且整齐；蔓长中等，半直立，多分枝，叶片 5 缺刻，叶片大小中等；薯块纺锤形，深紫皮深紫肉。结薯集中，薯块整齐，早熟，单株结薯 4 个左右，大中薯率高；薯块烘干率 28.0% 左右，鲜薯花青素含量超过 0.85 毫克/克；蒸煮口感黏，味甜，香，食味品质佳；较耐储，耐逆性强，尤其耐旱耐盐。中抗根腐病，感茎线虫病和黑斑病。鲜薯产量比对照宁紫薯 1 号增产显著。适宜在北方薯区做春薯和夏薯种植。

5. 菜用型品种

目前生产上主推或有推广前景的登记菜用型品种有薯绿 1 号、福菜薯 18、福薯 7－6、鄂薯 10 号等。

福薯 7－6 为福建省农业科学院作物研究所以白胜为母本，放任授粉选育而成。该品种短蔓半直立，单株分枝 10 条左右，顶叶、成叶、叶脉、叶柄和茎蔓均为绿色，叶脉基部淡紫色，叶片心形，茎尖绒毛少；地下部结薯习性好，单株结薯 3 个左右，薯块纺锤形，薯皮浅红色，薯肉中等橘红色，干物率 22.0% 左右。鲜嫩茎叶（鲜基）维生素 C 含量 0.14 毫克/克左右，粗蛋白（烘干基）30.0% 左右。中抗茎线虫病，抗薯瘟病和疮痂病，感蔓割病，高感根腐病。茎尖产量与对照台农 71 相当。适宜在福建、北京、河南、江苏、四川、广东、广西非蔓割病和根腐病地区做叶菜甘薯种植。

鄂薯 10 号为湖北省农业科学院粮食作物研究所以福薯 18 为母本放任授粉选育而成。该品种叶绿色，顶叶、叶脉绿色，茎绿色，顶叶心形，茎叶光滑无茸毛；萌芽性好，出苗齐，大田生长势较强；薯块长纺锤形，薯皮淡红色，叶片烫后颜色为翠绿至绿色，有香味，无苦味，有滑腻感。抗茎线虫病和蔓割病，感根腐病。鲜薯产量比对照品种福薯 7 - 6 略有增产。适宜在湖北、浙江、江苏、四川、广东适宜地区作为叶菜用品种种植。

（二）品种应用情况

1. 甘薯品种分类

甘薯按照用途可分为鲜食型甘薯（包括紫肉鲜食型）、淀粉加工型、食品加工型（包括薯干、薯脯、全粉、花青素提取等）、叶菜用和观赏类。淀粉加工型甘薯要求淀粉含量高，主要用作淀粉加工原料；鲜食型甘薯要求口感好，以蒸煮、烘烤食用为主；食品加工型要求根据加工产品选择；叶菜用要求茎端无茸毛，适口性好；观赏性甘薯品种选育刚刚起步。

2. 生产上应用的主要品种

根据体系相关岗位和推广部门调查分析，2018 年我国优质食用品种比例显著增加，龙薯 9 号仍占有市场较大份额，烟薯 25、广薯 87、济薯 26、普薯 32 种植面积扩大较快；淀粉用品种商薯 19 面积最大，徐薯 22 仍在多省份种植，济薯 25、渝薯 17、鄂薯 6 号、冀薯 98、川薯 219 等种植面积扩大较快；秦薯 5 号、湘薯 19、龙薯 28 等在部分省份种植面积较大。徐紫薯 8 号等紫肉品种扩展较快。

3. 固定观察点调查结果

通过甘薯体系建立的固定观察调查点收集的 440 份有效数据分析，2018 年调查中共涉及甘薯品种约 178 个，其中鲜食型甘薯种类最为丰富，数量达到 109 个，占比 61.2%；淀粉型 37 个，占比 20.8%；紫薯型 32 个，占比 18.0%。与 2017 年调查相比，2018 年农户种植的鲜食型甘薯种植占比有所上升，淀粉型甘薯种植占比有所下降。

根据调查数据分析不同类型品种的种植面积，2018 年我国甘薯种植仍以鲜食型和淀粉型为主。全国 26 794.2 亩甘薯种植的抽样结果显示，鲜食型和淀粉型的种植面积分别为 15 591.3 亩和 8 419.6 亩，分别占 58.18% 和 31.42%，紫薯型种植面积 2 783.3 亩占比为 10.4%。相比于 2017 年调查结果，鲜食型甘薯种植面积和紫薯型种植面积有所上升，淀粉型甘薯种植面积有所下降。北方薯区和长江中下游薯区淀粉型和鲜食型种植面积占比较大，且淀粉型甘薯种植面积小于鲜食型甘薯种植面积。南方薯区鲜食型比重很高，淀粉型甘薯种植面积比例较小，紫薯型比例也高于其他薯区。

尽管甘薯品种丰富，但是生产实际种植中主流品种十分集中。取样调查结果表明，种植面积较大的品种为商薯 19、烟薯 25、普薯 32、紫罗兰、广薯 87，以上品种约占调查面积的 53.24%，其次为龙薯 9 号、济薯 26、心香、苏薯 8 号、秦薯 5 号等。与 2017 年相比，商薯 19 优势仍然十分突出，种植面积占样本总面积的 22.3%，烟薯 25 种植比重增加。需要说明的是，固定观察调查点多有长期种植甘薯的习惯，上述数据与实际生产上可能略有差距。

4. 种植风险分析

甘薯种植风险包括病区种植不抗病品种，种薯种苗南苗北调、除草剂残留危害等。如 2018 年有很多地区种植的不抗根腐病品种，河南、河北、山东等根腐病区甘薯种植出现大量的黄苗、死苗现象，特别强调，北方薯区应尽可能选择抗根腐病的品种。种薯种苗的远距离调运是病虫害传播的主要途径，由于南方气候条件的优势，繁苗成本较低，蔓头苗大量向北方调运，南方的茎腐病、蚁象在北方薯区已有点片发生；而北方大田苗向南方调运，也使得甘薯茎线虫病在南方发生，给甘薯生产带来很多潜在威胁。目前，与甘薯进行轮作换茬的作物主要是玉米和花生，现在生产上使用的除草剂玉米为烟嘧莠去津，花生为百垄通（甲咪唑烟酸），但由于农民用药的不稳定性，对后茬甘薯、马铃薯等作物造成明显的残留药害。

（三）甘薯不同生态区品种创新的主攻方向

1. 生产上存在的主要瓶颈和障碍

2018 年甘薯产业规模种苗企业优势凸显，小型种薯种苗企业运转困难，健康种薯种苗生产能力远远不能满足产业需求。当前甘薯产业上存在的主要瓶颈和障碍为部分地区病（病毒）虫害发生严重，南病（虫）北移；生长调节剂滥用、前茬除草剂使用不当导致田间生长停滞；不同因素引起的薯块开裂现象严重，商品薯率较低；劳动力成本较高，农机化水平不高，加工转化率较低；脱毒种薯种苗生产能力不足，健康种薯种苗应用量小。上述问题多与品种创新有关，抗病（病毒）、优质、适合机械化种植、耐贮运绿色品种的创新及甘薯种薯种苗繁育体系的建立成为当务之急。

2. 需要采用的育种方法

随着人民生活水平的提高和加工产品的多样，消费和加工市场对专用甘薯品种的需求越来越高，甘薯品种类型也越来越丰富。以环境友好型、资源节约型、优质高效型为目标的甘薯生产体系构建，需要加快培育少打农药、少施化肥、节水抗旱、优质高产的甘薯绿色品种，促进绿色高效品种推广应用。

甘薯品种的专用化程度越来越高，对甘薯品种的内在品质要求也越来越高，特别是富含功能性营养物质的功能型或是营养型甘薯品种会成为重要的选育目标，同时要兼顾品种的抗病性和耐逆性。因此，优质高效是品种选育的主攻方向，同时兼顾产量。

甘薯育种方法仍将以定向有性杂交和集团杂交（实质上也是有性杂交）为主，诱变育种也是有效的育种手段。分子手段会更多地应用于专用品种的后代选择中，从而提高鉴定的准确性和育种效果。集团杂交放任授粉具有操作简便、制种效率高、配组容易等优点，将会更多地用于甘薯品种选育。

3. 甘薯绿色品种的基本概念

绿色安全高效农业已成为当前推动"三农"发展的必然要求，甘薯绿色品种可以有效地为实现甘薯产业"一控两减"绿色生产奠定基础。甘薯优质绿色品种是具有抵御非生物逆境（干旱、盐碱、重金属污染、异常气候等）及生物侵害（病虫害）的优良性状和养分、水分高效利用及品质优良性状的品种，能够大幅度节约水肥资源，减少化肥、农药的施用，实现资源节约、环境友好型农业的可持续发展。环境友好型绿色品种包括适宜机械化品种和抗病虫品种。机械化程度低是甘薯生产上的重要限制因素，因此要注重选育适宜机械化移栽品种（要求叶柄较短、叶片较小、薯苗粗壮、直立、有较好的韧性和强度，耐一定的挤压力等）和适宜机械化收获品种（要求纺锤形薯块、薯皮光滑、机械收获明薯率高、薯皮破损率低）。选育抗病虫品种所要求的抗病性为至少高抗当地一种主要病害，兼抗另外一种主要病害（主要病害包括茎线虫病、蔓割病、根腐病、薯瘟病、黑斑病、茎腐病等）；所要求的抗虫性为在当地习惯栽培条件下，虫害（主要是南方蚁象、北方蛴螬等）危害率减少 30% 以上。同时，其他综合性状指标（如食味、商品薯率、产量、耐贮藏性）不低于当地主栽品种。

资源节约型绿色品种包括耐旱节水型品种、养分高效利用品种、耐盐绿色品种、耐瘠薄品种等。

耐旱节水型品种：生长期全程干旱，产量水平达到水浇地的 60% 以上，抗旱等级达到抗及以上水平；在年降水量 400 毫米以下可正常生长，在一般干旱条件下不灌溉可获得亩产 1 500 千克以上。

养分高效利用品种：钾肥施用量减少 30％左右，产量降低不显著，品质不降低；氮肥施用量减少 20％左右，产量降低不显著，品质不降低。

耐盐绿色品种：在土壤盐分 0.3％的水平，鲜薯产量比正常条件下减产不超过 20％；在土壤盐分 0.2％的水平，鲜薯产量比正常条件下减产不超过 10％，其他综合性状优良。耐瘠薄品种：在丘陵薄地或低于当前生产水平的施肥量降低 25％以上，产量相当的品种。根据不同用途，产量指标可采用鲜薯、薯干或淀粉。

4. 甘薯品质优良型绿色品种指标

淀粉型品种：薯块淀粉率比同类型主推品种高 1 个百分点以上，淀粉产量比主推品种增产 5％以上，薯块淀粉率不低于主推品种，其他综合性状优良。

食用型品种：粗纤维少，熟食味优于同类型主推品种（食味评分高于对照品种，北方为济薯 26，长江中下游和南方薯区为广薯 87）；鲜薯产量与同类型主推品种相当，商品薯率高，结薯早、整齐集中，薯块无条沟不裂口、薯皮光滑，贮藏性好。食品加工型品种应根据加工产品制定相关指标。

紫肉型品种：用于色素提取或制作全粉的品种花青素含量在 60 毫克/克（鲜重）以上，鲜薯产量与同类型主推品种相当，其他综合性状优良；食用型紫薯品种最关键的指标是食味要优于同类型主推品种，鲜薯产量与主推品种相当，商品薯率高，贮藏性好，其他综合性状优良。

高胡萝卜素型品种：高胡萝卜素型品种的胡萝卜素含量＞1 毫克/克（鲜重），鲜薯产量与同类型品种相当，耐贮性较好，其他综合性状优良；食用胡萝卜素型品种，胡萝卜素含量＞0.4 毫克/克（鲜重），食味优于同类型主推品种，鲜薯产量与同类型品种相当，其他综合性状优良。

菜用型品种：食味优于同类型主推品种，茎尖产量相当，加工色泽鲜艳，不易褐变，其他综合性状优良。

观赏型品种：以观花和观叶（叶色、叶型）为主，繁殖能力强、耐逆性（高温、低温、涝、干旱等）强。

四、甘薯种业发展建议

1. 出台甘薯种业发展扶植政策

甘薯是现代农业转型升级和精准扶贫的优势作物，在今后一定时期内将在保障国家农产品均衡供应，提高人们健康水平，增加农民收入，促进乡村振兴等方面发挥更大的作用，建议有关部门尽快制定甘薯种业扶植政策。

2. 加强甘薯种苗产业监督与管理

近年来甘薯种苗产业发展中存在着种薯种苗市场混乱、疫区调种调苗监管缺失等问题，相关部门应加强对规范经营的种薯种苗企业的扶植力度，加强甘薯种薯种苗市场监督，保护薯农利益。

3. 适度加大鲜食甘薯产业发展规模

由于环保整治力度加大，甘薯加工产业需求下降，鲜食甘薯需求扩大。适度发展鲜薯产业，有利于缩短产业链，提高甘薯销售价格。建议根据市场需求，制定相关政策，支持贮藏设施建设，加强薯业经纪人队伍培训，适当扩大鲜食型甘薯产业规模。

4. 合理优化甘薯产业发展布局

尽早制定甘薯优势区域发展规划，指导产业高质量发展，保持甘薯产业平稳发展。因地制宜发展甘薯种植，稳定面积，提高单产，特别是提高效益，防止叶菜用和紫色薯肉甘薯面积盲目扩大，避免一哄而上。

（编写人员：马代夫　李强　曹清河 等）

谷 子

一、产业发展情况分析

（一）生产情况

2018年受市场价格偏低、极端气候以及大豆补贴力度增加等因素影响，全国谷子种植面积12 000万亩左右，同比减少20％左右，谷子总产同比减少20％左右，区域间变化差异较大。调研显示，主产区内蒙古赤峰种植面积减少20％以上，山西、河北种植面积和往年持平，河南、陕西、甘肃、宁夏等地区面积波动较小。100个主产县调研显示，全国谷子平均单产317千克/亩，同比变化不大。

（二）市场情况

据中国食品土畜进出口商会提供数据显示，2018年我国谷子出口量保持平稳，约为3 204.58吨，出口量较上年同期减少19％，出口额280.45万美元，出口单价约6元/千克，价格较上年略有降低。主要出口到韩国、德国、印度尼西亚、日本、越南、泰国等国家，国际谷子市场对国内市场整体影响不大。全年谷子价格低开高走，年初维持在3.5元/千克左右，10月新谷上市后达到全年最高价5.9元/千克，之后逐步回落稳定在5.2元/千克左右，较上年同期高45％左右。

二、品种登记情况分析

2018年共登记220个谷子品种。登记品种亲本均为国内资源，但抗除草剂品种均有国外引进的抗除草剂狗尾草的血缘。所有品种均为国内自主育成，其中205个为独家选育，15个为合作选育。

从品种类型看，粮用常规品种194个，占88.2％；杂交种24个，占10.9％；饲草专用品种1个，粮饲兼用品种1个。抗除草剂品种82个，占37.3％，其中常规抗除草剂品种58个，占常规品种登记总数的29.9％，登记的24个杂交种均为抗除草剂品种。

从小米淀粉特性看，粳性品种217个，糯质3个。从小米颜色看，黄米类型217个，绿米1个，白米2个。

从品质方面看，登记品种脂肪含量在1.06％～6.8％，平均含量3.65％，其中赤谷20含量最低，早香谷708含量最高。脂肪低于3.5％的品种占39.8％，高于5.0％的占1.97％，部分品种脂肪含量过低，可能与测试样品碾米过于精细有关。蛋白质含量在7.68％～15.47％，平均含量为11.39％，其中含量高于13％的占11.8％。淀粉含量在55％～89.74％，平均含量73.84％，淀粉含量高于69％的品种占到90％以上。

从抗病性方面看，对谷瘟病、谷锈病、白发病抗性在中抗以上的品种分别占83.9％、88.2％、

84.7%，其中高抗的分别占登记品种总数的 10.2%、8.6%、11.8%。另外，有 12.1% 的品种对两种主要病害达高抗，有 3.1% 的品种对 3 种主要病害达高抗。

三、品种创新情况分析

（一）育种新进展

1. 育种材料创新

2018 年开展了谷子锈病、黑穗病、谷瘟病育种材料创新与评价，鉴选出高抗谷锈病材料 20 份，高抗谷瘟病材料 14 份，高抗白发病材料 7 份，高抗黑穗病材料 154 份，优质矮秆谷子材料兼抗除草剂 70 份，为优质多抗丰产谷子品种选育储备了材料。河北省农林科学院谷子研究所、中国农业科学院作物科学研究所开展了谷子基因编辑育种技术和优质育种技术研究，形成了"优质亲本＋田间外观色选＋室内色差仪复选＋分子标记辅助选择"的优质谷子育种方法。河北省农林科学院谷子研究所还开展了高油酸育种材料创新，为培育高油酸品种、延长谷子加工产品货架期奠定了技术基础。

2. 新品种选育

2018 年有 55 个谷子新品种参加了全国谷子品种联合鉴定，鉴定出苗头谷子品种 25 个，其中 91.2% 为抗除草剂品种，50% 为中矮秆品种，中矮秆抗除草剂育种和株型育种取得初步进展。

（二）品种应用情况

1. 品种应用概况

2018 年全国谷子良种统计面积共 1 195 万亩，涉及 173 个品种（其中已登记的约有 150 个）。其中推广面积 1 万亩以上的谷子品种 125 个，5 万亩以上的 56 个，10 万亩以上 33 个（推广面积在 10 万亩以上的谷子品种名称见表 3-1），20 万亩以上的 11 个，30 万亩以上的 6 个，50 万亩以上的 3 个，100 万亩以上的 1 个。特别是晋谷 21、大金苗，推广面积遥遥领先，而且连续 20 多年居领先地位。2017—2018 年，已经在农业农村部登记的谷子品种数量为 255 个，可以看出，登记品种中有 85 个（占登记数的 1/3）登记品种并未有实际的推广应用。

表 3-1 2018 年推广面积 10 万亩以上的主要谷子品种

品种名称	面积（万亩）	品种名称	面积（万亩）	品种名称	面积（万亩）
晋谷 21	160.51	黄八杈	19.69	小黄谷	12.87
大金苗	85.57	长生 07	19.19	赤谷 5 号	12.761
张杂谷 3 号	55.27	吨谷 1 号	18.8	九谷 21	12.55
山西红谷	38.945	赤谷 4 号	18.712	衡谷 13	12.31
冀谷 39	36.06	张杂谷 5 号	18.543	毛毛谷	12.1
豫谷 18	33.01	冀谷 42	16.47	张杂谷 13	11.762
8311	32.73	张杂谷 10 号	15.26	黄金谷	11.66
晋谷 40	27.38	豫谷 17	15.2	赤谷 10 号	11.157
九谷 25	23.76	赤谷 8 号	14.5	墩谷	11
冀谷 38	23.35	晋谷 29	14.21	冀谷 41	10.93
九谷 19	22.65	冀谷 34	13.4	大白谷	10

2. 主导品种及类型

2018 年，年推广 10 万亩以上的主导品种 33 个，占 173 个统计品种数的 19.1%，33 个主导品种的推广面积 852.3 万亩，占良种统计面积（1 195 万亩）的 71.3%。主导品种可划分为以下几类。

（1）优质类型

33 个主导品种均为二级以上级优质米类型，其中 27 个属于被小米开发企业认可的优质类型。可以看出，是否优质是决定谷子品种能否大面积应用的第一位因素。

（2）抗除草剂类型

抗除草剂常规种/杂交种共 11 个，占主导品种数的 1/3，分别是张杂谷 3 号、冀谷 39、九谷 25、冀谷 38、张杂谷 5 号、冀谷 42、张杂谷 10 号、冀谷 34、衡谷 13、张杂谷 13、冀谷 41。2018 年，上述主导抗除草剂品种种植面积 244.73 万亩，占主导品种总面积的 28.7%。除九谷 25 外，上述抗除草剂常规种/杂交种均由河北省育成。

（3）杂交种

主导品种中，张杂谷 3 号、张杂谷 5 号、张杂谷 10 号、张杂谷 13 为杂交种，占品种数的 12.1%，种植面积 119.38 万亩，占主导品种总面积的 14.01%。

（4）白米类型

九谷 25、九谷 19 为白米类型，主要在吉林种植。

3. 主导品种分布区域

2018 年谷子主产省主导品种分布情况见表 3-2。10 万亩以上主导品种最多的是河北和内蒙古，分别为 7 个和 6 个，主导品种最集中的是山西，晋谷 21、张杂谷 3 号 2 个品种面积达 177.13 万亩，占该省良种面积的 2/3。山东、辽宁和甘肃缺乏年种植面积 10 万亩以上的主导品种。陕西主导品种均为山西育成，没有本省自育的主导品种。

表 3-2　2018 年谷子主产省主导品种布局情况

省份	良种面积（万亩）	品种数（个）	主导品种面积（万亩）	≥10 万亩主导品种	3 万～10 万亩其他主要品种
山西	266.99	32	235.19	晋谷 21、张杂谷 3 号、晋谷 40	8311、晋谷 29、晋谷 35、张杂谷 10 号、张杂谷 10 号、张杂谷 5 号、张杂谷 6 号、长生 07
河北	269.2	46	173.79	冀谷 39、冀谷 38、8311、冀谷 42、张杂谷 3 号、衡谷 13、冀谷 41	保谷 22、大白谷、冀谷 37、山西红谷、特早 1 号、张杂谷 5 号、张杂谷 8 号、赤谷 5 号、吨谷 1 号、冀谷 31、冀谷 35、冀谷 40、豫 18
内蒙古	306.37	53	213.14	大金苗、山西红谷、赤谷 4 号、赤谷 8 号、赤谷 10 号、黄八权	敖谷 1、赤谷 1、赤谷 16、赤谷 17、赤谷 5 号、赤谷 6 号、丰田 501、峰谷 11、峰谷 12、峰红谷、黄金谷、金丰谷、金谷 11、毛毛谷、沁谷 1 号、宇谷 1 号、张杂谷 13、张杂谷 5 号
吉林	71.14	11	58.96	九谷 19、九谷 21、九谷 25	神谷 6 号
河南	76.35	13	43.36	豫谷 17、豫谷 18	豫谷 23、豫谷 9 号、张杂谷 9 号、豫谷 19、冀谷 31
陕西	69	9	56.3	晋谷 21、晋谷 40、长生 07 号	汾选 3 号、晋谷 29、晋谷 57、张杂谷 10 号
山东	40.98	16	7.86	无	黄金谷、鲁谷 10 号、济谷 20

（续）

省份	良种面积 （万亩）	品种数 （个）	主导品种 面积（万亩）	≥10 万亩 主导品种	3 万～10 万亩其他 主要品种
辽宁	87.97	39	23.5	吨谷 1 号	朝谷 15、东谷 1 号、朝鑫红谷、辽谷 1 号、毛毛谷、蒙香红谷、敖金苗
宁夏	21.2	8	13.17	小黄谷	陇谷 11
甘肃	18.63	9	3.21	无	无

抗除草剂品种主要分布在河北，7 个 10 万亩以上的主导品种中 6 个为抗除草剂类型，13 个 3 万～10 万亩的主栽品种中 8 个为抗除草剂类型，46 个有统计面积的品种中 29 个为抗除草剂类型，占品种数量的 63.04%，抗除草剂品种面积达 193 万亩，占品种统计面积的 71.7%。内蒙古、陕西、辽宁的主导品种均为非抗除草剂类型。现有的抗除草剂品种的区域适应性需要进一步拓宽、品质需要进一步提升，其他省份的抗除草剂育种急需加强，抗除草剂品种的推广潜力还很大。

从主导品种的分布空间看，33 个推广面积 10 万亩以上的主导品种主要在本省或邻近的同类区域推广，这是因为谷子具有光温敏感特性，导致品种具有较强的区域性。晋谷 21 是推广面积最大的品种，2018 年种植 160.51 万亩，其中 139.27 万亩分布在山西，占山西谷子面积的 52.2%，占该品种总面积的 86.8%；在邻近生态区的陕西推广 18 万亩；甘肃 2.7 万亩。大金苗 2018 年种植面积 85.57 万亩，99.4% 分布在内蒙古。

4. 主导品种的优点、缺点和风险预警分析

从土地流转、农业机械化规模化生产的发展趋势判断，未来的主导品种应该是集优质、抗除草剂、抗倒抗病、中矮秆适宜机械化收获于一体的类型。根据 2018 年的品种表现，对种植面积 20 万亩以上的主导品种的优点、缺点和风险预警进行分析（表 3-3）。

表 3-3　2018 年种植面积 20 万亩以上的主导品种优缺点

品种名称	优 点	缺点与风险
晋谷 21	商品性、适口性兼优，是优质米开发主导品种	抗倒抗病性较差，不抗除草剂，已应用 20 多年，白发病有大面积爆发风险
大金苗	商品性、适口性兼优，是优质米开发主导品种	抗倒性较差，有大面积倒伏风险。适宜区域窄，跨区引种有绝收风险
张杂谷 3 号	杂交种，早熟，产量高	品质一般
山西红谷	早熟，商品性、适口性兼优，是优质米开发主导品种	抗倒性较差，有大面积倒伏风险。适宜区域窄，跨区引种有严重减产风险
冀谷 39	兼抗两种除草剂，商品性、适口性兼优，是优质米开发主导品种	适合华北夏播和部分春谷区，高海拔和积温不足区域引种有不能成熟的风险
豫谷 18	适应性广，商品性、适口性兼优，是优质米开发主导品种	不抗除草剂，抗病性一般，谷瘟病、白发病、线虫病有严重发生的风险
8311	商品性、适口性兼优，是优质米开发主导品种	谷瘟病严重，不抗除草剂，高温高湿年份有严重减产的风险
晋谷 40	商品性、适口性兼优，是优质米开发主导品种	不抗除草剂，倒伏、白发病较重，高温高湿年份有严重减产的风险
九谷 25	抗除草剂，白米类型	适宜区域较窄，跨区引种有严重减产风险
冀谷 38	抗除草剂，适口性好，鸟害轻	适宜区域较窄，跨区引种有严重减产风险
九谷 19	优质白米类型	秆高，适宜区域较窄，慎重跨区引种

（三）各生态区谷子品种创新的主攻方向

1. 华北夏谷生态类型区

主要分布在河北长城以南、山东、河南、北京、天津、辽宁锦州以南，山西运城盆地，陕西渭北旱塬和关中平原，新疆的南疆及北疆昌吉。该区地处中纬度、低海拔地带，海拔3～1 000米，气候温和，雨热同季，温、光、热条件优越，年降雨量550毫米左右，无霜期180天以上，夏季高温多雨，5—9月平均气温21℃，7—9月日照703小时。是全国谷子高产稳产区，小米易煮。耕作制度以两熟制为主，麦茬夏播生育期90天左右，部分区域一年一熟，生育期100～120天。常年谷子播种面积270万亩左右，约占全国的21.3%，总产约51.4万吨，约占全国的26%。

（1）主要瓶颈和障碍

夏季高温多雨，杂草危害严重，秋季阴雨寡照，病害倒伏较重。谷子生育期短，小米粒小、色泽浅，商品性需要提高。

（2）品种创新及关键配套技术的主攻方向

品种创新方向主要是优质（重点提高商品性）、高产、抗除草剂、中矮秆抗倒伏、适合机械化生产、兼抗2种以上主要病害（白发病、谷瘟病、谷锈病、线虫病）。关键配套技术研究重点是如何防控谷子主要病害，以及如何克服收获期谷子茎秆含水率高所导致的收获损失率高的问题。

2. 西北春谷早熟区

主要分布在河北张家口坝下，山西大同盆地及东西两山高海拔县，内蒙古中部黄河沿线两侧，宁夏六盘山区，陇中和河西走廊，新疆北部。该区地处海拔537～2 025米，4—9月降水量340毫米左右，5—9月平均气温17.6℃，7—9月日照728小时。耕作制度一年一熟，谷子生育期110～128天。常年谷子播种面积390万亩左右，约占全国的31%，总产57.6万吨，约占全国的29.3%。

（1）主要瓶颈和障碍

干旱、土地瘠薄、春旱导致播种延迟情况下要求品种早熟性强。谷子黑穗病、谷瘟病和白发病较重。

（2）品种创新及关键配套技术的主攻方向

品种创新方向主要是抗旱性2级以上，抗除草剂，生育期110～128天，优质（重点提高适口性、缩短蒸煮时间），高产，兼抗2种以上主要病害（白发病、谷瘟病、黑穗病），中矮秆抗倒伏。该区域是杂交种主要种植区域，关键配套技术是如何解决杂交种穗茎较长和机械收获过程中植株缠绕和割台旋转所导致的掉穗较多的问题，同时也要重点关注抗旱保墒问题。

3. 西北春谷中晚熟区

主要分布在山西太原盆地、上党盆地、吕梁山南段，陇东泾渭上游丘陵及陇南少数县，陕西延安地区，辽宁铁岭、朝阳，河北承德。本区海拔15～1 242米，降水量中等，蒸发量较小，4—9月降水420～600毫米，夏不炎热、冬不酷寒；5—9月平均气温19.1℃；7—9月日照632小时。生育期110～135天。常年谷子播种面积460万亩左右，约占全国的36.5%，总产56万吨，约占全国的28.5%，是全国种植面积最大的区域，也是单产水平最低的区域。

（1）主要瓶颈和障碍

干旱，红叶病、谷瘟病和白发病较重，特别是河北和辽宁谷锈病严重。

（2）品种创新及关键配套技术的主攻方向

品种创新方向主要是抗旱性2级以上，抗除草剂，生育期110～135天，优质（重点提高适口性、缩短蒸煮时间），高产，兼抗 2 种以上主要病害（白发病、谷瘟病、红叶病、谷锈病），中矮秆抗倒伏。该区域关键配套技术是如何解决丘陵山区小地块机械化生产问题，谷子白发病和谷瘟病防控问题，以及抗旱保墒问题。

4. 东北春谷区

主要分布在黑龙江、吉林、辽宁朝阳以北、内蒙古东北部兴安盟和通辽市。本区东西两翼为丘陵山区，中部是广阔的松辽平原。海拔 135～600 米，4—9 月降水 400～700 毫米，气候温和，昼夜温差大；5—9 月平均气温 19.2℃，日照时间长；7—9 月日照 765 小时。东部多雨，西部干旱，东部、中部土壤肥力较高，西部肥力差且不保水。一年一熟，一般生育期 115～125 天，黑龙江第三积温带和内蒙古兴安盟等高寒区要求生育期 100 天左右。常年谷子播种面积 120 万亩左右，约占全国的9.5%，总产 28.5 万吨，约占全国 14.5%，平均亩产 241 千克，是全国种植面积最小但单产水平最高的区域。

（1）主要瓶颈和障碍

春旱年份播期推迟导致减产，谷瘟病和白发病较重，成熟期风灾容易导致谷穗严重落粒，植株高大机械化收获困难。

（2）品种创新及关键配套技术的主攻方向

品种创新方向主要是抗旱性 2 级以上，抗除草剂，生育期 105～125 天，优质（重点提高适口性），高产，中矮秆抗倒伏，适合机械化生产，兼抗 2 种以上主要病害（白发病、谷瘟病、褐条病）。该区域谷子以规模化生产为主，关键配套技术重点是配套除草、间苗、机械化收获等轻简化栽培技术，做好种传和土传病害预防工作。同时，该区域气候冷凉，玉米、大豆等作物除草剂使用普遍，除草剂残留对谷子危害较重，要注重抗除草剂谷子品种搭配和除草剂残留问题解决方案。

5. 共性问题与主攻方向

（1）筛选安全高效通用型除草剂

谷子对除草剂敏感，尽管目前已有抗除草剂品种，但主要是抗拿捕净品种，而拿捕净对双子叶杂草完全无效，因此，双子叶杂草防控成为共性问题。目前主要采用二甲四氯钠、二甲氯氟吡氧乙酸异辛酯、单嘧磺隆防治双子叶杂草，但都是勉强应用，剂量稍大或者遇到干旱、低温时极易产生药害，因除草剂药害所导致的大面积死苗和绝收现象屡有发生。因此，筛选安全高效的通用型除草剂成为关键。

（2）培育专用品种

针对现有品种脂肪和亚油酸含量过高（平均含脂肪 4.2%，是大米的 4 倍，亚油酸/油酸比值 6 左右，是大米的 5 倍）、加工食品货架期短等原因所导致的小米深加工食品少、产业链短的难题，开展低脂肪（3.0% 以下）、高油酸（亚油酸/油酸比值低于 2.0）、高淀粉（籽粒含淀粉 65% 以上）、适合食品加工的专用品种培育。同时，重点培育功能保健专用品种，例如适合糖尿病人的高抗性淀粉品种（抗性淀粉 10% 以上）、高 γ-氨基丁酸品种（降压、舒缓精神压力，0.07 毫克/克以上）等，为谷子深加工增值提供支撑。

（3）加强配套农机农艺创新

应研究轻简高效生产技术与装备，提高生产规模化集约化程度，降低生产成本。同时，研究药肥双减绿色生产和优质栽培技术，实现绿色轻简化生产。

（编写人员：程汝宏 等）

高　粱

　　高粱是我国重要的旱地粮食作物，也是重要的饲料和能源作物。高粱产量高，抗逆性强，用途广泛，可用于酿造、饲用、食用、能源用等，在农业生产中具有巨大的发展空间和产业优势。随着淡水资源的日益短缺和需求的不断增加，边际农田利用的增多和全球气候变暖，耐干旱、耐盐碱的高粱将在农业生产中发挥越来越重要的作用。因此，大力发展高粱生产，对于提高我国高粱产业的水平和产品竞争力，满足国内外市场需求，增加农民收入，具有重要意义。

一、产业发展情况分析

（一）生产情况

1. 世界高粱生产概况

　　近年来，世界高粱生产格局较为稳定。2018年，世界高粱总播种面积4 134万公顷，总产量5 891万吨，平均产量1.43吨/公顷。播种面积虽然较2017年有所增加，但仍低于2016年。平均单产比2017年减少0.01吨/公顷，与2016年持平。总产量比2017年增加109万吨，但仍比2016年减少446万吨（表4-1）。

表4-1　2016—2018年世界高粱生产情况

年份	面积（万公顷）	单产（吨/公顷）	总产（万吨）
2018	4 134	1.43	5 891
2017	4 013	1.44	5 782
2016	4 429	1.43	6 337

　　从区域分布来看，苏丹、尼日利亚、印度、尼日尔和美国是世界上高粱种植面积前5位的国家（图4-1），这5个国家累计播种面积2 376万公顷，约占世界总种植面积的57.5%，比重较上年减少2%。非洲是世界高粱种植面积最大的区域，种植面积占世界总面积的58.6%，其次是亚洲，占14.9%，第三为美洲，占11.8%。非洲、印度以食用高粱生产为主，美洲、大洋洲、欧洲以饲用高粱生产为主。

　　从生产总量来看，美国总产量仍居世界第一，为924万吨；其次为尼日利亚，总产为680万吨；印度和墨西哥并列第三名，为460万吨。产量超过百万吨的国家共有14个。中国高粱总产量为345万吨，总产量排在世界第7位（图4-2）。

　　从单位面积产量看，欧盟地区是高粱单位面积产量最高的国家，单产为5.45吨/公顷，但是其播

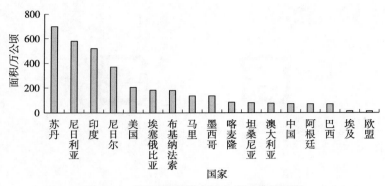

图 4-1 2018 年世界高粱主产国种植面积

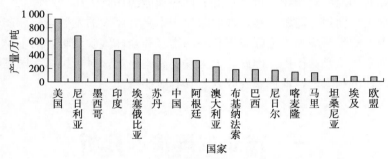

图 4-2 2018 年世界高粱主产国总产量

种面积相对较小，播种面积仅为 13 万公顷。在总产量超过 200 万吨的国家中，中国为单产水平最高的国家，每公顷达 4.79 吨，其次是阿根廷、美国、墨西哥和澳大利亚，单产分别为 4.5 吨/公顷、4.48 吨/公顷、3.41 吨/公顷和 2.93 吨/公顷（图 4-3）。

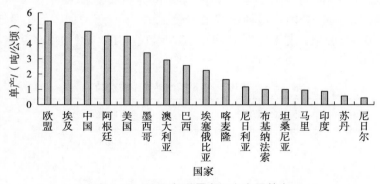

图 4-3 2018 年世界高粱主产国单产

从生产水平看，非洲生产条件比较恶劣，品种潜力和栽培技术均不足，产量水平较低；以美国为代表的发达国家高粱生产基本全程机械化、规模化种植，因此单产水平很高，从成本投入到产量水平都非常具有竞争力。另外美国农业补贴政策体系健全，涵盖农业科学发展补贴、农业生产补贴、农业金融补贴和贸易政策等，各种补贴政策使高粱生产成本明显降低，农民收入普遍较高，美国农民的收入 40% 来自农业补贴，在国际市场贸易中，美国高粱价格优势和竞争优势明显。

2. 我国高粱生产概况

我国高粱生产区域分为北方春播早熟区、北方春播晚熟区、黄淮春夏播区和南方春播 4 个生态区。北方春播早熟区包括黑龙江、吉林、内蒙古等省份，河北承德、张家口，山西，陕西北部，宁夏干旱区，甘肃中部与河西地区，新疆北部平原和盆地等。该区域高粱生产以粳型酿造高粱生产为主，兼有糯型酿造高粱、食用高粱、饲用高粱及帚用高粱。北方春播晚熟区包括辽宁、河北、山西、陕西等省份的大部分地区，以及北京，天津，宁夏的黄灌区，甘肃东部和南部，新疆南疆和东疆盆地等。黄淮春夏播区包括山东、江苏、河南、安徽、湖北、河北等省份的部分地区。春播高粱与夏播高粱均有种植，春播高粱多分布在土质较为瘠薄的低洼、盐碱地上，夏播高粱主要分布在平肥地上。南方春播区包括华中地区南部，华南和西南地区全部。南方高粱区分布地域广阔，多为零星种植，种植相对较多的有四川、贵州、重庆、湖南等省份。

"十二五"以来，我国高粱生产的总体格局保持稳定。2012 年，我国高粱种植面积比 2011 年增加了 24.7%，达到 935 万亩，此后，我国高粱种植面积呈现稳中有升的趋势（图 4-4）。从国家统计数字看，2013—2017 年，高粱种植面积在 900 万亩左右波动，最高 938 万亩，最低 861 万亩。2018年，高粱种植面积有所增加，超过 1 000 万亩，为 1 080 万亩。

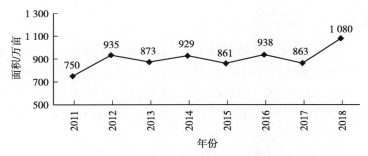

图 4-4　2011—2018 年我国高粱种植面积

受我国高粱反倾销反补贴调查及农业供给侧结构性改革影响，2018 年农民种植高粱的意愿强烈。东北地区的高粱生产区中，吉林高粱种植面积基本稳定，辽宁高粱生产面积稳中有增，黑龙江高粱种植区域向齐齐哈尔北部、黑河南部、绥化北部、佳木斯等地的原大豆产区不断推进，面积持续增加，内蒙古高粱种植面积明显增加，4 个省份占全国高粱总种植面积达到 52%。西南地区高粱种植比重小幅回落，占全国生产面积的 30% 左右。华北，西北地区的山西，河北、河南、甘肃、陕西、新疆、山东等占全国生产面积的 15% 左右，其中原非高粱主产区的河南面积增加迅速，有近 50 万亩。

尽管最近几年连续受到干旱影响，但由于优良品种的使用和配套技术的完善，全国高粱平均单产稳中有升。2011 年和 2012 年亩产为 273 千克/亩，2013 年提高到 331 千克/亩，2015 年以来一直稳定在 320 千克/亩左右（图 4-5），始终处于世界主产国前列，甚至经常高于美国。

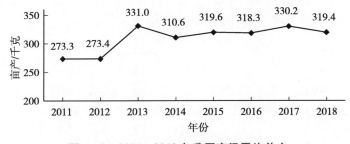

图 4-5　2011—2018 年我国高粱平均单产

2011 年以来，全国高粱总产量随播种面积以及单产水平的变化而有一定波动，但总体呈现上升趋势。2018 年总产量创新高，达到 345 万吨，比 2011 年提高 68.3%（图 4-6）。

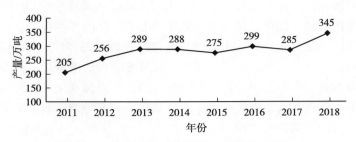

图 4-6 2011—2018 年我国高粱总产量

在生产方式上,高粱规模化、机械化生产步伐加快。从利用途径来看,饲用高粱生产和应用比例加大。养殖业圈养比例的提高和对饲料品质要求的提升,增加了对高粱用作饲料的认识和信心,甜高粱和饲草高粱作为青贮和青饲料种植比例加大,高粱用途出现多样化趋势。

(二) 市场情况

2012 年开始,由于国内玉米等饲料粮价格走高,高粱作为玉米的替代品,开始进入饲料加工领域,国内酿造业、食用米业也陆续部分使用进口高粱替代国产高粱,国内高粱消费量迅速增长。消费量从 2011 年的 205 万吨,一路攀升到 2015 年的 1 345 万吨,达到 2011 年的 6.56 倍;从 2016 年开始,消费量逐渐下降,到 2018 年,下降到 710 万吨,但仍为 2011 年的 3.46 倍(图 4-7)。

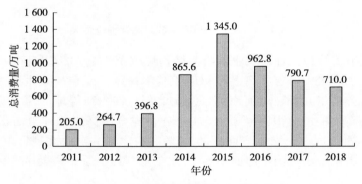

图 4-7 国内高粱消费量变化情况

增加的消费量主要来源于进口高粱。2011 年,我国进口高粱只有 0.01 万吨,2012 年进口 8.66 万吨,2013 年开始井喷式增加,到 2015 年进口量达到创纪录的 1 070 万吨。之后进口量逐渐下降,到 2018 年进口量回落至 365 万吨(图 4-8)。虽然我国目前仍为世界第一大高粱进口国,但进口量占世界总进口量比值已经从 2017 年的 75% 下降到 2018 年的 53%。

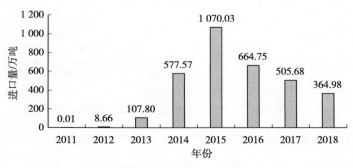

图 4-8 我国进口高粱情况

2011 年国内高粱消费总量几乎全部来自国产高粱，2012 年以后，国产高粱的比例逐渐下降，由 2012 年的 96.7％下降到 2015 年的 20.4％。之后逐渐回升，到 2018 年，国产高粱占国内高粱消费总量的 48.6％，但仍然低于 50％（图 4-9）。

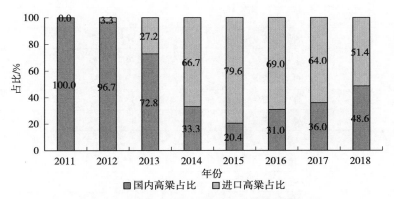

图 4-9　高粱进口量占国内高粱消费份额情况

从消费情况看，进口高粱减少源于其酿造品质和食用品质不如国产高粱，进口高粱酿酒的出酒率和风味均无法替代国产高粱。从辽宁高粱米业市场调查发现，进口的美国高粱磨米质量非常差，几乎无法用于磨米，进口的澳大利亚高粱虽然可以磨米，但出米率、米的颜色、整齐度及适口性等均远低于国产高粱。

（三）种业

我国高粱种子供应数量基本可以满足市场需要，但生产高粱的种子公司大多规模比较小，生产量有限，种子的标准化生产和加工能力欠缺，种子的质量也参差不齐，品种的供应和需求存在错位现象，影响了高粱产业的发展。另外，种子销售者对品种的适宜区域界定不明确，跨区域推广品种的情况时有发生，造成生产损失。

二、品种登记情况分析

1. 品种登记基本情况

2018 年共公告登记高粱品种 261 个。按登记申请者划分，科研单位申请 125 个，占 47.9％，企业申请 136 个，占 52.1％。按选育者划分，科研单位选育 137 个，占 52.5％，企业选育 124 个，占 47.5％。申请类型中已销售 164 个，占 62.8％，已审定 76 个，新选育 21 个。从选育方式看，自主选育品种 247 个，占 94.6％，且大约 90％的杂交种亲本为自选系；合作选育 9 个，国外引进 3 个（美国 2 个，法国 1 个），其他 2 个。从品种类型看，杂交种 242 个，占 92.7％，常规种 19 个（贵州占 7 个），只占 7.3％。从品种用途看，酿造用品种最多，为 174 个，占 66.7％；其次是粮用品种，39 个，占 14.9％；其他的 18.4％包括粮用、酿造兼用品种 8 个，能源用品种 12 个，饲料用品种 6 个，帚用品种 7 个，青饲品种 5 个，青贮品种 6 个，青贮、能源兼用品种 4 个。公告登记的品种中有 88.5％未申请品种保护，只有 14 个品种已获得品种保护授权，另有 16 个申请品种保护并获得受理（表 4-2）。

从上报省份看，内蒙古最多，71 个品种，占 27.2％；吉林第二，63 个品种，占 4.1％；黑龙江第三，39 个品种，占 14.9％；辽宁第四，25 个品种，占 9.6％；山西第五，22 个品种，占 8.4％。这 5 个省份合计登记品种 220 个，占 84.3％（表 4-3）。

表4-2 登记品种分类情况

分类依据	分类情况	品种数量（个）	占比（％）
登记申请者	科研单位	125	47.9
	企业	136	52.1
品种选育者	科研单位	137	52.5
	企业	124	47.5
选育方式	自主选育	247	94.6
	合作选育	9	3.4
	境外引进	3	1.2
	其他	2	0.8
申请类型	已审定	76	29.1
	已销售	164	62.8
	新选育	21	8.1
品种类型	杂交种	242	92.7
	常规品种	19	7.3
品种用途	酿造用	174	66.7
	粮用	39	14.9
	粮用、酿造用	8	3.1
	饲料用	6	2.3
	能源用	12	4.6
	青贮用	6	2.3
	青贮、能源	4	1.5
	青饲用	5	1.9
	帚用	7	2.7
品种保护	已授权	14	5.4
	申请并受理	16	6.1
	未申请	231	88.5

表4-3 各省份上报登记品种概况

上报省份	品种数量（个）	品种用途	品种类型
内蒙古	71	酿造45个，粮用18个，粮用、酿造兼用2个，帚用6个	杂交种69个，常规种2个
吉林	63	酿造51个，粮用6个，粮用、酿造兼用4个，能源1个，青贮1个	杂交种62个，常规种1个
黑龙江	39	酿造28个，粮用10个，帚用1个	杂交种37个，常规种2个
辽宁	25	酿造10个，饲料用6个，能源8个，青贮1个	全部是杂交种
山西	22	酿造15个，粮用2个，能源3个，青饲2个	全部是杂交种
四川	9	全部酿造用	杂交种7个，常规种2个
贵州	7	酿造6个，粮用1个	全部是常规种
北京	5	酿造1个，粮用1个，青贮、能源兼用1个，青饲1个	全部是杂交种
湖南	5	酿造3个，青贮、能源兼用2个	全部是杂交种

（续）

上报省份	品种数量（个）	品种用途	品种类型
河北	4	全部酿造用	杂交种 2 个，常规种 2 个
甘肃	3	粮用 1 个，青饲 2 个	全部是杂交种
江苏	3	全部青贮用	全部是常规种
山东	3	酿造 1 个，粮用、酿造 1 个，青贮、能源兼用 1 个	全部是杂交种
新疆	1	粮用、酿造	杂交种
重庆	1	酿造	杂交种

2. 登记品种特征特性

登记品种的抗病性整体较好。全部 261 个品种中，丝黑穗病高抗 64 个，抗 57 个，合计占 46.4%。从叶部病害调查情况看，除了中抗 32 个、感病 1 个品种以外，其他均为高抗和抗叶病，抗病品种占 87.4%。

专用品种的品质得到改善和提升，按用途分述如下：

酿造用品种：粗淀粉含量为 63.2%～85.4%，脂肪含量 2.8%～4.9%。除了有 14 个品种单宁含量 0～0.3%，1 个品种 2.1%，1 个品种 4.41% 外，其他品种单宁含量为 0.60%～1.84%，适宜酿酒。

粮用品种：粗蛋白含量为 5.16%～13.36%，大多数为 8%～11%；粗淀粉含量为 68.24%～80.52%，大多数为 70%～78%；单宁含量 0～3.24%，大多数为 0～1.5%；赖氨酸含量 0.18%～0.50%，大多数为 0.2%～0.3%。

粮用、酿造兼用品种：粗蛋白含量为 5.83%～10.61%，粗淀粉含量 67.60%～79.54%，单宁含量 0～1.53%，赖氨酸含量 0.21%～0.28%，粗脂肪含量 3.1%～4.6%，支链淀粉含量 68.5%～98.37%。

饲料用品种：粗蛋白含量 7.84%～8.98%，粗淀粉含量 72.42%～79.28%，单宁含量 0.08%～0.26%。

能源用品种：除了 1 个品种出汁率为 0 外，其他为 48.5%～59.0%，可溶性糖含量 10.2%～33.9%，糖锤度含量 18.3%～20.6%。

青饲用品种：氢氰酸含量 0.86～71.1mg/kg，粗蛋白含量 7.51%～13.50%，酸性洗涤纤维含量 33.70%～45.08%，中性洗涤纤维含量 61.0%～63.07%，木质素含量 2.38%～7.39%，灰分含量 3.8%～11.6%。

青贮、能源兼用品种：水分含量 69.5%～75.0%，可溶性糖含量 11.5%～27.8%，粗蛋白含量 6.9%～9.3%，酸性洗涤纤维含量 25.2%～37.5%，中性洗涤纤维含量 42.6%～60.5%，木质素含量 2.5%～4.5%，糖锤度含量 13.8%～17.3%。

青贮用品种：水分含量 4.7%～73.0%，可溶性糖含量 12.2%～31.5%，粗蛋白含量 4.92%～9.60%，酸性洗涤纤维含量 36.20%～41.85%，中性洗涤纤维含量 55.7%～63.3%，木质素含量 3.55%～7.20%。

3. 高粱品种登记中存在的几个问题

（1）粮用品种赖氨酸含量检测结果表达不一致

有的品种用的是赖氨酸占干物质百分比，有的品种用的是赖氨酸占粗蛋白的百分比，难以比较。

（2）品种分析结果提供不完整

如有的粮用品种没有提供赖氨酸含量检测结果，青贮用品种未提供酸性洗涤纤维、中性洗涤纤维、木质素含量检测结果，糯高粱未提供支链淀粉含量测定结果等。

（3）品种用途分类不明确

一般粮用品种单宁含量不宜过高，但大多数登记的粮用品种单宁含量均高于1%，齐杂7号单宁含量更是达到3.24%。

（4）另外情况

有些单位在登记过程中，未检测指标填写的是0，容易造成误解，例如，金粱糯1号粗蛋白含量高达13.36%，赖氨酸含量却为0；另外，有12个品种的支链淀粉含量为0，可能也是未检测的原因。

三、品种创新情况分析

（一）品种应用情况

1. 主要生产省份高粱品种概况

（1）内蒙古

内蒙古高粱生产主要分布在赤峰、通辽、兴安盟等内蒙古中东部地区，2018年种植面积257万亩，其中赤峰90万亩、通辽45万亩、兴安盟60万亩。此地区主要以种植酿造高粱为主，由于本地大型酒厂和醋厂较少，生产的高粱85%用于外销，主要销往四川、贵州、河北、山西等地。赤峰除了种植酿造高粱外，还种植帚用高粱和食用高粱。内蒙古的西部高粱种植面积不大，基本都是在本地消化，主要以酿造为主，巴彦淖尔、包头、乌海东部等地区主要是用于酿酒，乌兰察布主要是用于酿醋。

内蒙古高粱生产虽然以酿造高粱为主，但个别地区也种植其他用途品种。如赤峰宁城以种植白粒高粱为主，应用的品种主要是冀杂5号；巴林左旗除了种植粒用高粱外，帚用高粱面积较大，年播种面积30万亩左右，种植的品种有美国长纤维、敖包黄苗、赤帚4号、赤帚100、龙帚2号等品种。通辽扎鲁特旗、库伦旗以及开鲁、科尔沁有部分养殖户种植青贮高粱，种植相对集中。

内蒙古高粱种植面积最大的品种是凤杂4号和吉杂210，年种植面积20万亩以上，其他种植面积较大的品种包括敖杂1号、吉杂127、冀杂5号、新杂2号、吉杂130、赤杂16、通杂108、通杂120等。各旗县每年种植的高粱品种都有所增加，一些高产、专用的高粱品种不断引入，如糯高粱红茅粱6号、兴湘粱2号。糯高粱一般是以订单生产为主，签约价格比普通高粱高0.2~0.4元/千克。

（2）吉林

高粱是吉林主要杂粮作物，是种植业结构调整的优势作物，近年高粱种植呈现增长势头。吉林高粱种植主要分布在吉林西部的白城和松原地区；四平地区的双辽，长春地区的榆树、农安也有一定的种植面积，其他区域属零星种植。这些区域土壤盐碱和瘠薄，干旱少雨，非常利于发挥高粱耐瘠薄、抗逆性强的优势。

吉林以红粒酒用高粱为主，绝大多数为粳型高粱，少量种植一些糯高粱，是我国酿造高粱商品粮生产基地，年产量约80%供应汾酒、五粮液、剑南春、杏花村等南方规模较大的酒厂用于酿酒。酿造高粱种植品种主要有凤杂4号、吉杂124、吉杂127、吉杂210、四杂25、白杂8号等。

吉林是第二大帚用高粱生产区域，主要集中在大安、洮北和镇赍，年种植面积约10万亩，用于本地或山东等地帚用加工，使用的品种为常规种。白城地区还是畜牧业的主产区，部分地区种植甜高粱、饲草高粱作为优质的饲料来源。

（3）黑龙江

黑龙江是我国高粱生产的主要省份之一，绝大部分为酿酒用高粱，主要供应四川、贵州等南方省份，本省商品高粱用量很少。黑龙江高粱种植区域继续向镰刀弯地区稳步扩展。原西部的大庆、齐齐哈尔和绥化中、西部种植区播种面积基本没有增加，但齐齐哈尔北部和东部、黑河南部、绥化北部、佳木斯等第三积温带下限到第五积温带上限的镰刀弯区域播种面积增加很快。高粱生产机械化种植比例进一步提高。在第三、第四积温带的高粱新兴产区全部采用机械化栽培。在大庆、齐齐哈尔等老种植区，机械化种植比例也开始快速提高。

黑龙江早熟区品种以龙杂17、龙杂18、龙杂19、龙609、绥杂7号、齐杂722等为主，每年每个品种面积10万～20万亩，这些品种基本占据了早熟区90%的市场份额。黑龙江晚熟区高粱种植主要集中在肇源、杜蒙和泰来，主栽品种以凤杂4号和吉杂127为主，每个品种每年面积约10万亩。

（4）辽宁

辽宁是传统高粱种植优势区，近年高粱生产稳中有升，高粱种植主要集中在朝阳、锦州、葫芦岛、阜新等地，以原粮生产、粗加工为主，与高粱相关的产业不发达。种植面积中，约70%为酿造高粱，主要作为南方各大酒企的原料，约20%为食用高粱，支撑辽宁成为我国食用高粱主要集散地，此外还有一部分为青贮高粱。

早熟区种植的酿造高粱品种主要是凤杂4号、吉杂210、吉杂127和辽37；中晚熟区种植的主要是辽杂19、辽杂5号、辽粘3号、锦杂101、红茅粱6号。食用高粱品种仍以沈杂5号为主，辽杂10号、辽杂15也有种植。青贮高粱品种主要是辽甜1号和辽甜3号。

（5）山西

山西是高粱主产区之一，种植区域主要包括吕梁、忻州、太原、长治、晋中等市，高粱产量呈稳中略增态势。山西许多贫困地区属于干旱丘陵区，耕地贫瘠、降水量少，抗旱耐瘠薄高粱品种作为扶持贫困地区杂粮产业的重要支柱。山西高粱主要用于酿酒和酿醋，零星种植一些饲草高粱。汾酒集团是高粱消费的第一大户，食醋生产企业是高粱消费第二大户。山西推广面积较大的品种有晋杂22、晋杂12、晋杂15、晋中405、晋杂18、晋杂34、晋糯3号等。饲草高粱种植2万～3万亩，主要品种是晋牧1号和海牛。

（6）四川、重庆

四川和重庆是我国主要高粱产区，面积100万亩左右，主要集中在宜宾、泸州、自贡等川南地区，内江、南充、德阳等地有零星种植。2018年四川白酒产量35.83亿升，位居全国第一，占全国白酒总产量的41.1%。五粮液、泸州老窖、郎酒等大型酒企积极建设自己的订单原料基地，酒业带动了高粱的良好发展。本区域目前种植的高粱品种主要是常规品种，包括青壳洋、泸州红1号、国窖红1号、红缨子等，种植的杂交种主要是泸糯8号、泸糯12、金糯粱1号、晋渝糯3号等。

（7）贵州

贵州高粱生产主要分布在遵义和毕节，用于酿酒，自产自销。酿酒业是贵州的支柱产业之一，贵州白酒以茅台集团为龙头企业，是酱香白酒的代表。糯高粱是酱香型白酒的主要原料之一。贵州高粱产业属于企业主导型，高粱的种植面积、市场价格受白酒业的影响较大。酿酒高粱原料主要实行订单生产，统一品种，统一定价收购（8.1元/千克）。品种主要为红缨子、红珍珠。2018年贵州由于调减玉米面积的影响，高粱种植面积增加，达到200万亩，茅台集团订单面积增加10万亩。

2. 主要品种的突出优点和缺陷

第一，黑龙江早熟区品种植株矮而整齐，抗倒性强，熟期短，适宜机械化收获，总体表现不错，没有明显缺陷。从个别区域看，绥杂7号、龙杂18产量稍低，齐杂722熟期比其他品种晚，脱水慢，龙杂 17 综合性状较好。

第二，在黑龙江南部、吉林、内蒙古、辽宁北部推广的凤杂 4 号、吉杂 210、吉杂 127、吉杂 124、四杂 25 等品种，熟期适中，高产稳产，适应性强，籽粒商品性好。株高一般在 160～180 厘米，耐密性较差，一般不能超过 8 000 株/亩，密度过大时易发生倒伏。

第三，四川和贵州生产上应用的主要是常规品种，虽然籽粒品质符合酿酒要求，但由于株高较高，抗倒能力弱，产量低，抗叶病弱。

第四，大部分推广的高粱品种均对除草剂敏感，因除草剂药害造成损失的的情况年年发生。另外，大部分高粱品种不抗不耐玉米螟和棉铃虫，一旦发生虫害，造成损失较严重。

第五，四川、贵州、重庆等西南地区杂交高粱品种推广缓慢，常规高粱品种占大多数，生产上品种多而杂。高粱生产以育苗移栽为主，多为人工种植和收获，投入大，生产效率低。

（二）品种创新的主攻方向

高粱品种选育思路是以适宜机械化为核心，围绕优质专用、轻简高效和减肥节水等方面，以充分利用干旱、瘠薄、盐碱地，提高农业资源利用率，满足酿酒、饲料、食用等产业加工优质原料需求为目标，促进传统育种与分子标记辅助育种、转基因技术深度融合，开展种质资源创新，选育适宜机械化作业的优质、多抗、专用新品种，满足产业发展需求。

1. 酿造用粳高粱新品种选育

选育不同熟期、淀粉含量高、单宁含量适中、适合机械化收获的粳质亲本系，培育淀粉含量高、综合抗性好、适宜机械化作业、熟期多样的酿造用高粱新品种。

2. 酿造用糯高粱新品种选育

以适宜机械化为核心，常规技术与分子标记结合，进行糯质高粱亲本系选育，培育总淀粉含量和支链淀粉含量双高、单宁含量适中的糯高粱杂交种，为酿酒企业提供优质原料。

3. 食用及饲料高粱新品种选育

培育高赖氨酸、高蛋白质、单宁含量低、适口性好、适合机械化作业等特异种质资源，育成新不育系和恢复系。培育适合机械化作业的食用及饲料高粱新品种，品种以粳质品种为主，糯质品种为辅。

4. 能源及青饲、青贮高粱新品种选育

选育含糖量高、抗倒性好、配合力强的甜高粱亲本系。开展甜高粱、草高粱不同细胞质不育化选育技术创新，育成能源及青饲、青贮甜高粱和草高粱杂交种。

5. 开展糯质高粱良种繁育技术研究

目前糯高粱种子生产产量低、发芽率低，严重制约酒用糯高粱原料生产。急需研究解决糯高粱生长发育进程、柱头及花粉生活力、双亲亲和力、种子收获时间、种子加工处理等方面问题，提高制种产量，保证种子质量。

注：国际高粱生产及贸易情况及 2018 年我国高粱生产数据引自美国农业部，我国高粱贸易数据来源于中国海关。

（编写人员：邹剑秋　王艳秋　段有厚　等）

大麦（青稞）

一、大麦（青稞）产业发展情况分析

（一）生产情况

2018 年我国大麦（青稞）的总收获面积为 102.7 万公顷，较上年减少 5.06 万公顷；总产量为 426.5 万吨，较上年减少 21.22 万吨；平均单产为 4.2 吨/公顷，与上年基本持平。其中，青稞（即裸大麦）生产主要分布在藏区，收获面积为 38.6 万公顷，较上年减少 0.35 万公顷；产量为 138.6 万吨，较上年增加 2.89 万吨；平均单产为 3.6 吨/公顷，较上年增加 0.11 吨/公顷。皮大麦（包括啤酒大麦和饲料大麦）总收获面积为 64.2 万公顷，较上年减少 4.07 万公顷；产量为 287.6 万吨，较上年减少 23.53 万吨；平均单产为 4.48 吨/公顷，较上年减少 0.08 吨/公顷（表 5-1）。

表 5-1　2018 年我国大麦（青稞）生产情况

省份	大麦青稞			啤酒大麦			饲料大麦			青稞		
	总面积（万公顷）	单产（吨/公顷）	总产（万吨）	面积（万公顷）	单产（吨/公顷）	总产（万吨）	面积（万公顷）	单产（吨/公顷）	总产（万吨）	面积（万公顷）	单产（吨/公顷）	总产（万吨）
内蒙古	5.9	4.8	28.1	5.5	4.7	26.1	0.4	4.9	1.96			
黑龙江	0.1	3.8	0.5	0.1	3.8	0.5						
江苏	5.3	5.3	28.4	5.3	5.3	28.3						
安徽	1.5	4.8	7.2	1.2	4.5	5.2	0.3	4.8	1.6			
浙江	0.8	4.5	3.5				0.8	4.5	3.5			
上海	0.2	6.0	0.1	0.0	6.0	0.1	0.0	6.0	0.2			
河南	2.6	5.7	14.6	0.1	5.3	0.3	2.5	5.7	14.4			
湖北	12.0	5.1	61.2				11.8	5.1	60.2	0.2	5.0	1.0
四川	10.4	3.5	36.2	0.5	3.5	1.8	4.9	4.1	19.9	5.0	2.9	14.5
云南	25.9	3.6	94.2	11.9	3.7	43.7	12.6	3.6	45.3	1.3	3.9	5.2
甘肃	8.5	4.8	40.8	4.5	5.9	26.1				4.0	3.7	14.7
新疆	2.1	4.4	9.1	1.7	4.5	7.5	1.0	4.2	4.3	0.4	3.9	1.6
青海	7.1	3.0	21.1				0.5	4.5	2.4	7.1	3.0	21.1

（续）

省份	大麦青稞			啤酒大麦			饲料大麦			青稞		
	总面积 （万公顷）	单产 （吨/公顷）	总产 （万吨）	面积 （万公顷）	单产 （吨/公顷）	总产 （万吨）	面积 （万公顷）	单产 （吨/公顷）	总产 （万吨）	面积 （万公顷）	单产 （吨/公顷）	总产 （万吨）
西藏	20.5	3.9	80.5							20.5	3.9	80.5
总计	102.7	4.2	426.5	30.8	4.5	139.6	33.4	4.4	148.0	38.6	3.6	138.6

数据来源：国家大麦青稞产业技术体系。

造成 2018 年皮大麦生产面积和总产下降的原因，是由于饲料大麦的种植面积和总产的减少，分别较 2017 年减少 8.3 万公顷和 33.2 万吨。但啤酒大麦反而较 2017 年有所增长，种植面积和总产分别增加 4.3 万公顷和 9.7 万吨。从生产区域来看，2018 年东南地区，尤其是江苏和上海皮大麦生产下降幅度较大，如江苏种植面积和总产分别比 2017 年减少 7.4 万公顷和 46.3 万吨，下降幅度分别为 58.3％和 63.7％。西北和东北地区，尤其是甘肃和内蒙古的皮大麦生产增加较多，其中甘肃种植面积和总产分别增长 50.3％和 52.6％，内蒙古分别增长 37.2％和 83.7％。

（二）市场情况

2018 年我国大麦（青稞）总消费量 1 093.5 万吨，以饲料和啤酒用皮大麦消费为主，分别占 50.7％和 36.5％，食用消费约占 12.7％，主要为青稞。国内饲料大麦和啤酒大麦生产严重不足，加工消费缺口较大。

2018 年我国皮大麦进口量为 667 万吨，较 2017 年的 828 万吨减少 161 万吨，下降 19.44％。其中，超过 400 万吨用于饲料生产，260 万吨用于酿造啤酒。从澳大利亚进口 415 万吨，进口均价为 243.58 美元/吨；从加拿大进口 157 万吨，进口均价为 261.36 美元/吨；其余 95 万吨从乌克兰和法国进口。2018 年 1—12 月，我国皮大麦进口到岸税后价格（CNF）平均价格为 247.33 美元/吨，高于上年的 200.29 美元/吨，上涨了 23.49％（图 5-1）。国外皮大麦进口价格的月度变化总体上以涨为主，10 月和 11 月上涨最为明显。

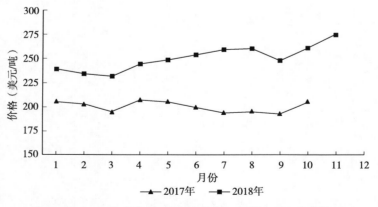

图 5-1 2017 年和 2018 年我国大麦月度进口 CNF 变化情况
（数据来源：谷鸽久久网）

2018 年国产皮大麦价格，以江苏大丰的厂家收购价格为例，平均为 1.88 元/千克，比 2017 年（1.64 元/千克）上涨了 14.90％；月度价格变化总体上呈稳中上涨（图 5-2）。近年来，随着对青稞营养健康作用认知度的提高和青稞食品加工规模的扩大，青稞的市场价格在不断上涨，由 2017 年的均价 3.34 元/千克，增长到 3.55 元/千克，增幅 6.3％。从地区来看，青稞价格以西藏最高，2018 年均价为 4.6 元/千克；青海和甘肃的价格最低，均价都为 2.6 元/千克。这也是造成青海和甘肃青稞运往西藏加工的直接原因。此外，四川的青稞价格略低于西藏，云南的价格居中，为 3.2 元/千克。

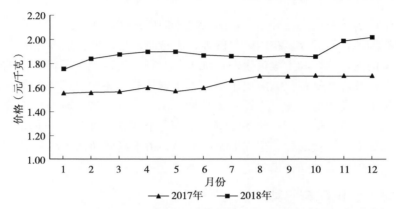

图 5-2　2017 年和 2018 年我国江苏大丰皮大麦厂家月度收购价格变化情况

（数据来源：谷鸽久久网）

二、品种创新情况分析

（一）育种进展

1. 适于多样化加工需求的多元专用优质品种

传统上，我国皮大麦主要用于啤酒酿造和饲料加工，裸大麦即青稞以食用消费为主。由于不同的加工消费所需的品质性状相差较大，所以我国的大麦（青稞）育种主要是开展饲料、啤酒和食用等专用品种选育。

在皮大麦育种方面，为满足国内饲料生产和啤酒酿造需要，针对造成我国啤酒和饲料大麦性价比低和市场竞争力差的品质缺陷，通过国内高产品质与国外优质亲本杂交，采用早代无损伤鉴定技术，培育出了蒙啤麦 6 号、垦啤麦 17、啤 19、华大麦 16、保大麦 23 等多个产量高且品质好的饲料和啤酒生产专用大麦新品种。在青稞育种方面，根据藏区青稞生产籽粒用作粮食、秸秆用作饲草以及藏区饲草短缺的实际情况，将育种目标从过去单纯追求籽粒高产调整为粮草双高，并从抗倒伏选育入手，培育出了藏青 2 000 等多个生物量大、抗倒伏的粮草双高青稞新品种。

近年来，为解决内地广大农区在畜牧业发展中遇到的春季青饲草料短缺问题，破解藏区畜牧业生产中存在的"夏肥、秋壮、冬瘦、春死"的传统怪圈，针对冬大麦"冬放牧-春青刈-夏收粮"和春青稞"春放牧、秋收粮、冬补饲"以及"大麦-玉米-玉米"一年三收青贮生产，"大麦复种燕麦"青干草生产等耕作改制和种养结合生产需要，培育出了生长速度快、再生性强、饲用品质好的青饲（青贮）生产专用品种中饲麦 1 号、皖饲麦 3 号、云饲麦 10 号、鄂大麦 960、红 09-866 和昆仑 16 等。例如红 09-866 抗倒伏，株高 1.4~1.5 米，单季鲜草亩产 4~5 吨，补齐了大麦青稞青饲生产缺乏专用品种的短板，为发挥大麦（青稞）在粮改饲和种植业结构调整中的优势作用提供了主导品种。

此外，还根据大麦（青稞）籽粒和绿植体加工的营养健康时尚消费，育成了高 β-葡聚糖黑糯青稞品种甘垦 5 号和昆仑 17 等多个籽粒颜色不同的彩色青稞品种，以及分蘖力强、生长快、耐刈割，绿植体中 γ-氨基丁酸（GABA）、黄酮、K-Ca、超氧化物歧化酶（SOD）、维生素及色氨酸含量高的云功麦 1 号、云功麦 2 号和浙皮 9 号等，满足了大麦（青稞）营养面粉、青汁、苗粉、绿茶等籽粒和绿植健康食饮品加工的专用品种需求。

2. 适宜不同产区的各种生态类型品种

大麦（青稞）生产地域跨度大、分布广，从最北边的黑龙江漠河，到云南最南端的腾冲，从东部沿海到青藏高原均有种植，而且大多在内陆盐碱地、水涝地、旱坡地、果园林下地、沿海滩涂和高纬度高海拔的高寒丘陵山地，气候和土壤等生态条件千差万别。为适应各不同产区的气候和土壤条件，培育出了冬性、半冬性和春性等春化温度要求不同，生育期长短不一，南方耐湿、耐荫和北方耐寒、耐旱、耐盐碱等各种生态类型的大麦（青稞）新品种。例如，青海省农林科学院育成的青稞新品系，在高海拔地区刚察试种，单产达 5 070 千克/公顷，打破了该县青稞高产历史记录，为青海海拔 3 300 米以上地区青稞生产提供了换代品种。但需要指出的是，由于当前缺乏生产需求，适宜黄淮北部地区种植的强冬性大麦（青稞）品种储备很少。

3. 抗灾减灾轻简栽培配套品种

由于大麦（青稞）主要在高海拔和高纬度的高寒地区种植，生产更易受到气候变化引起的极端气象灾害影响。针对中东部地区播种期低温阴雨、收获期梅雨，西南地区苗期低温冰冻、拔节和抽穗期干旱，北方地区播种和生长期低温、干旱、高温，青藏高原抽穗期低温等灾害性天气，培育出了适合中东部玉米茬免耕直播和南方稻茬免耕撒播的耐湿、耐迟播、抗穗发芽和抗寒、耐旱品种，适合北方地区轮作免耕种植的耐寒、抗旱，藏区连作种植的抗寒、抗旱、抗倒伏品种，以及各类大麦（青稞）抗灾减灾轻简栽培配套品种。

4. 资源高效绿色生产品种

为满足大麦（青稞）节水、降肥、减药的绿色生产需要，开展了耐旱、抗病和肥料高效利用新品种选育。在抗病育种方面，针对中东部、北方、西南和青藏高原等地区的主要病害，培育出了分别对条纹病、黄花叶病和赤霉病等，对条纹病、黄矮病、网斑病和根腐病等，对条纹病、云纹病、白粉病、黄矮病、锈病等不同病害组合，表现综合抗性较好的优良品种。在抗旱育种方面，针对不同地区干旱发生特点，培育出了抗苗期和成株期干旱的品种。例如，甘肃省农业科学院培育的啤酒大麦品种甘啤 6 号，全生育期比对照品种少浇一次水，产量仍然较对照增产 8％以上。在肥料高效利用品种选育方面，开展了氮、磷等营养元素吸收率利用率高的种质筛选和育种材料杂交创制，选出了一些有苗头新品系，氮或磷肥使用量降低 30％，仍能够取得与对照相同的产量。

（二）品种应用情况

我国大麦（青稞）生产推广品种，按低温春化生物学特性划分为冬性、半冬性和春性品种，从小穗结构分为二棱和六棱品种，从籽粒是否带皮分为皮大麦和裸大麦，从生产消费分为啤酒大麦、饲料大麦、青贮（青饲）大麦、食用青稞（包括食品加工和酿酒）、绿植食品加工等各类专用品种。由于我国大麦（青稞）生产地域分布广和生态类型的多样性，没有一个品种能够在全国所有产区种植，所有的生产推广品种均具有明显的地域生态特征，表现为地区主导性。每个品种的年度生产推广应用面积差别较大，多的近百万亩，少的不足 5 万亩。

北方春播品种表现为春性，中部秋播品种为冬性和半冬性，南方秋播品种为半冬性和春性，青藏高原以春性为主，少数是冬青稞。

啤酒大麦生产主导品种以二棱皮大麦为主，产区生态适应性好，综合抗病性和抗逆性强，籽粒产量高，麦芽加工和啤酒酿造品种优良。东北（内蒙古东北部和黑龙江北部）有垦啤麦 9 号、垦啤麦 12、垦啤麦 13、垦啤麦 15、龙啤麦 3 号、蒙啤麦 3 号、蒙啤麦 4 号；西北（甘肃和新疆）有甘啤 4

号、甘啤 5 号、甘啤 6 号、甘啤 7 号、垦啤 6 号、新啤 8 号等；东南（江苏和浙江）为苏啤 3 号、苏啤 4 号、苏啤 5 号、苏啤 6 号、苏啤 8 号、扬农啤 5 号、扬农啤 7 号、扬农啤 9 号、扬农啤 11、港啤 3 号、浙啤 33；西南（云南和四川）有 S-500、S-4、澳选 3 号、云啤 12、云啤 14、云啤 15、云啤 18、S-4、凤大麦 9 号、凤大麦 10 号等。

饲料大麦生产主导品种多数为六棱皮大麦，产区生态适应性好，综合抗病性和抗逆性强，籽粒产量高，蛋白质和赖氨酸含量高。中部（河南和湖北）有驻大麦 8 号、鄂大麦 9 号、华大麦 9 号、华大麦 10 号、华大麦 11；东南（安徽、江苏和浙江）为皖饲麦 2 号皖饲麦 3 号、扬饲麦 1 号、扬饲麦 3 号、连饲麦 1 号、浙皮 9 号、浙皮 10 号等；西南（四川和云南）有川饲麦 1 号、西大麦 3 号、云大麦 2 号、云饲麦 4 号、云饲麦 7 号、云饲麦 8 号、云饲麦 9 号、凤大麦 9 号、凤饲麦 12、凤饲麦 17、保大麦 8、保大麦 14、保大麦 15、保大麦 16、保大麦 17。

青稞生产主导品种全部为六棱裸大麦，高原生态适应性好，综合抗病性和抗逆性强，籽粒和干草粮草双高，蛋白质、赖氨酸、支链淀粉和 β-葡聚糖含量高，食用品质好。湖北有鄂大麦 507，甘肃有甘青 4 号和 7 号、黄青 1 号、黄青 2 号，新疆为青海引进品种昆仑 14，四川为康青 6 号、康青 7 号、康青 8 号、阿青 6 号，云南为云稞 1 号、迪青 3 号，青海为昆仑 14、昆仑 15、昆仑 16、北青 8 号，西藏为藏青 2000、喜玛拉 22、冬青 18 等。

青饲（青贮）兼用品种，产区生态适应性好，综合抗病性和抗逆性强，苗期耐放牧、耐刈割，再生性好、绿植体产量高，青饲（青贮）饲用品质好。北方（内蒙古、河北、山东）为蒙啤麦 2 号、蒙啤麦 3 号，东南（安徽、江苏、浙江）为皖饲麦 3 号、皖饲啤 14008、扬饲麦 3 号、浙皮 10 号，西南（四川和云南）有川饲麦 1 号、云饲麦 8 号、云饲麦 9 号、云饲麦 10 号、凤大麦 17、保大麦 16、保大麦 17。

大麦苗粉生产主导品种，综合抗病性和抗逆性强，苗期耐刈割、再生性好，绿植体产量高，健康功能成分全、含量高。主要以黑龙江的龙啤麦 3 号、浙江的浙皮 9 号、云南的云功麦 1 号和云功麦 2 号为代表。这些大麦（青稞）生产主导品种，因产区生态适应性好、抗病和抗逆性强、产量高及专用加工品质好，深受农民欢迎，为企业带来了较大的经济效益。例如，2018 年藏青 2 000 在青藏高原生产种植面积近百万亩，喜玛拉 22 超过 40 万亩；浙江仙居天成农副产品有限公司利用浙皮 9 号，建立 2 000 亩青苗生产基地，亩产青苗 2 000～2 500 千克，每亩产值 6 000 元，每年向日本出口大麦青干苗 700 多吨，年创汇 500 万美元。

需要指出的是，目前同一产区加工消费类型相同的专用主导品种，在具体的病害、逆境抗性以及营养和加工品质性状上存在一定的差异，各个品种都具有自身的性状缺陷。例如，西南地区的啤酒大麦、中东部地区的饲料大麦和青藏高原的青稞品种，多数籽粒的蛋白质含量偏低；全国大多数啤酒大麦品种籽粒的 β-葡聚糖含量偏高。多数生产主导品种对产区的主要病害没有达到免疫和高抗水平，个别品种甚至表现感病，此外，白粉病和锈病等真菌病害毒性小种变异还可能导致品种的抗病性丧失等，因此，目前大麦（青稞）生产中均需要对种子进行包衣处理。尤其是随着气候变化，赤霉病逐步向北扩展，增加了中部地区生产主导品种感染赤霉病的风险；中北部地区收获期降雨增加，使主导品种发生穗发芽的风险加大。另外，大麦（青稞）对除草剂的耐药性较弱，当前绝大多数生产主导品种并没有进行过抗除草剂鉴定，因此存在因前茬作物施用除草剂导致土壤残留超标造成生产危害的风险。

三、品种登记情况分析

2018 年我国大麦（青稞）登记品种 65 个，分别来自 7 个省份，其中云南 28 个、甘肃 8 个、黑龙江 8 个、湖北 8 个、江苏 7 个、上海 4 个、浙江 2 个。其中，已审（认）定过品种 54 个，占 83%，新育成品种 11 个，占 17%。大学和科研院所育成 51 个，占 78%；公司培育 14 个，占 22%。自主选育 38 个，合作选育 27 个。绝大多数品种采用常规杂交系谱选育，个别是通过人工诱变、小孢子单倍体方法育成或国外引进鉴定。62 个国内育成品种中，47 个来自双亲杂交，12 个来自多亲本复合杂交，3 个来自人工诱变和自然突变系统选育，亲本组合中均含有国外品种血缘。

从用途来看，啤酒大麦品种 39 个，饲料大麦品种 20 个，食用裸大麦（青稞）品种 6 个。二棱品种 45 个，六棱品种 20 个。春性品种 53 个，占 82%；半冬性品种 12 个，占 18%。

从产量来看（表 5-2），登记品种的产量潜力和增产幅度差异很大。虽然总体平均增产幅度超过 10%，但个别品种甚至较生产对照品种减产。饲料大麦、啤酒大麦和食用青稞品种的产量变异系数分别为 77.4%、36.7% 和 28.5%，平均每公顷产量潜力分别为 383.9 千克、406.2 千克和 295.1 千克。食用青稞品种的产量水平最低，只有饲料大麦和啤酒大麦品种的 72.6% 和 76.9%。

表 5-2　登记品种单产及增产情况

	啤酒大麦	饲料大麦	食用青稞	总体
登记品种数（个）	39	20	6	65
产量变幅（千克/公顷）	263～560	349～498	238～322	263～560
平均单产（千克/公顷）	383.9	406.2	295.1	384.6
增产幅度（%）	0.6～34.2	4.0～39.8	−6.9～34.2	−6.9～39.8
平均增产（%）	10.5	12.6	14.9	11.8
增产 10% 以上品种数	17	12	5	—
增产 10% 以上品种占比（%）	43.6	60	83.3	52.3

多数登记品种的专用加工品质和抗病性较好，但品种间差异很大。啤酒大麦品种的籽粒饱满度在 60.7%～99.3%，47 个品种中有 26 个品种饱满度超过 95%；蛋白质含量 7.0%～15.2%，11 个品种不足 9%，含量明显偏低，1 个品种为 15.2%，含量过高；无水麦芽浸出率变异幅度 77.5%～83.3%，有 21 个品种的浸出率超过 81%；糖化力变异幅度为 146～468 维柯，相差 2 倍以上，11 个品种的糖化力超过 300 维柯；α-氨基氮含量为 1.15～2.21 毫克/克，相差近一倍，28 个品种超过 1.50 毫克/克；库尔巴哈值差异较小，绝大多数品种在 40% 以上。饲料和食用品种的蛋白质含量在 11.5%～15.8%，赖氨酸含量为 0.32%～0.52%；食用品种的 β-葡聚糖为 3.18%～5.62%。

登记品种的抗病表现见表 5-3。从 63 个登记品种对大麦（青稞）主要病害条纹病的抗性鉴定数据来看，高抗品种只有 8 个，占比较低；抗病以上与中抗以下品种基本各占 50%。有 17 个品种高抗和抗北方及青藏高原主要病害黄矮病，42 个为中抗或感病品种，分别占 28.8% 和 71.2%。高抗和抗北方主要病害根腐病的品种 20 个，中抗 27 个，无感病品种，分别占 42.6% 和 57.4%。在对南方主要病害抗性方面，9 个品种高抗和抗赤霉病，37 个中抗和中感，分别占 19.6% 和 80.4%；18 个高抗和抗白粉病，29 个中抗和感病，各占 38.3% 和 61.7%。

表 5-3　2018 大麦（青稞）登记品种抗病性分布

病害种类	抗病等级				
	高抗	抗病	中抗	中感	感病
条纹病	8	25	23	4	2
黄矮病	16	1	34	2	6

（续）

病害种类	抗病等级				
	高抗	抗病	中抗	中感	感病
根腐病	14	6	27		
赤霉病	3	6	34	3	
白粉病	5	13	16	10	3
黄花叶病	2	1		1	1

　　来自江苏、浙江和上海的 12 个登记品种中，只有 3 个高抗和抗东南地区的主要病害黄花叶病，2 个为感病品种，其余 7 个无抗病性鉴定数据。与抗黄花叶病情况相同，部分品种缺乏登记所规定的对地区主要病害的抗性鉴定数据。

　　总之，大麦（青稞）登记品种在产量、营养与加工专用品质以及抗病性上出现的巨大差异表明，除了产量潜力水平与地区来源有关外，其他主要与选育单位的育种基础和技术水平有关，同时反映了我国大麦（青稞）育种，在营养与专用加工品质和抗病、抗逆性状鉴定选育上存在着明显的不足，需要继续根据大麦（青稞）的多元生产加工需求，瞄准气候变暖和农业生产方式转变背景下，生产品种应当具备的生物学特性、产量潜力、健康营养与专用加工品质、抗病与抗逆水平和资源高效利用能力等，设计建立不同生态区优质绿色品种指标体系，充分挖掘利用国、内外优异种质资源，通过多亲本聚合杂交，采用无损伤早代鉴定和分子标记技术，进行杂交后代的精准鉴定和定向选择，不断培育出高产优质、资源高效、环境友好的大麦（青稞）新品种。

（编写人员：张京　郭刚刚　等）

蚕　豆

蚕豆是重要的食用豆类作物之一，具有"养人、养畜、养地"等多重功能，在粮食、饲草（料）、蔬菜、食品（包括休闲食品、调味品、蛋白食品、粉丝）、绿肥等领域均有广泛应用。蚕豆作为水稻、小麦和玉米等作物的友好前茬，在轮作或间套作中占有重要地位，特别在稻田土壤培肥和病虫防控方面有着重要作用。

一、产业发展情况分析

我国蚕豆主要分布在西南地区、长江流域及西北地区，可分为秋播和春播两大产区。其中西南及长江流域等秋播区种植面积占全国总数的 90%，产量达 85%；西北等春播区蚕豆种植面积占全国总数的 10%，产量达 15%。目前，西北地区蚕豆以干籽粒利用为主；南方以鲜食为主，干籽粒为辅。部分蚕豆秸秆作为饲料和绿肥为主。

（一）2018 年蚕豆产业发展情况

1. 种植面积、单产及总产

2018 年，我国蚕豆种植面积相对稳定，根据调研统计，种植面积 1 350 万亩左右（略高于 2017 年），总产 160 万吨左右。多数省份面积保持稳定，增幅较大的省份有：重庆、四川、湖南，增幅为 5.0%～7.6%。根据各生产省份调查数据分析，江苏、福建等省份鲜籽粒生产单产水平较高，为 667.5～1 306.5 千克/亩；湖南小粒鲜蚕豆单产为 118.2～129.9 千克/亩；云南鲜籽粒单产 310 千克/亩。干籽粒蚕豆平均产量 292.5 千克/亩，主要生产省份为：云南、甘肃、青海等。

2. 生产上重大自然灾害发生情况

2018 年，秋蚕豆产区受低温影响（如云南、安徽 1 月发生低温冰冻），造成产量下降。春播区的甘肃、青海等地收获期降雨较常年明显偏多，影响产量和品质。其他生产区域气候稳定，生产平稳。

3. 政府对产业的支持情况

2018 年，由于政策性结构调整和扶贫任务，各地政府对蚕豆的扶植力度有所加强。重庆市农业委员会发文（渝农办发〔2018〕147 号），推荐鲜食蚕豆通蚕鲜 8 号稻茬免耕生产技术和蚕豆品种通蚕鲜 8 号列入促进乡村振兴的 100 项农业主推技术和 100 个农业主导品种，支持蚕豆产业发展。2018 年青海由省农业农村厅牵头出台建立了青海省蚕豆良种繁育基地，并根据青财农字〔2018〕729 号文件下达补助资金，每亩补助 100 元。

（二）市场需求与销售

1. 市场销售情况

江苏、浙江、重庆、四川等省份市场需求以鲜食蚕豆为主，约占 70%，价格较为稳定。重庆以商贩收购、公司订单收购为主，成立了巫山县农产品流通经纪人协会等新型经营主体生产、销售鲜食蚕豆，通过农产品流通经纪人协会进行产品销售。云南、甘肃、青海等省份市场需求以干籽粒为主，由于冻害和降雨过多，干籽粒的产量和商品性受影响，价格有所上升，产品供不应求。

2. 蚕豆加工制品的销售情况

蚕豆加工制品主要以休闲食品、调味食品为主，有部分蚕豆粉丝产品。休闲食品的种类近 20 种，其中品牌产品有四川怪味胡豆、天津玉带豆、上海兰花豆、甘源蟹黄蚕豆等，休闲食品价格在 24 000～30 000 元/吨，年销售量在 10 万吨左右，销售额 20 亿～30 亿元。调味产品的品牌为四川郫县豆瓣，产品种类也有数十种，价格在 10 000～15 000 元/吨，年销售量近 100 万吨，销售额近 100 亿元。蚕豆干炒豆销售量约 1 万吨，销售价格 16 000～24 000 元/吨，销售额在 10 亿元左右；云南蚕豆粉丝等销售量在千吨以内，价格在 10 000～12 000 元/吨，销售额约 1 亿元。各地方也有小量生产的休闲食品、蚕豆粉丝等产品。

（三）种业情况

1. 蚕豆种业的发展特点

蚕豆种业市场比较混乱，种子生产经营企业规模较小，抵御市场风险能力差。蚕豆南北方秋播区和春播区种子需求类型多样，标准不一，生产上新品种占比较小。蚕豆统一供种能力较低，农户以自留种种植为主。

2. 蚕豆种业发展存在问题

（1）种子生产成本高

蚕豆为常异花作物，生产用种以常规种为主，种子生产繁殖系数低，由此导致生产用种量大，生产成本高。

（2）种业发展水平较低

目前，我国从事蚕豆良种繁育的公司和部门较少，良种繁育基地规模较小，政府扶持资金相对不足，产种量和总需调种量差距很大，统一供种率低。

（3）种子监管不足

部分种子经营企业没有生产许可，没有专有的种子生产基地，种子质量不能保证，造成不同程度的产量损失和区域内虫害的危害。

二、品种登记情况分析

1. 亲本来源和育成方式分析

2018 年，非主要农作物品种登记系统已完成签收和入库品种 39 个。登记品种中直接选用亲本是国外资源的 5 个，亲本是国内资源的 34 个。

2. 品种类型分析

根据登记信息，39 个品种中鲜籽粒型品种 18 个、干籽粒型品种 17 个、鲜籽粒和干籽粒兼用型品种 2 个、肥用型品种 2 个。

鲜籽粒亩产超过 1 000 千克的品种有 10 个，江苏省沿江地区农业科学研究所培育的通蚕鲜 7 号亩产最高，为 1 306.7 千克；干籽粒亩产超过 300 千克的品种有 4 个，其中酒泉大漠种业有限公司的漠蚕 1 号亩产最高，为 360.1 千克。

3. 品质分析

登记品种中，粗蛋白质含量高于 30% 的品种 8 个，长江大学的长蚕 1 号粗蛋白质含量最高，为 31.6%。

淀粉含量高于 50% 的品种 9 个。南通东方种业有限公司的东方青粒和南通东方种业有限公司的东方大粒粗淀粉含量最高，达 56.5%。粗淀粉含量低于 30% 的品种 4 个。

4. 抗病性分析

登记品种中，高抗赤斑病的品种 1 个、中抗赤斑病的品种 22 个、抗赤斑病的品种 10 个、感赤斑病的品种 5 个，易感根腐病的品种 5 个，中抗锈病品种 9 个、抗锈病的品种 7 个、感锈病品种 1 个。

三、品种创新情况分析

（一）育种新进展

登记品种大部分已通过国家或省级审（鉴）定，按类型可分为鲜籽粒型、干籽粒型、饲用型等。

1. 鲜籽粒型品种

目前生产上主推或有推广前景的登记的鲜籽粒型品种主要有日本大白皮、通蚕鲜 6 号、通蚕鲜 7 号、通蚕鲜 8 号、海门大青皮等。

通蚕鲜 6 号为江苏沿江地区农业科学研究所以紫皮蚕豆为母本，日本大白皮为父本通过有性杂交选育而成。出苗整齐，生长势强，籽粒大，鲜豆种皮色泽和鲜豆口感好，味道鲜美，无涩味，品质优良。株高中等，成株高 85 厘米左右。叶片较大，茎秆粗壮，结荚高度适中。单株平均分枝 3.9 个，单株结荚 9 个，单荚重 20～25 克，每荚平均 1.95 粒，荚长 12 厘米左右、宽 2.8 厘米，鲜籽长 3.0 厘米，宽 2.2 厘米，干籽百粒重 195 克，鲜籽百粒重 411 克；紫花、浅紫皮、黑脐，全生育期 220 天左右。中后期根系活力强，耐肥，青秸成熟、不裂荚，熟相和丰产性好。粗蛋白含量 30.2%，粗淀粉含量 51.8%，脂肪含量 1.3%，单宁含量 0.525%。中抗赤斑病，对病毒病抗性一般，不抗根腐病，感锈病，耐冷性一般。第一生长周期亩产 1 061.8 千克，比对照日本大白皮增产 3.49%；第二生长周期亩产 748.2 千克，比日本大白皮减产 0.17%。适宜在江苏、浙江、福建、安徽、湖北、江西、广西、重庆、贵州冬蚕豆区作鲜食蚕豆种植。

通蚕鲜 7 号为江苏沿江地区农业科学研究所以（93009/97021）F$_2$ 为母本，97021 为父本通过有性杂交选育而成。该品种为秋播鲜食大籽粒型蚕豆品种，全生育期 220 天左右（鲜食青荚生育期平均 209.4 天），中熟。苗期生长势旺，中后期根系活力较强，耐肥，秸青籽熟，不裂荚，熟相好。株高中等，96.7 厘米左右；叶片较大，茎秆粗壮，结荚高度中等。花色浅紫花，单株平均分枝 4.6 个，单株平均结荚 15.2 个，单株产量 263.8 克；每荚粒数平均 2.27 粒，其中 1 粒荚占 19.5%，2 粒以上荚占 80.5%；鲜荚长 11.81 厘米，宽 2.55 厘米；常年百荚鲜重 4 000 克左右，鲜籽长 3.01 厘米、宽 2.18 厘米；常年鲜籽百粒重 410～450 克，鲜籽粒绿色，煮食香甜柔糯，口味好。干籽粒种皮白色（刚收获时略显浅绿的白色过渡色），黑脐，籽粒较大，干籽百粒重 205 克左右。品质优良，蛋白质（干基）含量 30.5%，淀粉（干基）含量 53.8%，单宁含量 0.47%，脂肪含量 0.9%。中抗锈病，抗赤斑病，耐白粉病，对病毒病有一定忍耐性，不抗根腐病。抗倒性较好，收获时秆青籽熟，熟相好。耐冷性强。第一生长周期亩产 1 306.7 千克，比对照日本大白皮增产 6.44%；第二生长周期亩产 1 063.7 千克，比对照日本大白皮增产 8.96%。适宜在江苏、浙江、福建、安徽、江西、湖北、重庆、四川、贵州、云南、广西等冬蚕豆区作鲜食蚕豆种植。

通蚕鲜 8 号为江苏沿江地区农业科学研究所以 97035 为母本，Ja-7 为父本，通过有性杂交选育而成。秋播大粒蚕豆，中熟，全生育期约 220 天（鲜食青荚生育期平均 208.6 天）。苗期生长势旺，中后期根系活力较强，耐肥，秆青籽熟，不裂荚，熟相好。株高中等，约 94.5 厘米；叶片较大，茎秆粗壮，结荚高度中等。花紫色。单株平均分枝 5.15 个，单株平均结荚 14.7 个，单株鲜荚产量 249.5 克；每荚粒数平均 2.13 粒，其中 1 粒荚占 23.5%，2 粒及以上荚占 76.5%；鲜荚长 11.26 厘米，宽 2.49 厘米；百荚鲜重约 3 800 克，鲜籽长 2.83 厘米、宽 2.06 厘米；鲜籽百粒重 410～440 克，鲜籽粒绿色，煮食香甜柔糯，口味好。干籽粒种皮白色，黑脐，籽粒较大，干籽百粒重约 195 克。粗蛋白含量 27.9%，粗淀粉含量 48.6%，脂肪含量 1.2%，单宁含量 0.474%。中抗赤斑病、锈病，较耐白粉病，对病毒病有一定忍耐性，不抗根腐病。耐冷性中等，抗倒性较好，收获时秆青籽熟，熟相好。第一生长周期亩产 1 270.9 千克，比对照日本大白皮增产 3.53%；第二生长周期亩产 1 052.4 千克，比对照日本大白皮增产 7.54%。适宜在江苏、安徽、湖北、江西、重庆冬蚕豆产区作鲜食蚕豆种植。江苏适宜 10 月中下旬播种。

海门大青皮为江苏沿江地区农业科学研究所海门市种子管理站通过江苏地方品种优选而来。茎秆直立，根系发达，具有丰富的根瘤菌，株高中等，一般成株株高 104 厘米。分枝较多，单株平均分枝 3.4 个，单株结荚 9～10 个，每荚粒数 2～3 粒，紫花、种皮碧绿有光泽，种脐黑色，基部略隆起。籽粒较大，扁平，长 2.3 厘米左右，一般百粒重 115～120 克。茎秆粗壮，耐寒抗病、抗倒，熟相好，全生育期 221 天。可纯作，也可与玉米、棉花、蔬菜、药材等间套种。干籽粒粗蛋白含量 30.2%，粗淀粉含量 52.1%，脂肪含量 1.2%，单宁含量 0.472%。中抗锈病、赤斑病，对病毒病抗性一般，不抗根腐病，耐冷性中等。第一生长周期亩产 994.3 千克（鲜荚），比对照日本大白皮减产 3.07%；第 2 生长周期亩产 758.0 千克（鲜荚），比对照日本大白皮增产 1.13%。适宜在江苏、重庆等冬蚕豆产区种植。

2. 干籽粒型品种

2018 年登记的蚕豆品种在生产上主推或有推广前景的干籽粒型品种有云豆 459、凤豆 15、凤豆十六、凤豆十七、凤蚕豆十八、云豆 06 号、云豆 470 等。

凤豆 15 为云南大理白族自治州农业科学推广研究院以 8817-6 为母本，加拿大豆为父本通过有性杂交选育而成。营养生长期（出苗至现蕾）48～50 天，生殖生长期（现蕾至成熟）95～99 天，全生育期 166～180 天，属中早熟品种，花历期 43～48 天。株叶型紧凑，茎秆粗壮，生长整齐；株高 75.39 厘米，单株总茎枝 2.70～4.15 枝，平均有效茎枝 3.3 枝，苗期分枝半直立，茎秆浅紫红色；叶片上举，长卵圆形叶，叶色为深绿色；紫红色花，簇花 4～5 朵，成熟时不落叶。荚果平滑，荚皮嫩薄，荚长 7.01 厘米，荚宽 1.78 厘米，着荚角度小，荚果半直立，单株实荚数 10.0 荚，单荚粒数平均 1.78 粒。单株实粒数 17.93～24.59 粒，粒中厚型，种皮种脐白色，籽粒饱满，种皮不破裂，百粒重 113.32 克，收获指数 47.83%～51.65%，单株籽粒产量 20.14 克。种子含蛋白质 28.2%、单宁 0.274%、总淀粉 46.15%、粗脂肪 1.04%、总糖 4.87%。抗锈病，中感赤斑病、褐斑病，耐冷耐旱。第一生长周期亩产 293.90 千克，比对照凤豆一号增产 8.69%；第二生长周期亩产 297.78 千克，比对照凤豆十一增产 10.20％。适宜在云南海拔 1 600～2 400 米肥水条件中上等的蚕豆区种植。

凤豆十六为大理白族自治州农业科学推广研究院以 8911－3 为母本，法国豆为父本，通过有性杂交选育而成。全生育期 170～178 天，属中熟品种，营养生长期（出苗至现蕾）45～60 天，生殖生长期（现蕾至成熟）100～119 天，花历期（始花至终花）43～48 天。株型紧凑，长势整齐，株高 98.27～103.65 厘米，单株总茎枝 2.65～2.90 枝，有效茎枝 2.27～2.58 枝，苗期分枝半直立；茎秆紫红色。叶片上举，长卵圆形叶，叶色为深绿色；紫红花，簇花 4～5 朵，成熟时不落叶不倒伏。荚果平滑，荚皮嫩薄，荚长 6.3～8.5 厘米，荚宽 2.0 厘米，单株实荚数 6.08～12.53 荚，单荚粒数 1.75～1.84 粒，荚果与茎秆的夹角小。单株实粒数 15.84～20.15 粒，籽粒中厚型，种皮种脐白色，籽粒饱满，种皮破裂率 0，百粒重 109.53～117.46 克，单株籽粒产量 17.36～20.20 克，收获指数 44.92％～51.65％。种子粗蛋白含量 26.7％，粗淀粉含量 47.09％，单宁含量 0.38％ 总糖含量 5.34％，水分含量 11.3％。抗锈病、赤斑病，中抗褐斑病，抗寒、耐旱。第一生长周期亩产 310.30 千克，比对照凤豆十一增产 14.76％；第二生长周期亩产 285.75 千克，比对照凤豆十一增产 5.76％。适宜在云南海拔 1 600～2 400 米豆作区种植。

凤豆十七为大理白族自治州农业科学推广研究院以凤豆三号为母本，85173－11－935 为父本，通过有性杂交选育而成。全生育期 167～170 天，属中早熟品种，营养生长期（出苗至现蕾）47～52 天，生殖生长期（现蕾至成熟）118～122 天，花历期（始花至终花）52～68 天。株型紧凑，长势整齐，茎秆壮实，不倒伏，株高 77.57～109.5 厘米，单株总茎枝 2.58～3.27 枝，有效茎枝 2.25～2.48 枝；苗期分枝半直立，茎紫红色。叶片上举，椭圆形叶，叶色为淡绿色；紫花，簇花 3～4 朵，成熟时不落叶。荚果平滑，荚皮嫩薄，荚长 9.0～11.0 厘米，荚宽 2.0～2.5 厘米，单株实荚数 8.28～8.71 荚，单荚粒数 1.72～2.09 粒，荚果与茎秆的夹角小。单株实粒数 14.49～17.32 粒；籽粒中厚型，种皮红色，种脐白色，籽粒饱满，种皮破裂率为零。百粒重 124.18～149.65 克，单株籽粒产量 19.49～25.92 克，收获指数 47.45％～56.56％。种子粗蛋白含量 26.90，粗淀粉含量 39.69％，单宁含量 0.18％，水分含量 11.4％，总糖含量 6.13％。抗锈病，中抗赤斑病、褐斑病，耐冷、耐旱。第一生长周期亩产 286.30 千克，比对照凤豆一号增产 8.41％；第二生长周期亩产 268.08 千克，比对照凤豆十一增产 18.49％。适宜在云南海拔 1 600～2 400 米的蚕豆主产区种植。

凤蚕豆十八为大理白族自治州农业科学推广研究院以 85173－30－971 为母本，保山 464 为父本，通过有性杂交选育而成。株型紧凑，长荚大粒型，株高 83.21～110.50 厘米，单株总茎枝 2.65～3.93 枝，有效茎枝 2.48～3.00 枝；苗期分枝半直立，茎秆紫红，长椭圆形叶，叶色为淡绿色；紫红花，簇花 4～5 朵，成熟时不落叶。荚果平滑，荚皮嫩薄，荚长 8.00～12.00 厘米，荚宽 2.00～2.50 厘米，单株实荚数 7.24～8.80 荚，单荚粒数 1.81～2.13 粒，单株实粒数 10.96～18.60 粒；籽粒饱满，大粒型品种，种皮白色，种脐白色，粒型、粒色、商品性较好，种皮破裂率为零，百粒重 138.76～151.83 克，单株籽粒产量 18.96～27.76 克，亩产量 215.44～432.77 千克，最高亩产 432.77 千克，收获指数 36.87％～46.62％。全生育期 172～179 天，属中早熟品种，营养生长期（出苗至现蕾）50～59 天，生殖生长期（现蕾至成熟）116～129 天，花历期（始花至终花）47～58 天。粗蛋白含量 28.10％，粗淀粉含量 40.34％，单宁含量 0.15％，总糖含量 6.75％。抗锈病，中抗赤斑病、褐斑病，耐冷、耐旱。第一生长周期亩产 292.00 千克，比对照凤豆一号增产 10.56％；第二生长周期亩产 271.83 千克，比对照凤豆十一增产 20.15％。适宜在云南海拔 1 600～2 400 米的豆作区种植。

云豆 459 为云南省农业科学院粮食作物研究所以 89147 为母本，9829 为父本，通过有性杂交选育而成。属中熟、大粒型蚕豆品种，全生育期 181 天左右，百粒重 143.0 克。幼苗分枝半葡，株形为紧凑、中矮秆株型，茎秆节较短，株高 80.0 厘米，分枝角度小于 40°；叶色深绿叶片大，叶卵圆形；

平均茎枝数 2.9 枝,有效枝平均 2.7 枝;荚的大小均匀,荚长 8.77 厘米,荚宽 1.99 厘米;籽粒种皮白色,种脐黑色;单株荚数 10.0 荚;单荚粒数平均 1.7 粒;单株产量 24.6 克。粗蛋白含量 29.6%,粗淀粉含量 27.16%,单宁含量 0.23%。中抗锈病、赤斑病、褐斑病,耐冷性中等,耐旱。第一生长周期亩产 226.1 千克,比对照云豆 690 增产 18.9%;第二生长周期亩产 278.3 千克,比对照云豆 690 增产 24.4%。适宜在云南、四川、贵州海拔 1 100~2 400 米的蚕豆产区秋季播种。

云豆 06 为云南省农业科学院粮食作物研究所以 H0230 优选而成。属中熟、大粒型蚕豆品种,全生育期 194 天左右,百粒重 121.0 克;幼苗分枝直立,为紧凑、中矮秆株型,株高 80.5 厘米,分枝角度小于 40°;叶色深绿叶片大,叶形长圆;单株茎枝数 3.5 平均枝,单株有效枝平均 3.1 枝;着荚位中部,荚的大小均匀,荚长 9.2 厘米,荚宽 1.9 厘米;籽粒种皮白色,种脐白色;单株平均荚数 9.5 荚;单荚平均粒数 1.8 粒;单株产量 19.2 克。粗蛋白含量 25.1%,粗淀粉含量 40.26%,总糖含量 6.13%。抗锈病、赤斑病,中抗褐斑病,中耐冷性。第一生长周期亩产 283.7 千克,比对照凤豆一号减产 2.48%;第二生长周期亩产 250.8 千克,比对照凤豆一号增产 5.73%。适宜在云南、四川、重庆、贵州海拔 1 100~2 400 米的蚕豆产区秋季播种。

云豆 470 为云南省农业科学院粮食作物研究所以 8462 为母本,8137 为父本,通过有性杂交选育而成。属中熟、中粒型;播种至成熟期为 185 天,后期生育进程快,百粒重 97.3 克。中矮秆株型,株高 84.0 厘米,幼苗分枝直立、株型紧凑(分枝角度小于 40 度)。花冠色素浅,花器结构为稀有的闭花受精类型。叶色粉绿、叶形卵圆;单株平均茎枝数 3.6 枝,单株有效枝平均 2.6 枝;荚型中等,荚长 6.93 厘米,荚宽 1.81 厘米。籽粒种皮白色,种脐为淡绿色,干籽粒均匀度较好。单株平均荚数 7.9 荚,单荚粒数平均 1.80 粒,单株产量 15.6 克。粗蛋白含量 23.7%,粗淀粉含量 39.95%,单宁含量 0.74%。感锈病,耐冷。第一生长周期亩产 190.3 千克,比对照凤豆一号减产 2.3%;第二生长周期亩产 265.0 千克,比对照凤豆一号增产 6.9%。适宜在云南、四川、重庆、贵州海拔 1 100~1 900 米的蚕豆产区秋季种植。

3. 肥用型品种

2018 年登记的蚕豆品种在生产上有推广前景的肥用型品种有湘蚕肥 1 号、湘蚕肥 3 号等。

湘蚕肥 1 号为湖南省作物研究所从地方品种优选而成,全生育期 190 天左右。生长旺盛,茎秆粗壮,分枝 5~7 个,最大分枝 12 个;株高 80~90 厘米。茎、叶色中绿,叶大而厚;鲜豆种皮呈淡绿色,干豆种皮为灰黄色;每荚粒数 2~3 粒,干籽粒百粒重约 46 克。粗蛋白含量 25.1%,粗淀粉含量 45.6%。中抗锈病、赤斑病,耐冷性中等,耐旱性。第一生长周期亩产 120.5 千克,比对照江苏小青皮增产 11.1%;第二生长周期亩产 128.9 千克,比对照江苏小青皮增产 12.0%。适宜在湖南、湖北的冬蚕豆产区秋季种植。

湘蚕肥 3 号为湖南省作物研究所从地方品种优选而成,是适合作绿肥的蚕豆品种,全生育期 190 天左右。生长旺盛,茎秆粗壮,分枝力强;株高 85~100 厘米;茎、叶色中绿,叶大而厚;鲜豆种皮呈淡绿色,干豆种皮为灰黄色;每荚粒数 2 粒左右,干籽粒百粒重约 38.6 克。粗蛋白含量 26.3%,粗淀粉含量 43.6%。中抗锈病、赤斑病,耐冷性中等,耐旱性。第一生长周期亩产 116.6 千克,比对照江苏小青皮增产 7.5%;第二生长周期亩产 126.3 千克,比对照江苏小青皮增产 9.7%。适宜在湖南、湖北的冬蚕豆产区秋季种植。

(二) 品种应用情况

1. 蚕豆品种分类

蚕豆用途广泛,不同用途对品种性状要求不同。鲜籽粒型蚕豆要求种皮较薄、籽粒口感好,以蒸、煮、炒食为主；干籽粒型蚕豆要求根据加工产品选择，不同的加工企业有不同粒型的要求；绿肥型蚕豆要求生物产量较高、生长较快。

2. 登记品种应用情况

我国蚕豆在不同生态区的用途不同，按行政区划分，各具特色和优势，形成了多个蚕豆特色产业优势区，有华东地区鲜食产业区、西南地区中小粒优势区域（近年鲜食产业发展迅速）、西北地区的大粒蚕豆生产区，不同区域的主要推广品种类型差异较大。华东地区以通鲜蚕 6 号、通鲜蚕 7 号、通鲜蚕 8 号、日本大白皮等品种为主；西北地区以青蚕系列和临蚕系列为主；西南地区以成胡系列、云豆系列和凤豆系列为主。根据体系相关岗位和推广部门调查分析，2018 年鲜籽粒品种比例显著增加，通鲜蚕 8 号在重庆地区种植面积增加较大。

3. 种植风险分析

蚕豆生长期间自然灾害频率高，在蚕豆开花结荚期常遇持续阴雨导致落花落荚严重、高温高湿导致蚕豆赤斑病发病重等，造成蚕豆产量不稳定。

（三）不同生态区品种创新的主攻方向

1. 生产上存在的主要瓶颈和障碍

我国蚕豆分布比较广，各地区的气候特点、生态类型、耕作方式差异显著。北方春播区蚕豆种植一年一熟制，受大宗作物的挤压影响，主要分布在雨养型农业区或山地，受水资源限制较多，有时受积温限制影响正常成熟。另外，因蚕豆自身的特性和小田块种植等问题，极大地限制了机械化生产技术推广应用，劳动力投入较多，生产成本增加，生产效率不高。南方秋播区蚕豆产业以鲜食为主，鲜食采摘均需大量的劳动力，主要受制因素也是劳动力资源。

2. 需要采用的育种方法

我国蚕豆育种技术仍然是传统的杂交育种和选择技术，个别单位开展辐射育种和化学诱变育种，但效果不明显。生物技术在作物育种中得到越来越广泛的应用，常能起到常规技术起不到的作用，细胞工程技术、DNA 分子标记技术、基因工程技术等生物技术的发展和应用对蚕豆育种的发展起到促进作用。目前，SSR、SNP 等分子标记技术在蚕豆种质资源研究、重要农艺性状研究、蚕豆起源研究等方面应用较多。下一步要尽快完成蚕豆基因组测序，对关键性状进行精确定位，将分子标记辅助育种技术应用于蚕豆定向育种中，实现分子设计育种。

3. 绿色发展对品种提出的要求

蚕豆育种的总体目标是根据不同生态区的生产、生态条件及现有的种质资源，结合不同时期经济发展水平和市场需求，培育多类型、多用途的高产稳产、优质高效、适应性广的蚕豆新品种。当前，围绕环境友好型、资源节约型、优质高效型蚕豆生产体系构建，需要加快培育"适于机械化、化肥高效利用型、节水抗旱、优质高产"的蚕豆品种。

选育抗病虫害品种是蚕豆绿色发展的重要抓手。在南方秋播区，赤斑病和锈病是影响蚕豆生产的重要病害；蚕豆蟓是重要的仓储害虫，对蚕豆商品性影响较大，但对鲜食蚕豆影响不大；蚜虫是重要的田间害虫，对生产影响较大，且可传播病毒，影响产量。这一区域，抗赤斑病、锈病品种是生产急需的品种，同时，对抗豆象、蚜虫品种有一定需求。在北方春播区，对抗赤斑病和抗蚜虫品种的需求比较高。

随着生态安全绿色农业的不断推进，农业生产的轮作体系不断完善，土地用养结合成为当今农业发展的必然选择。适合与当地优势作物轮作的高产高抗或适于机械化生产的蚕豆品种将成为首选。另外，适于绿肥利用的蚕豆品种的需求也将会增加。

（编写人员：程须珍　刘玉皎　侯万伟　陈红霖　等）

豌　　豆

豌豆属于冷季豆类，是世界上第四大食用豆类作物，具有根瘤固氮特性，因而被作为良好的轮作作物在农业生产体系广泛种植。豌豆作物具有耐旱、适应性强、用途和营养丰富的优点，是我国传统的粮食作物，是人和动物重要的植物蛋白来源。我国种植的豌豆主要用于干豌豆生产和鲜食使用。目前中国干豌豆的栽培面积居世界第二位、产量居第三位，鲜食豌豆收获面积及产量均居世界第一位。随着消费结构的变化，豌豆产品的用途及种植模式也发生较为明显的转变，即鲜食豌豆的种植面积和产量逐年增加，豌豆种植模式呈现多样化。随着豌豆作物的生态效益和经济效益的凸显，豌豆在特色作物中产业化程度较高，在我国科技扶贫、产业扶贫中也充分发挥了自身优势，有效支撑了我国各区域的脱贫攻坚。

一、产业发展情况分析

（一）2018 年豌豆产业发展情况

1. 种植面积、单产及总产

根据联合国粮食及农业组织（FAO）数据统计，2018 年全世界豌豆总产和面积较上年度稳中有升，有超过 98 个国家生产干豌豆，干豌豆的栽培面积和总产量分别为 814.1 万公顷和 1 620.5 万吨；有 88 个国家生产鲜食豌豆（青豌豆），鲜食豌豆的栽培面积和总产量分别为 266.9 万公顷和 2 069.9 万吨。

2018 年我国干豌豆的栽培面积和总产量分别为 104.7 万公顷和 152.3 万吨，占世界的 12.9% 和 9.4%；鲜食豌豆的栽培面积和总产量分别为 157.2 万公顷和 1 259.1 万吨，占世界的 58.9% 和 60.8%。豌豆种植面积和总产量较上年度稳中有升，其中干豌豆面积增加 12.1 万公顷，产量增加 14.8 万吨；鲜豌豆面积增加 4.7 万公顷，产量增加 38.9 万吨。

受国内市场需求、农业产业结构调整的影响，我国传统豌豆主产区的豌豆种植和生产结构发生较大变化，主要是豌豆产品用途发生较大变化，鲜食豌豆面积有较快增长趋势，并向主产区大、中城市附近集中。目前，云南、贵州、四川、江苏、甘肃、广西、重庆、安徽、河北等为我国豌豆主产区域，其中云南和四川面积最大，种植面积分别为 17.2 万和 12.9 万公顷，其他区域种植面积为 3.3 万～5.3 万公顷；作为我国鲜食豌豆主产区的云南豌豆种植面积增加幅度较大，每年增加约 1.3 万公顷，上述区域 64.8% 的豌豆产品作物用于鲜食。此外，广东、福建、浙江、江苏、山东、辽宁、新疆、西藏、内蒙古等豌豆产区也以生产鲜食豌豆为主，其豌豆种植面积在 0.5 万～1.0 万公顷。

2. 生产上重大自然灾害发生情况

2018年年度全国气候基本平稳。西南秋播豌豆区域因豌豆产品用途变化，种植节令提前60～90天（播种日期由传统的10—11月提前到7月下旬至9月下旬），因此该区域冬、春季节受干旱和霜冻气候的影响情况有所减少。豌豆生产上主要的自然灾害是受降雨影响导致豌豆根腐病大面积发生。如云南曲靖、玉溪，江苏南通等豌豆主产区因播种节令的提前易受降雨影响导致豌豆根腐病大面积发生。另外，短时暴雨发生较为频繁也导致豌豆落花、落荚情况较为严重，强降雨还会给已经成熟的鲜荚带来一定的物理损伤，部分区域损失3 500～4 000元/亩。

新兴鲜食豌豆产区重庆、广西、安徽等地播种时间较晚，受干旱和霜冻影响较为严重。如重庆巫山县，该区域以林下套作模式生产鲜食豌豆，受到冬、春季节霜冻和干旱影响减产明显，鲜食豌豆产量减少120～150千克/亩。江苏南通、盐城、台州、扬州等秋播区域，由于2019年前期降雨多，田间湿度大，2019年2月上旬在豌豆花期发生严重雪灾，最低温度0℃且持续时间较长，露天种植豌豆基本绝产，大棚生产种植的豌豆因积雪压塌造成一定的损失。

3. 政府对产业的支持情况

2017年豌豆被列为国家登记的农作物。由于豌豆在科技扶贫、产业扶贫中优势明显，尤其是在我国西部、西南地区的扶贫攻坚中发挥了积极作用，各地政府对豌豆的科研、产业扶植力度有所加强。部分省份成立了杂粮作物协同创新联盟或产业技术体系，如陕西在2018年由省农业农村厅牵头，建立了陕西省食用豆类产业技术体系，对包括豌豆在内的杂粮科技、产业的发展起到明显提升作用。宁夏于2018年在自治区科技厅推动下，对豌豆、谷子、糜子等作物设立重点研发计划"小杂粮和胡麻新品种选育"项目，对宁夏豌豆产业发展将起到积极推动作用。2018年贵州省毕节地区农业科学研究所在省科技厅的支撑下，建立了贵州省食用豆工程技术研究中心和毕节市特色杂粮科研创新建设中心，实施期限为2018—2020年，经费支撑分别为180万元和200万元，将积极有效带动豌豆产业的建设发展。

云南自"七五"开始，在省科技厅的支撑下持续设立专项经费支持蚕豆、豌豆作物的育种和产业化研究。2016—2019年云南省科技厅立项"蚕豆、豌豆等冬季豆类高效专用品种选育及产业化"重点新产品开发专项，经费支撑206万元。云南在云南省外国专家局推动下，持续支持蚕豆、豌豆等食用豆作物的系列引智项目，2018年设立了2个食用豆作物的引智和示范项目，通过引入国际先进技术和实物材料，有力地支撑云南省蚕豆、豌豆等食用豆作物的科技和产业化发展。此外，云南各地（州）地方政府对豌豆产业的发展支撑力度较大，形式多样。云南玉溪、曲靖、大理、楚雄等豌豆主产区域出台了系列鼓励豌豆种植的补贴措施与政策，采取产业发展和扶贫攻坚任务结合方式，建档建卡户给予200元/亩的种子补贴，或者由地方农业技术服务推广中心根据发展实际统一采购优质良种，免费发放给豌豆优势产区和潜力较大区域种植户进行种植，后期补贴有机肥200～500千克/亩。2018年年度曲靖、楚雄、玉溪提供生产用种子120吨，实施种植20 000多亩，惠及农户约9 000户，平均增收4 500元/亩。

4. 产业化程度有所提升

长期以来，我国干豌豆的种植和生产水平较低，生产成本高，品质偏低，与国外豌豆主产国相比，竞争力弱，因此干豌豆的种植和生产产业化程度有待提升。我国豌豆干籽粒产品每年需求量约250万吨，实际生产量150万吨，缺口量约为100万吨，主要通过进口方式弥补这一缺口。2018年受国际贸易战影响，我国干豌豆进口量减少，这可能是提高我国干豌豆种植和产业化的契机。2018年我国干豌豆淀粉、蛋白粉、粉丝、膨化食品等加工产业技术能力进一步提升，鲜食速冻豌豆企业云南省曲靖市麒麟蔬菜公司、山东青岛等全年自动化生产鲜食速冻豌豆 2 000 吨（速冻豌豆有季节性，实际生产时间为 6 个月左右）；云南姚安的膨化食品企业生产量突破 1 500 吨，产值 14 800 元/吨（实际生产时间受产品季节限制仅为 10 个月）。此外江苏南京（豌豆芽菜）、重庆云阳（豌豆粉丝）、四川成都、甘肃定西（豌豆淀粉）、山东青岛（豌豆蛋白粉、粉丝）等地区的食品加工企业已经建成了全自动化的生产线，生产能力较强。

相对于干豌豆的产业化发展水平，2018 年全国鲜食豌豆产业发展迅速。除云南、四川、贵州、江苏、广东等传统的豌豆主产区域外，广西、重庆、安徽、新疆、河北、辽宁等区域的鲜食豌豆产业逐渐发展，各地成立了以鲜食豌豆产业为主的合作社/企业，形成了包括种子销售、生产种植、市场销售等的完整产业链。华北和东北地区的部分区域因农业生产条件优势明显，机械化程度高，基本实现了鲜食豌豆种植、田间管理、鲜荚脱粒的全程机械化。除生产种植和销售外，云南省内如曲靖、玉溪鲜食豌豆速冻企业的生产能力逐渐提升，部分鲜食速冻豌豆产品已经实现了出口。

（二）市场需求与销售

1. 市场销售情况

2018 年干豌豆市场需求量较上年度有所增加，干豌豆主要用途有豌豆粉丝、淀粉、休闲食品加工。企业用豌豆以进口豌豆为原料，价格较低，口岸价 3.0～3.5 元/千克，主要供沿海地区企业使用。内地西南豌豆主产区用于粉丝、淀粉、休闲食品加工的豌豆原料主要为国内生产的干豌豆，2018 年年度价格与上年度基本持平（4.8～5.2 元/千克）。

鲜食豌豆市场因产值较高深受种植者喜爱，但是鲜食豌豆市场的价格受上市时间影响波动范围大，不同区域间价格差异大。2018 年年度西南鲜食豌豆主产区云南的田间收购价格为 4.2～12.0 元/千克，播种时间在 9 月中旬以前，上市时间在 11 月至次年 1 月时单价较高，平均 6.5 元/千克，部分区域达 7.8 元/千克；重庆鲜食豌豆上市时间为 4 月中下旬，单价 3.0～4.2 元/千克；辽宁销售价格为 2.0～3.0 元/千克。我国鲜食豌豆市场目前还未达到饱和状态，2018 年市场总体情况是供不应求。

2. 豌豆加工制品的销售情况

豌豆粉丝粉条类：2018 年出厂优质豌豆粉丝、粉条（添加红薯、绿豆等原料）类的价格因原料来源不同出现较大差异，以豌豆为主料的粉丝销售价格为 18 000～37 500 元/吨，如云南、重庆、四川等内陆区域的粉丝以本地生产豌豆为主料的居多，原料价格成本高，因此总体价格较高。沿海地区大企业的豌豆粉丝、粉条产品原料来源较为稳定，原料成本低，且豌豆非该类粉丝的主要原料，销售价格较低，一般 15 000～18 000 元/吨。上述企业的豌豆加工制品主要用于国内消费，供应国内超市及便利店，少部分出口，出厂价格因品种和质量、规格有所差异。排除物价因素外，价格较 2017 年年度基本持平。

豌豆淀粉类：豌豆淀粉因制取工艺相对复杂，对豌豆的品种和品质要求高。2018 年年度纯豌豆淀粉的销售价格 10 560～22 000 元/吨。如江苏泰州的脱水豌豆粉（非完全淀粉）价格 22 000 元/吨，四川成都食用豌豆纯淀粉 28 333 元/吨。同豌豆粉丝、粉条相似，豌豆淀粉主要用于国内消费，供应国内超市及便利店，少部分出口，出厂价格因品种和质量、规格有所差异。排除物价因素外，价格较 2017 年年度基本持平。

（三）种业情况

1. 豌豆种业的发展特点

豌豆是自花授粉作物，繁种门槛低，长期以来种子生产基本上以种植户自繁自育为主。因缺乏监督管理，商品用原料和生产用种混淆互用。豌豆种业市场缺乏基本的市场调节，农村土地集体经营时无固定的繁种基地，政府无管理豌豆良种繁育部门。

随着近 10 年来产业结构调整，豌豆的产值日益增加，部分省份如云南、四川、甘肃、内蒙古对豌豆作物率先采取省级登记、鉴定，豌豆种业市场有所规范，生产用种和商品用种混淆情况有所降低。但家庭/农场式籽种繁育较多，经营规模较小，抵御市场风险能力差，种业市场比较混乱，同种异名现象严重。虽然豌豆已进行品种权保护，但是侵权现象依然较多，随着豌豆作物实行国家登记，再加之品种权保护并举，豌豆籽种产业面临着市场重新洗牌。目前豌豆种子繁育主要集中于华北地区、新疆、河南、东北地区等区域，其优势逐渐彰显，但大规模企业仍然不多。而且南方豌豆籽种的繁育主要以农户或合作社自留、自繁、自用为主。总体说来，目前豌豆种业品名、包装丰富，但类型相似。因种子繁殖技术门槛低，缺乏监管，豌豆种子价格差异大（10～50 元/千克），种子品质良莠不齐。

2. 豌豆种业发展存在的问题

（1）国家在豌豆良种的繁育和生产应用上投入资金不足

目前还没有建设豌豆原种繁育基地，导致豌豆生产用种的实际需求已经远超过籽种繁育能力，部分区域商品原料作为生产用种在使用。

（2）缺乏豌豆籽种繁育技术体系

各繁育单位没有规范化操作技术，豌豆籽种繁育基地不稳定，豌豆种子质量存在严重隐患。

（3）国家对豌豆籽种的繁育监管力度小

我国目前还没有正常渠道的豌豆种子市场，干豌豆种子以本区域地方品种为主，非严格意义上的种子，均为商品豌豆。鲜食豌豆种子使用区域主要位于我国云南、四川、重庆，以及广西、湖南、湖北、安徽区域，目前种子供应商家较多，严重饱和，异名同种情况严重。

二、豌豆品种登记基本情况

1. 亲本来源和育成方式分析

国内豌豆种植以地方种和自育品种为主，占 98% 以上。根据豌豆品种登记统计，截至 2018 年年底通过国家登记的豌豆品种有 72 个，其中 2018 年年度有 59 个，全部为已销售或者已审定品种。2018 年年度登记品种中直接选用的亲本中是国外资源的品种 8 个。豌豆新品种登记申请者由种业公司（8 个）、科研单位（7 所）、农业科技公司（5 个）、科研单位和企业合作选育（3 个）及个人构成，种业公司和科研单位所占比重较大。

2. 品种类型分析

登记的品种有鲜食籽粒类型、鲜食荚类型、鲜食茎叶型（芽苗菜）、干籽粒用类型、兼用类型（鲜食籽粒和干籽粒粒用）。2018 年年度登记的豌豆品种中鲜食籽粒类型 30 个，鲜食荚类型（软荚豌豆）6 个，干籽粒用豌豆 17 个，鲜食茎叶类型 2 个，兼用型豌豆 4 个。鲜食类型（包括鲜食籽粒、鲜食荚、鲜食茎叶）共有 38 个，占比达 64.4%。

登记的豌豆品种产量水平差异较大，主要和登记者/单位提供的产量依据来源有关。用于鲜食茎叶生产的品种帕尔菲，产量最高为 3 332.5 千克/亩（该产量是豌豆芽的产量）；鲜食籽粒类型豌豆品种益农长寿豆 688，产量最高为 1 506.9 千克/亩（该产量是鲜荚产量）；干籽粒类型，最高产量为 511 千克/亩（世大 8 号），最低产量为 99.7 千克/亩（晋豌豆 7 号）。

总体上，目前我国登记的豌豆以鲜食类型为主，干籽粒类型所占比重较小。此外，企业进行登记的鲜食豌豆异名同种情况严重。

3. 登记品种品质

(1) 干籽粒粗蛋白质含量

2018 年年度登记的 59 个豌豆品种干籽粒粗蛋白质含量 19.4%～71.0%，最高蛋白质含量为云南呈丰辰种业有限公司选育的鲜食籽粒豌豆品种呈丰辰绿翡翠，高达 71%，其次为云南京滇种业有限公司选育的鲜食籽粒类型豌豆品种京滇翡翠，高达 66%，蛋白质含量最低的豌豆品种为云南世大种业有限公司选育的干籽粒类型豌豆世大 8 号，为 19.4%。

排除上述两个极端最高值，其余登记的 57 个豌豆品种干籽粒粗蛋白平均含量 24.5%，蛋白质含量总体水平偏低，达不到高蛋白质豌豆最低标准。蛋白质含量超过 25% 的品种有 16 个，其中四川省农业科学院作物研究所选育的成豌 8 号干籽粒粗蛋白含量最高，达 29.7%，山西省农业科学院高寒区作物研究所选育的晋豌豆 5 号干籽粒粗蛋白含量 29.4%，云南省农业科学院粮食作物研究所选育的云豌 18 粗蛋白含量 28.6%。

(2) 干籽粒总淀粉含量

2018 年年度登记的 59 个豌豆品种干籽粒淀粉含量 13.1%～70.9%，最高和次高淀粉含量品种为甘肃省农业科学院作物研究所选育的干籽粒类型豌豆品种陇豌 4 号和陇豌 5 号，淀粉含量分别为 70.9%、66.8%；之后为酒泉市大金稞种业有限责任公司选育的干籽粒类型豌豆品种酒豌六号，淀粉含量为 58%，淀粉含量最低的豌豆品种为嘉峪关百谷农业开发有限责任公司选育的鲜食籽粒型豌豆品种中华豆，淀粉含量为 13.05%。

除上述 2 个淀粉含量极高的豌豆品种外，其余登记的 57 个豌豆品种干籽粒淀粉平均含量 46.3%，淀粉含量总体水平中上。淀粉含量超过 40% 的品种有 30 个，其中定西市农业科学研究院选育的定豌 8 号干籽粒淀粉含量最高，达 57.5%，甘肃省农业科学院作物研究所选育的陇豌 6 号干籽粒淀粉含量 56.9%，甘肃田福农业科技开发股份有限公司选育的鲜食籽粒类型豌豆品种福仁 6 号淀粉含量 55.9%。

4. 抗性分析

豌豆的主要病害是白粉病和锈病，白粉病在豌豆主产区普遍发生，豌豆锈病主要发生在我国西南地区的云南部分州市。

2018 年年度登记的 59 个豌豆品种中白粉病抗性表现突出，极少品种白粉病表现感病，高抗和抗的品种占比 72.9%。其中高抗白粉病品种有 3 个，分别是云南盖丰农业科技有限公司选育的鲜食籽粒类型豌豆盖丰长寿豌，甘肃省农业科学院作物研究所选育的干籽粒类型豌豆陇豌 5 号和云南世大种业有限公司选育的鲜食籽粒类型豌豆滇宝先锋。中抗品种有 11 个，感病品种 2 个（四川省农业科学院作物研究所选育的干籽粒用类型豌豆成豌 8 号和无须豆尖豌 1 号）。

2018 年年度登记的 59 个豌豆品种中锈病抗性表现突出，仅一个品种表现感病，高抗和抗的品种占比 89.8%。其中高抗锈病品种有 2 个，分别是云南秋庆种业有限公司选育的鲜食籽粒类型豌豆秋豌 1 号，酒泉鑫龙农业开发有限公司选育的鲜食荚壳豌豆品种龙豆 6 号。感锈病豌豆品种为保山市农业科学研究所选育的保丰 2 号。其余登记的品种锈病抗性全部表现为抗。

三、品种创新情况分析

(一) 育种新进展

目前，生产上主推或有推广前景的登记品种主要是鲜食籽粒和鲜食荚壳类型品种，包括云豌18、成豌8号、无须豆尖1号、定豌6号、陇豌5号、奇珍系列等。

云豌18为云南省农业科学院粮食作物研究所以澳大利亚引入的豌豆资源为亲本，采用系统选育的育种技术育成。该品种属中熟品种，全生育期187天，播种后130天采收鲜荚。株高80~90厘米。分枝力中等，单株平均茎枝数4.3枝，单株平均有效枝3.0枝，单株平均荚数11.4荚，单荚粒数平均6.05粒，荚长6.79厘米、荚宽1.30厘米，干籽粒百粒重23.3克，鲜籽粒百粒重55克，单株粒重14.8克。半蔓生型，生长直立。复叶叶形普通，叶缘全缘，花色白，单花花序。荚质硬，鲜荚绿色，成熟荚浅黄色；籽粒皱，种皮粉绿色，子叶绿色。适宜作为蔬菜生产鲜籽粒。目前在全国各地均有种植，且面积较大。

成豌8号为四川省农业科学院作物研究所以团结豌2号为母本，与剑阁白、仁寿粉红豌等优异地方品种为父本，通过杂交育种程序选育而来。该品种为粮饲、菜作及加工兼用型。全生育期178天左右，属中早熟品种。株高72.4厘米，矮茎，生长势旺，分枝多。叶色灰绿，叶表面有明显蜡质灰色斑点，复叶有卷须。无限花序，花白色。硬荚，荚长，角果多，单株粒数47.0粉。成熟种子种皮为灰绿色，近圆形，粒大，百粒重21.6克。目前在四川及其周边区域均有种植，面积较大。

定豌6号为甘肃省定西市农业科学研究院以81-5-12-4-7-9为母本，优异地方品种天山白豌豆为父本通过杂交育种程序选育而来。该品种叶色绿、茎绿、白花，第一结荚位适中，株高57.6厘米，百粒重19.5克，单株平均有效荚数3.4个，单荚粒数平均11.7粒，籽粒绿色，粒光圆形，生育期90天。粗蛋白含量28.62%，赖氨酸含量1.91%，粗脂肪含量0.76%，粗淀粉含量38.96%。该品种为半无叶型，是良好的生产干籽粒型豌豆，在甘肃、青海及其周边区域均有种植。

陇豌5号是甘肃省农业科学院作物研究所以新西兰双花101为母本，宝峰3号为父本通过杂交育种程序选育而来。该品种中早熟，全生育天数85~96天；半无叶型，直立生长；中等株高；鲜荚肥厚，甜脆可口；抗倒伏；花白色；平均主茎节数19.2节；始花节位平均第11.4节；单株荚数6~12荚；鲜荚长7~14厘米；单荚粒数4~7粒；籽粒柱形；粒色黄绿色；百粒重19.8。粗蛋白含量286.8克/千克，赖氨酸含量15.3克/千克，粗淀粉含量474.1克/千克，粗脂肪含量19.6克/千克，水分含量8.52克/千克，容重710克/升。因该品种是优良的半无叶型，是良好的生产干籽粒型豌豆，在甘肃、青海、陕西、河北及其周边区域均有种植。

奇珍系列优质豌豆，其中奇珍388是广东省良种引进服务公司以外引软荚优质品种台中11为母本，美国124-3为父本，通过杂交育种程序选育而来。该品种为软荚类，鲜荚豆色泽青绿，扁荚形，株高180~210厘米，主蔓约自第13节起开始开花，花浅粉红色，每花梗多数着生1朵花，豆荚始收日数在播种后76~81天。单荚重5克，因具有抗白粉病、丰产、大荚等优良特性，很受市场欢迎。软荚鲜食豌豆目前是我国南方秋播区域经济效益较高的豌豆品种类型，深受种植者喜爱。

(二) 品种应用情况

1. 生产上应用的主要品种

目前登记的豌豆品种全部为已经销售或者审定的品种，育成品种已经在上述区域的生产中应用多年，结合登记品种中鲜食豌豆占比达90%可以看出，我国豌豆的生产尤其是鲜食豌豆的生产目前以育成品种为主。结合最近的豌豆市场生产情况，我国对鲜食豌豆农产品依然需求旺盛，因此登记的豌豆品种中鲜食型应用潜力较大。

分析登记品种的亲本和主要农艺性状，发现最具有应用潜力的品种首先要具有鲜食豌豆的基本特征，如生育期中早熟、株高半蔓、鲜籽粒可溶性糖分含量高、对白粉病表现抗或者高抗。其次，目前褐斑病是鲜食豌豆产区的首要病害，褐斑病除对鲜食豌豆的产量和品质带来影响外，豌豆生产过程中用于控制病害的化学药剂的施用量会增加，因此，登记的豌豆品种如果对褐斑病具有良好抗性或者避病性则在同类品种中具有竞争优势；此外需要具有良好抗倒伏特性品种。目前具有优势的品种有科豌6号、保丰2号、浙豌1号、云豌18、长寿仁（台湾长寿仁）等。

目前，国际上用于生产干豌豆的品种除对白粉病、锈病表现良好抗性外，其叶型均为半无叶型，该类型抗倒伏能力强，便于机械化生产和提高产量及品质。此外，国际上用于生产干豌豆的品种类型粗蛋白含量不低于目前登记豌豆平均值的25.4%，该类品种包括定豌6号、定豌8号、陇豌4号、晋豌豆7号、成豌8号、云豌8号等。

因登记品种目前应用范围主要以品种申请者所在区域为主，符合生产或消费需求的潜力品种具有明显地域性。

中豌4号和中豌6号育成年限和推广使用时间长，品种适应性好，较为早熟，在我国南北不同生态区域均有种植，尤其在我国北方春播豌豆主产区的河北、甘肃、宁夏、青海地区应用面积较广，此外，南方秋播豌豆主产区也广泛使用。2018年年度中豌4号和中豌6号推广面积在58.2万亩以上。

定豌和陇豌系列品种抗性、产量突出，是甘肃及周边区域的主栽品种，以干籽粒生产为主。种植面积占甘肃推广面积的50%，约45万亩。

成豌系列品种占四川区域推广面积40%～50%，40万～75万亩。四川是我国豌豆主栽区域，随着干豌豆（传统地方品种）面积的缩减，借助区域优势育成的豌豆品种在该区域推广面积的占比逐年上升。

云豌系列品种中，云豌8号、云豌18、云豌17的播种面积占云南区域推广面积的40%～50%，80万～100万亩。目前，通过项目平台的带动，云豌18在云南、重庆、新疆、甘肃、广西、四川、辽宁、贵州等省份被广泛推广使用，其中在云南实际生产中种植面积超过40万亩。

长寿仁与台湾长寿仁异名同种，品种特性基本无差异，在我国主要和非主要豌豆产区广泛使用。如我国豌豆主产区的云南和四川应用较多的是以长寿仁、台湾长寿仁、绿宝长寿仁命名的品种，在江苏则被命名为台湾小白花。需要说明的是，因云豌18和长寿仁特性类似（矮生、干籽粒皱缩、优质鲜食豌豆品种），2个品种在生产中被混淆使用。

荷兰豆在生产应用中是鲜食软荚豌豆的统称，该品种与长寿仁类似，品种来源不明确，异名同种情况较多。该品种株型蔓生，产量较高，嫩荚品质优异，在我国江苏、福建、云南、广东等省份种植较多。2018年年度种植面积超过30万亩。

尽管豌豆品种类型丰富，名称多样，但是实际生产种植的品种十分集中。根据国家食用豆产业技术项目平台的相关试验示范结果、生产推广应用调查结果表明，种植面积较大的品种为中豌4号、中豌6号、云豌18、长寿仁、定豌4号、陇豌4号、成豌8号、云豌8号等。其中，长寿仁、荷兰豆之类来源不明的品种在我国豌豆产区被广泛作为鲜食类型豌豆使用。大面积生产应用的品种具有较强的地域特征，某一个品种覆盖的区域主要以选育者所在区域推广应用最多。

2. 豌豆生产种植的风险分析

豌豆种植风险主要是品种单一、连作区域面积广病害严重和农药残留危害3个方面。目前生产上应用品种名目繁多，但实际的品种类型仅有5～6个，品种单一，抵御生产风险能力弱。其次，受豌豆高产值效应的驱使，豌豆种植者采用连作、反季种植情况愈发突出，致豌豆病害的大面积流行，病害的流行促使生产者大量施用抗病、抗虫药剂，鲜食豌豆的农药残留情况突出，部分区域的农药施用投入占亩产值的 50%以上，为 3 000～3 200 元。

我国豌豆生产上的主要问题集中于干豌豆产业，一是鲜食豌豆发展迅速，严重打压了干豌豆的生产，种植者对于干豌豆的生产和种植积极性降低；二是干豌豆生产成本高和农业产业补贴政策缺乏。豌豆一直是我国南北方农业生产区重要的传统农作物之一，但我国豌豆生产技术落后，干豌豆的生产面积和产量逐年下降，生产成本居高不下，产量严重不足，干豌豆依赖进口。

我国豌豆产业另一个主要问题是生产区域功能未能明确划分，导致干豌豆和鲜食豌豆产业功能有重叠。尤其是东北地区和华北地区平原利于机械化生产的干豌豆区域也进行鲜食豌豆生产，因北方地域广，生产规模小易带来生产成本高的问题。另外，如果生产规模过大，且在生产收获过程中没有应用成熟的机械化技术，鲜食豌豆将存在生产过剩问题。同时因鲜食豌豆产品存在时效性，一旦面积过大，将难以保证最佳的收获时期和品质。

鉴于我国豌豆生产规模巨大，若与玉米、马铃薯、春小麦等非豆科作物形成周年间套轮作，可提高土壤肥力和改善土壤结构，也是保持种植业可持续发展的健康模式。建议国家主管部门应加强干豌豆和鲜食豌豆市场信息的收集、种植技术研发和推广指导，同时制定鼓励豌豆生产发展的有利政策，引导农民积极种植，以提高农民经济收入和生活水平，保证我国豌豆产业的健康发展，并借此保证与其轮作倒茬的主要粮食作物的稳定和可持续栽培模式的形成。

建议国家建立并发展豌豆优势生产区，细化产区功能。在华北和东北地区的平原区域发展粒用型（饲用、加工型）干豌豆生产基地，通过高效机械化的生产运作大幅提高干豌豆质量，降低商品干豌豆产品的生产成本，有效缓解并最终摆脱我国对欧美国家干豌豆进口的依赖性。

（三）豌豆不同生态区品种创新的主攻方向

1. 生产上存在的主要瓶颈和障碍

2018 年豌豆产业继续向优质高效发展，许多地区将豌豆列为高产高效和结构调整的优势作物，部分地区出现了豌豆种植热，面积增加显著。当前豌豆产业上存在的主要瓶颈和障碍除了农业生产中的共性问题。如区域病虫害问题（豌豆主要体现为白粉病、褐斑病、潜叶蝇发生严重）、叶面肥和生长调节剂滥用等问题。此外，还有一些问题需引起重视，如青壮劳力缺乏、机械化水平低导致生产成本居高不下；种业市场缺乏监控，鲜食豌豆种业市场和生产市场出现垄断；部分地区采取一些不适宜的生产方式，面源污染较重，特别是在非适宜区域（季节）强行发展豌豆产业给周边生态环境带来巨大压力。上述问题多可通过品种创新进行改善，抗性、优质、适合机械化种植、耐贮运绿色品种的创新成为当务之急。

2. 豌豆育种思路

随着人民生活水平的提高和豌豆产品用途的多样化，生产和消费市场对豌豆专用品种的需求越来越高，豌豆品种类型也越来越丰富。构建环境友好型、资源节约型、优质高效型豌豆生产体系，需要加快培育优质、多抗、高效、节水抗旱的豌豆绿色品种，促进绿色高效品种推广应用。

随着市场对品质要求的提升，专用品种成为豌豆育种的主要方向。如鲜食籽粒型豌豆需要具有高可溶性糖分、高蛋白含量特性。干籽粒型则根据不同加工类型，需要研发高产、高蛋白（高淀粉）品种。此外，无论什么类型的专用品种，抗性是基本的参数指标。因此，品种选育的主攻方向是优质高效，同时需要兼顾产量。豌豆育种方法仍将以有性杂交和系统选育技术为主，分子标记、诱变育种为辅，从而提高鉴定的准确性和育种效果。此外，充分发挥国家农业产业技术体系平台优势，开展穿梭育种、联合育种，提高育种效率并降低育种成本。

3. 豌豆绿色品种的基本概念

绿色增产增效农业已成为当前推动农业农村发展的必然要求，豌豆绿色品种可以为实现豌豆产业"一控两减"绿色生产奠定基础。豌豆优质绿色品种应具有抵御非生物逆境（倒伏，以及霜冻、干旱等异常气候）和生物侵害（病虫害）的优良性状，以及养分、水分高效利用和品质优良等性状，从而大幅减少水、化肥、农药的使用，实现资源节约、环境友好型农业的可持续发展。

豌豆环境友好型绿色品种的要求包括：在生产过程中环境压力小，对环境中土壤具有一定的修复功能，即根瘤功能发达，固氮能力强，抗倒伏特性半无叶型品种；可以在适宜区域进行机械化种植、生产、收获，即半无叶型、茎秆粗硬，耐一定的挤压力等；抗病虫，至少高抗（抗）当地一种主要病虫害（包括白粉病、锈病、褐斑病、根腐病等），在当地习惯栽培条件下虫害（潜叶蝇、蚜虫、豆象等）危害率减少 30％以上。其他综合性状指标（如食味、产量、耐贮藏性）不低于或相当于当地主栽培种。

豌豆资源节约型绿色品种包括耐瘠薄品种，即在丘陵薄地或在低于当前生产施肥量 50％以上的条件下，产量相当的品种。

4. 豌豆品质优良型绿色品种指标

（1）干籽粒类型绿色豌豆品种指标

高产、优质（高淀粉、高蛋白）、抗性好（耐冻、耐旱、抗白粉病、抗锈病）。具体为：全生育期低于 185 天（以避开茬口矛盾）；株型为矮生或者半蔓生（50～75 厘米）的半无叶型。籽粒圆形，种皮白色，子叶黄白色；百粒重大于 23 克。粗蛋白含量高于 25％或者总淀粉含量≥43％；干籽粒单产高于 150.0 千克/亩；花荚期白粉病中抗或以上，锈病抗性中抗或以上。

（2）鲜食绿色豌豆品种指标

高鲜食豌豆鲜荚荚壳纤维素含量，耐储运，高糖分及蛋白质含量，低单宁含量，满足深加工产品的有效供给与开发。具体为：鲜荚采摘生育期低于 120 天，株型为半蔓生或者蔓生（株高 100～200 厘米）。籽粒型需籽粒皱、球形、硬颊质；荚型具有软荚质特性；茎叶型需具有无须特性；干籽粒百粒重高于 23 克，单荚粒数 7～9 粒/荚；粗蛋白含量≥26％或者总淀粉含量≥28％，鲜荚单产高于650 千克/亩；白粉病抗性抗或以上，锈病抗性中抗或以上，褐斑病抗性中抗或以上。

（3）观赏性绿色品种

以观赏花色、茎色、叶型等为主的品种。具体为：繁殖能力强，耐逆性（南方耐低温冻害、干旱，北方耐高温，耐涝），半无叶型；株高 70～100 厘米。

（编写人员：程须珍　何玉华　宗绪晓　陈红霖　等）

2018

油料作物

登记作物品种发展报告

油　菜

油菜是我国第五大农作物，第一大油料作物，是国家食用油自给安全的最重要保障。我国油菜种植面积和总产量均占世界总量的30%左右，居世界前列。我国每年生产双低菜籽油约500万吨，约占国产油料作物产油量60%。此外，油菜每年为饲料产业提供超过900万吨的高蛋白饲用饼粕，有效缓解了进口大豆压力。近年来，大力拓展油菜花用、肥用、饲用、菜用、蜜用等功能，促进了乡村旅游观光农业发展，提升了土地质量和环境质量，对推动乡村振兴起到了重要作用。由于油菜生产意义重大，经济效益高，油菜育种和种子市场发展十分迅猛。

一、产业发展情况分析

（一）生产情况

1. 全国生产情况

受国家取消油菜籽临储政策影响，加之油菜种植成本居高不下，我国油菜种植面积和产量总体呈现下降态势，2018—2019年，我国油菜收获面积、总产、单产与2017—2018年相比，均有所下降。据美国农业部（USDA）（2019年6月）统计数据显示，2018—2019年我国油菜收获面积9 705万亩，较2017—2018年9 975万亩减少270万亩（下降2.7%）；占世界总面积的17.7%，居世界第四位（第一位为加拿大，面积13 650.0万亩，占世界总面积的24.9%）。我国油菜2018—2019年总产1 285万吨，较2017—2018年1 327万吨减产42万吨（下降3.2%）；占世界总产的17.7%，居世界第三位（世界总产第一位为加拿大，总产2 110万吨，占世界总产的29.0%）。我国油菜2018—2019年单产132.7千克/亩，较2017—2018年133.3千克/亩下降0.6千克/亩（下降0.45%），与世界平均单产132.7千克/亩持平，居世界第八位，较世界最高单产国家智利280千克/亩低52.6%，较世界油菜主产国加拿大154.7千克/亩低14.2%。

目前，各地油菜籽价格出现了不同程度上涨。随着油菜籽收购价格的提高，以及国家对油菜种植的重视，未来我国油菜种植面积有望出现止跌回升的局面。根据贵州省油菜研究所对贵州油菜主产区油菜籽商品价格的市场调查情况分析，2019年贵州油菜主产区油菜籽商品价格与2018年同期相比明显上升，大型油脂加工企业与中小加工企业及小榨油坊争相收购商品油菜籽，开秤价从5.2元/千克依次递增至6元/千克，最高为铜仁地区，收购价达7元/千克，均价在6元/千克左右，预计2019年贵州油菜商品籽收购价格将保持在6.0～6.4元/千克水平，与2018年同期（5.2元/千克）相比明显上升。

2. 各区域生产情况

由于长江流域油菜主产区在2017年秋季油菜种植季节遭遇连续阴雨的不利天气，冬油菜播种面积为 586.1 万公顷，比 2016 年减少 13.3 万公顷（减少 2.2%），导致全国菜籽总产较上年略有下降。2018 年全年油菜籽进口 475.64 万吨，较 2017 年（进口 474.71 万吨）增加 0.93 万吨。2018 年我国进口加拿大菜籽高居首位，达到 444.33 万吨，占总进口量的 93%。

2018 年长江流域冬油菜区（江苏、浙江、湖北、湖南、江西、安徽、四川、贵州、云南、重庆、陕西等省份及河南信阳地区）油菜种植面积 8 703.8 万亩，产量 1 187.3 万吨，单产 138.2 千克/亩，面积较 2017 年减少 0.4%，产量、单产分别增加 0.3%、0.9%。2018 年长江流域油菜优势区生产面积、产量分别占全国的 88.6% 和 89.4%，分别较 2017 年增 1.14%、0.2%。

在国产油菜籽产量连续下降的情况下，四川、重庆等西南地区由于榨油小作坊的不断兴起，油菜种植面积反而逐年增长。据《中国统计年鉴》统计，2018 年西南地区 4 个省份油菜种植面积 219.87 万公顷，总产 470.9 万吨，较 2017 年分别增加 4.25% 和 7.2%。2018 年西南地区油菜种植面积达到全国的 33%，总产达到全国的 35.5%。由于小麦和油菜的国家补贴政策差异，西南地区油菜实际种植面积高于统计数据。四川 2017 年油菜籽夏收面积 1 551.4 万亩，单产 150 千克/亩，总产 32.71 万吨。2018 年油菜种植面积 1 827 万亩，单产 160 千克/亩，总产量 292.32 万吨，相比 2017 年，面积、单产、总产都有显著增加。

2018 年，江苏油菜种植面积 420 万亩，单产 191.6 千克/亩，总产 80.47 万吨；安徽油菜夏收面积 530 多万亩，秋播面积 600 多万亩（较 2017 年有所回升），单产 156 千克/亩；浙江油菜种植面积、产量分别占全省油料种植面积和总产的 87% 和 84%；由于油菜观赏、菜用、肥用、饲用等功能用途的开发与利用，2018 年油菜面积下滑趋势放缓，全省油菜收获面积 215.48 万亩。陕西油菜生产面积约 250 万亩，陕南地区油菜面积较 2017 年有所下降，关中地区有所增长。虽然油菜单产水平有所提升，总体需求缺口仍然较大。

2018 年春油菜总播种面积为 910 万亩左右，较 2017 年增加 2% 左右。2018 年，青海产区油菜花期出现局部干旱，新疆产区局部地区油菜苗期遭遇冻害，后期遭遇冰雹与雨涝，出现不同程度的减产，但受自然灾害影响的油菜面积和减产率均低于 2017 年水平。春油菜区大部分油菜产区油菜长势良好，2018 年春油菜平均单产比 2017 年高 8%～10%。2018 年春油菜总产约 117 万吨（内蒙古 58 万吨，青海 35 万吨，新疆 10 万吨左右，甘肃 9 万吨，四川、云南、西藏等地 5 万吨左右），比 2017 年增加 12%。2018 年北方春油菜区面积和总产分别占全国的 8.7% 和 7.8%，单产较 2017 年增加 6.4%。

（二）国内外市场需求

1. 国内市场对菜籽油的年度需求变化

据 USDA 统计数据（2019 年 6 月）显示，由于近 5 年来世界大豆油、棕榈油连连增产，2018—2019 年国内外菜籽油消费需求略减，2018—2019 年世界菜籽油消费总量为 2 829.4 万吨，较 2017—2018 年度减少 2.3%，占世界植物油消费总量的 14.1%；2018—2019 年我国菜籽油消费总量为 832.6 万吨，较 2017—2018 年减少 3.2%，占国内植物油消费总量的 21.1%。据 USDA（2019 年 6 月）预测，2019—2020 年世界菜籽油消费总量将达 2 858 万吨，较 2018—2019 年增 1.0%，而我国菜籽油消费量将继续减少，预计为 815.9 万吨，较 2018—2019 年减少 2.0%。

四川是菜籽油消费大省，对油菜籽需求量大，目前本省生产的菜籽仅能满足本省需求量的 50% 左右，需向其他省份或国外调运菜籽或菜籽油占总需求的 40% 以上。新疆、内蒙古产区 2018 年秋收价 4.0～4.4 元/千克，青海、甘肃两省份秋收价格 4.8～5.2 元/千克，每千克油菜籽单价与 2017 年同期持平。陕西仍然缺乏机械化作业品种，同时高油品种仍然是市场急需品种之一。

由于油菜的其他功用被更多地开发利用，使得油菜种植产业又迎来了新的发展机遇。2018 年西南地区各省份先后召开油菜多功能利用试验示范现场观摩会，发掘油菜产业的更多附加值，促进油菜产业发展。近年来，我国大面积推广种植的油菜品种主要为双低品种。由于生态环境的改善，鸟类得到保护，双低油菜的鸟害情况日益加重。有些地方农民对双低品种渐渐失去信心，造成部分地区双高油菜种植面积恢复。据四川油脂企业反映，目前在四川北部已难收到芥酸含量低于5%的菜籽。

随着人们生活水平的不断提高，人们逐渐追求吃好油，吃健康油，高油酸油在进一步被人们所接受，高油酸油菜品种的研发利用也在稳步发展。随着人们生活品质的提升、消费水平提高，国家开始严格执行食用植物油质量标准，菜籽油的消费比重将逐年增加（表8-1）。

表8-1　我国菜籽油及菜籽粕消费情况统计

	2013—2014年	2014—2015年	2015—2016年	2016—2017年	2017—2018年
菜籽油消费量（万吨）	740	780	860	870	850
菜籽粕消费量（万吨）	1 128.7	1 103.2	1 131.4	1 163.4	1 214.4

数据来源：USDA。

2. 区域消费差异及特征变化

(1) 区域消费的形成与差异

我国菜籽油消费区大部分是油菜籽主产区消费区主要集中于长江流域的浙江、江苏、上海、安徽、江西、湖南、湖北、重庆和河南南部地区，西南地区的四川、云南、贵州，西北地区的青海、甘肃、陕西、内蒙古以及新疆的部分地区。各省份菜籽油消费量因人口数量和消费习惯的差异有所不同。

(2) 消费量及市场发展趋势

我国大量进口大豆和棕榈油，国内菜籽油价格与豆油和棕榈油的价格相比不占优势，因此菜籽油在传统主要消费区域的市场份额被挤压。

近几年来我国长江下游地区（江苏、上海、浙江）及长江中游地区的菜籽油消费量呈现下降的趋势。其主要原因是长江下游地区大豆压榨企业较为集中，豆油产量和进口量不断增加，加上交通方便，大量价格较为便宜的豆油不断冲击菜籽油市场。同时，西南和西北地区菜籽油消费量呈现增加的趋势，其主要原因有以下两点：一是西南和西北地区是传统的菜籽油消费区，人们更喜欢吃菜籽油，尤其是该地区的餐饮业对菜籽油需求量持续增加；随着人民生活水平的不断提高，在刚性需求和消费惯性的影响下，菜籽油消费缩减程度有限。二是西南和西北地区距离沿海地区较远，豆油运至这些地区的成本较高，限制了产品的流通，使得当地菜籽油与豆油的价差较大，阻滞了菜籽油消费量的下降。

总体上看，2018年我国油菜产业出现三大新特征。

第一，油菜多功能开发势头良好，农户种植积极性有所提高。油菜具有油用、菜用、花用、蜜用、饲用、肥用六大功能。近年来，各地积极开发油菜附加价值，观光油菜和绿肥油菜规模增加，显著增加了农户收入，农户种植油菜籽的积极性也明显提高。

第二，油菜籽自给消费增加，商品率下滑。随着川菜、湘菜等特色菜系发展壮大，消费者对浓香菜籽油的需求量持续增加，再加上产地居民对国产非转基因菜籽油的偏好逐渐凸显，国产油菜籽市场自产自销的特征日益突出。油菜主产区四川、湖南、江西、江苏等省份的油菜籽以自产自销为主，其中，四川、湖南的油菜籽商品率均不到20%。

第三，国产浓香小榨与进口菜籽油各行其道。基于原料价格、加工方式、产品色香味、消费群体的差异，目前国产浓香小榨油和进口菜籽（油）已经形成了稳定的"两个市场"。自2016年6月以来，国产菜籽与进口菜籽价差始终保持在每吨 700 元以上，且持续扩大，国产浓香菜籽油与进口菜籽油价差高达每吨 5 000 元。在主要消费区，这一特征更加突出。四川双低油菜籽价格长期稳定在每千克 5 元左右，比进口油菜籽高 1.4 元；本地的浓香型小榨油，因其品质高、味道香，成为最受当地居民欢迎的食用植物油产品。湖南消费者对本省产的油菜籽和菜籽油情有独钟，多采用自产自榨，或购买油菜籽后自己压榨的方式获取菜籽油，自产菜籽油价格每千克 24～26 元，远高于普通菜籽油每千克 18 元的价格。

（三）种业情况

油菜种业相对较稳定。随着品种登记制度的实施，品种类型、数量大大增加，专一经营油菜生产销售的种业公司逐渐兴起。为了响应国家政策号召，稳定国内油脂市场，各地政府对油菜产业持续投入。政府采购油菜种子，交由农户免费种植的模式大面积推开，油菜种子的价格逐年上升。

2017—2018 年年度，全国冬油菜夏收面积有所下降，但种子总产比 2017 年高，且种子供应充足，市场运行平稳。2018 年冬油菜种子生产面积 13 万亩，比 2017 年减少 1 万亩，延续了逐年下降的态势。其中，杂交冬油菜种子生产面积 10 万亩，常规冬油菜种子生产面积 3 万亩，共生产油菜种子约 1.2 万吨。2018 年，冬油菜种子市场启动正常，种子供应充足，可供选择品种增多，不同品种价格差异明显，早熟、适宜机收的品种供不应求，价格处于高位。2018 年春油菜繁种收获面积为 6.47 万亩，较 2017 年增加 2.4 万亩，收获种子 0.801 万吨。

2018 年秋季油菜制种全国共落实种子生产面积 20.09 万亩，近年来首次扭转下降趋势，较 2017 年增加 3.66 万亩。其中，杂交冬油菜繁种面积达 12.29 万亩，预计产种 1.058 万吨，常规冬油菜繁种面积 7.80 万亩，预计产种 0.952 万吨。预计 2019 年冬油菜种植面积将扩大，直播种植面积将进一步增加，种子需求量呈上升趋势；预计 2019 年秋冬种油菜种子供需平衡有余。

四川从事油菜经营的种业企业 60 余家，有制种能力的种业企业 20 余家，常年制种 4 万亩左右，生产种子 0.32 万～0.40 万吨，主要在长江上游及湖北、湖南等区域推广种植。四川省审定（登记）的品种主要为仲衍种业、德农正成、四川蜀兴、四川科乐、四川国豪等公司开发利用。江苏油菜种子市场主要被外省企业占领，如陕西荣华等，省内经营油菜的种业企业主要有中江种业、大华种业、明天种业、红旗种业等。安徽油菜种子生产销售规模较大的种业企业有安徽国盛（销售油菜种子约 0.025 万吨）、安徽国豪（销售油菜种子约 0.016 万吨）、天禾农业、丰乐种业、安徽红旗等。

目前油菜种子市场也存在严重问题：一是油菜退出主要农作物后，各地种子执法部门纷纷放弃或减少油菜种子的执法力度，导致油菜种子质量下降，种子市场进一步混乱，严重威胁了油菜产业的稳定和健康发展；二是在根肿病发病区，仍有部分种子企业生产种子，这些种子的无序销售，导致根肿病跨区域传播；此外，发病区进行机械耕作，也造成病区的扩大。

二、品种登记情况分析

（一）冬油菜区

1. 中国农业科学院油料作物研究所

2018 年完成油菜品种登记 3 个，分别是早熟油菜品种阳光 131，中熟油菜品种阳光 1417 和浔油 10 号。其中阳光 131 为早熟油菜品种，在国家区试中，生育期相对于对照早 1 天左右（约 180 天），主要种植区域在我国三熟制地区（湖南南部、广西桂林等地区，江西吉安以及云南罗平等地区）。该品种抗病抗倒性强，适宜机械化生产，市场潜力巨大。阳光 1 417 为中熟波利马细胞质三系杂交品种，主要种植区域在四川、重庆、贵州和陕西汉中等油菜主产区。浔油 10 号为中熟波利马细胞质三系杂交品种，增产潜力大，适宜江西两熟制地区种植。

2. 四川

四川通过登记油菜新品种 11 个。其中含油率大于 40％的有 11 个，比对照增产 10％的有 9 个。另外，四川还申请登记油菜新品种 8 个。

3. 贵州

贵州对原来审定的 7 个油菜品种进行了扩区登记，扩区区域为：湖南。2018 年贵州油菜登记品种 2 个，2019 年油菜已登记品种 1 个。

4. 江苏

江苏育成并登记油菜新品种 7 个，其中宁杂 559、宁杂 118 和宁 R101 是化学杀雄杂交油菜品种，瑞油 501 是核不育两系杂交油菜品种；宁油 26、南农 9808 和镇油 8 号是常规油菜品种；宁 R101 是第一个通过国家品种登记的非转基因抗 ALS 类除草剂杂交油菜品种。上述品种的亲本均来自于国内品种（系），育成过程以各科研单位自育为主，和种业企业合作选育为辅，如瑞油 501 由江苏省农业科学院经济作物研究所与江苏瑞华农业科技有限公司合作选育，镇油 8 号由江苏丘陵地区镇江农业科学研究所与江苏丰源种业有限公司合作选育。

5. 浙江

浙江 2018 年共登记品种 16 个，其中已审定品种 15 个，新登记品种 1 个，提交登记新品种 5 个，院企合作育成品种 1 个，其余均为自育品种，育成品种亲本来源于国内。育成品种的产量和含油量明显优于同区域对照品种，一些品种的含油量在 48％～50％，且综合抗性明显优于对照，其中嘉油 1427 经中国农业科学院油料作物研究所鉴定对菌核病的抗性达到高抗级别。

6. 安徽

安徽 2018 年申报完成登记的油菜品种有 10 个，其中杂优 15、徽油杂 511、徽油杂 521 等 3 个品种为新登记品种，均为自育甘蓝型半冬性质不育杂交种，产量比 CK 增产 1％～5％、品质符合双低、含油量 42％～45％、低抗菌核病；其余 7 个品种为已审定品种重新登记。滁杂优 3 号、铜油 2008 等 2 个品种为自育甘蓝型半冬性质不育杂交种，早杂油 1 号、凯育 09、同油杂 2 号 3 个品种为合作选育甘蓝型半冬性质不育杂交种，浙油杂 2 号、浙双 8 号为外省引进品种。

（二）春油菜区

2018 年，通过农业农村部登记，适宜种植区域含有春油菜省区的油菜新品种共 34 个。其中科研单位和高校育成品种 9 个，企业育成品种 25 个，其亲本主要来源于国内，主要是自主选育而成；有甘蓝型油菜品种 29 个、白菜型油菜品种 4 个、芥菜型油菜品种 1 个，甘蓝型油菜均为杂交种，白菜型油菜 2 个杂交种、2 个常规种，芥菜型油菜为杂交种；大部分品种的品质达到国家双低标准，只有两个品种的芥酸含量未达到国家双低标准，分别为芥菜型品种华油 98 和白菜型品种华油 100。从登记品种公布的信息来看，大部分甘蓝型油菜的亩产在 200～250 千克，白菜型油菜亩产为 140 千克左右，芥菜型油菜亩产为 150 千克左右。

目前油菜品种主要还是以国内自育为主，品种特性以含油量为主，同时适宜机械化，多功能化也被进一步加大研究。随着油菜产业体系内油菜资源的交流利用，油菜品种会更加趋于完善，特性会更加明显，更有利于推广种植。四川 2018 年通过技术鉴定的油菜亲本材料 14 份：细胞质雄性不育系 JA220、JA284、JA305、JA306、蓉 A0933，细胞质雄性不育恢复系 JR11、JR182、蓉 C3927、乐油矮早 1 号，鉴定早熟恢复系 1 份（58R），早熟不育系 1 份（南 A4），中熟恢复系 1 份（626R），高芥酸亲本 73 - 89、957 - 204。贵州油菜新品种选育方面，亲本主要来源于国内育种家经过多年杂交、自交、回交等获得的稳定新品系。选育获得的油菜新品种最近几年在产量方面未有实质性的突破。品质方面，高油酸育种取得了较好的进展，选育的亲本材料油酸含量高达 82%。抗性方面，近年来根肿病迅速蔓延，引起了广大油菜育种家的高度关注，其中华中农业大学抗根肿病育种取得了较好的进展，已经选育获得抗根肿病稳定品系及品种。其亲本的主要特点是抗性强（抗倒、抗菌核病）、含油量高（最高的为 49%）、配合力强。黄淮区抗病、抗倒类核心亲本是中双 11、浙优 50、中双 9 号。

三、品种创新情况

1. 中国农业科学院油料作物研究所

（1）高油高产优质多抗机械化油菜新品种选育取得新突破。中油 700 参加 2017—2018 年年度湖北省油菜新品种试验，平均亩产 198.81 千克，比对照华油杂 9 号增产 10.1%，平均亩产油量为 101.85 千克，比对照增产 23.1%；含油率为 51.23%，比对照华油杂 9 号高 5.42 个百分点，是我国油菜区试（品种试验）历史上含油率最高，第一个超过 51% 的品种。产量、亩产油量均居 A 组（杂交组）首位，含油量居该年度湖北区试所有参试品种第一位。

（2）早熟油菜品种选育取得突破。阳光 131：以不育系 5A 配制的杂交组合，在 2013—2015 年国家冬油菜新品种区域试验（早熟组）中表现优异。两年平均亩产 146.56 千克，比对照增产 21.3%，达极显著水平，10 个试验点全部增产，生育期平均 173.2 天。2015—2016 年年度早熟 B 组生产试验中，平均亩产 147.73 千克，居试验第 1 位，比对照增产 45.1%，达极显著水平，生育期平均 184.8 天，不育株率 0.16%。中油 735：以不育系 5A 配制的杂交组合，在 2015—2017 年国家冬油菜新品种区域试验（早熟组）中表现优异。两年平均亩产 119.86 千克，比均值对照增产 9.6%，达极显著水平，生育期平均 182.1 天。另外中油 128 和阳光 18 正在国家区试早熟组中续试，两个品种第一年试验中增产显著，2019 年有望完成登记。

（3）高油酸品种选育初见成效。中油 80：长江中游区油菜新品种联合试验，2015—2017 年平均亩产 151.4 千克，比对照增产 3.5%。芥酸含量 0，硫苷含量 25.83 微摩/克（饼粕），油酸含量 85.5%，生育期与对照华油杂 12 相当，正在登记审核中。阳光 165：国家区试中游组 2016—2018 年平均亩产 172.43 千克，比对照减产 1.65%，减产不显著。芥酸含量 0，硫苷含量 22.36 微摩/克（饼粕），油酸含量 84.7%，生育期与对照华油杂 12 相当，预计 2019 年登记。阳光 5 号：长江下游区油菜新品种联合试验 2016—2018 年平均亩产 170.86 千克，比对照增产 0.42%。芥酸含量 0.68%，硫苷含量 29.95 微摩/克（饼粕），油酸含量 85.1%，生育期与对照秦优 10 号相当，预计 2019 年登记。阳光 12：长江中游区油菜新品种联合试验，平均亩产 170.69 千克，比对照增产 2.7%，芥酸含量 0，硫苷含量 26.21 微摩/克（饼粕），油酸含量 84.7%，生育期与对照华油杂 12 相当。预计 2019 年登记。

2. 华中农业大学

通过远缘杂交及资源筛选，创新了一批抗根肿病材料（含不同抗病位点）、抗倒伏、抗耐高盐碱、高油酸、高含油量、具有新型不育系、具有彩色花瓣油菜的材料；通过基因编辑技术，获得抗裂角等材料；通过诱变技术获得了抗除草剂材料。富含高油酸的菜籽油营养丰富，抗氧化性能优越，与橄榄油相媲美。目前华中农业大学选育的高油酸新品种已在全国推广示范 10 万亩以上。由于每千克高油酸菜籽比普通菜籽贵 2 元，市场销售的高油酸菜籽油约每千克 80 元，因此可对种植业者、油脂加工企业以及销售人员带来可观收入，预期高油酸品种的推广面积会越来越大。

3. 贵州

贵州省油菜研究所利用创制的高密度角果新材料，重点研发高产、双低、抗病及除草剂等适宜机械化种植的品种。目前，杂交组合经初步测试，产量可达 260 千克/亩，有望实现高产和高效益目标。利用萝卜及二月蓝等十字花科作物的不同花色资源，与甘蓝型油菜聚合育种，创新育成 7 种红色、紫色等的油菜花品系，并在农旅图案实施中应用。

开展饲用及菜用油菜研究，可在 12 月至次年 4 月为贵州提供优质青饲料，缓解冬、春青饲料短缺的问题，有效缓解饲草不足造成的"秋肥、冬瘦、春死"的问题。目前创新获得粗蛋白（干基）含量大于 29％的亲本材料，最高可达到 33.78％；获得粗脂肪含量大于 6％的亲本材料，最高为 8.55％。选育高蛋白饲料油菜新组合牲饲 1 号，亩生物产量达 5 212.70 千克，比黑麦草、燕麦草增产 33.24％和 65.12％，植株粗蛋白含量 27.52％，较对照品种植株蛋白质含量高 6.52 个百分点。创制了与传统油菜具有显著差异的多种菜薹油菜，一次性采收亩产油菜薹 300～500 千克。目前正在开展营养、甜脆、保鲜、适宜机械化采收等优异性状的聚合育种攻关。新品种选育方面，除了传统的双低油菜，更注重高含油量品种、大籽粒品种和高硫苷高芥酸品种。

4. 安徽

（1）高油高产多抗双低广适机械化油菜新品种选育取得进展，合油杂 555 和合油杂 4503 两个新组合已完成 2 年区试，已委托农业农村部植物新品种测试（南京）分中心正在进行 DUS 测试。3 个高油品种完成 2 年中间试验，推荐 11 个新组合分别参加了国家品种试验、长下农科院联合鉴定试验、安徽省测试网品种试验等中间试验，40 个新组合参加多点评比试验。

（2）抗根肿病油菜新品种选育方面：安徽省农业科学院作物研究所选配的抗根肿病新组合 18C406 在皖南病区第一年的多点品种比较试验中平均亩产 203.8 千克，比抗病对照品种华油杂 62R（172 千克/亩）平均增产 19％；根肿病平均病情指数 4.9，比抗病对照品种华油杂 62R（病情指数 13.0）低 8.1，比感病对照品种沣油 737（病情指数 38.3）低 33.4，另有 10 个组合比抗病对照增产 5％以上。预计 2 年内 3～5 个抗根肿病杂交油菜新品种可完成登记。

（3）耐迟播早熟油菜品种筛选和选育：通过连续 2 年迟播多点筛选试验，初步筛选出在 10 月 20 日之后播种、亩产 125 千克以上的耐迟播早熟油菜品种 2 个，并进一步开展耐迟播早熟油菜隐性上位互作核不育三系转育。

（4）探索隐性核不育全不育系＋自交不亲和系混播制种，油菜杂种优势利用的新方法、制种新技术。完成了 4 个自交不亲和系与 2 个隐性核不育全不育系的配合力初步研究，开展了不同比例自交不亲和系与隐性核不育全不育系混播制种试验，研究不同比例的父母本混播对制种纯度和产量影响，并与室内纯度分子检测验证。

5. 四川

通过登记油菜新品种 11 个。其中含油率大于 40％的有 11 个，比对照增产 10％的 9 个，完成 2 个周期试验的登记组合 11 个。

6. 陕西

抗病、抗倒、早熟、矮秆、高油、理想株型仍然是资源创新的核心，据初步统计，资源创新的数量约80份。秦优1618、秦优11004、竹牌油77等新品种，2018年已安排大面积制种，2019年初分别召开机收现场会，秋播将进入大面积推广。

7. 江苏

油菜科研单位目前正在研发的油菜品种以化学杀雄杂交油菜品种与常规油菜品种为主，仍有少量细胞质雄性不育杂交油菜品种与细胞核雄性不育杂交油菜品种。针对江苏油菜生产特点，江苏油菜的目标性状有高产、优质、适合机械化（包括抗倒、抗病、耐裂角等）、耐渍、抗除草剂（以适应轻简化栽培）、耐迟播特性（以适应晚稻茬油菜茬口较迟的特点）、抗根肿病等。油菜株型育种也在考虑范围，包括油菜的植株矮化和株型紧凑等，以提高抗倒性并适宜高密度种植。

四、品种应用情况分析

（一）主产省区域品种应用情况

湖北的中油杂、华油杂系列的应用占全省的75%以上，其中以华油杂62、中双9号、华油杂9号、阳光2009、中双12、华油杂12、中油杂7819、华油杂15、华双5号等，覆盖面最广，其应用面积均超过50万亩，部分品种的应用面积超过或接近100万亩，最高在130万亩以上。中双9号在2017年《全国农作物主要品种推广情况统计表》的推广面积排名中位于第二位，是目前推广面积最大的常规油菜品种。2018年选育品种阳光2009市场种子销售30万千克，种植面积为100万～150万亩，主要种植区域在湖北黄冈、咸宁、荆州、孝感，以及江西九江、湖南常德等地。当地主流品种类型主要为核不育、胞质不育三系杂交种。

湖南沣油和湘杂油系列占全省面积的70%左右，这两个系列品种覆盖面最广、应用最多，全省各地均有应用。其中以沣油737、沣油730、沣油520、沣油792、湘杂油631、湘杂油199、湘杂油188为主。洞庭湖区生产上品种较多，没有形成集中的推广品种，除沣油737外，该区域对于中油杂19、中双11的应用较多。常杂油系列在常德地区零星分布，亚科油或华湘油也有少量应用。湘西部分地区有对黄籽油菜的偏好，除湘杂油631外，油研、渝黄等品种有零星分布。湖南油菜育成品种主要有湖南农业大学的湘杂油系列、湖南省作物研究所的沣油系列、隆平高科亚华科学院的华湘油系列、常德市农林科学院和常德职业技术学院的常杂油系列等，育种单位以湖南农业大学和湖南省作物研究所为主导。沣油系列品种全国应用面积最广，近年来年生产销售杂交种子200万千克左右，由全国8家种业公司推广。湘杂油系列以湖南推广为主，年生产销售种子50万千克左右。其他系列生产销售估计在20万千克以下。

四川主要推广的油菜品种有川油、蓉油、南油、绵油及宜油等系列新品种。其用途为油用、菜油两用、观花兼油用、肥用、饲用等。其中油用新品种推广应用面积最大，各产油主产地均有各自的主导品种，如川油36、川油46为成都的主导品种，川油36、川油46、川油48为产油大县的主导品种。菜、油两用品种（川油36、川油58、龙庭1号等）推广面积稳定在35万亩左右，主要集中推广于成都、南充、达州等城市的菜、油两用基地集中发展区，该区域主导品种具备为高产、抗倒、广适等优点，其主要缺点为对四川广泛发生的根肿病没有抗性。

贵州主要推广的油菜品种有油研57、油研817、油研50、油研10号、油研9号、油研早18、油研2013、宝油早12、宝油85和宝油517等，总推广面积达180万亩。2018年，贵州完成"农旅一体化"项目12个，利用育成的各种油菜花色进行图案制作，图案区总面积达3 862.7亩。据当地政府和旅游部门统计，2018年到景观区旅游人数达到178万人次，为当地增加了各种收入共计5 520万元。

江苏油菜主推品种有沣油 737、秦优 10 号、德核杂 8 号、宁杂 1818 等。沣油 737 的熟期较早，植株较矮，抗倒性较好，产量不突出但较稳产，含油量不高，菌核病发病较重。秦优 10 号的产量较高，适应性较广，抗病性较好，含油量不高，病害较轻。德核杂 8 号的熟期较早，产量不突出，含油量不高，菌核病发病较重。宁杂 1818 的产量较高，抗病性较好，抗倒性强，含油量高，植株偏高，熟期稍迟。

浙江油菜主导品种以常规种为主，分别为浙油 50、浙大 619、浙油 51、浙大 622 以及中双 11（除浙大 619 外，均为高含油量品种），总推广面积达 150.45 万亩（接近浙江油菜总面积的 70%）。浙油 51 和浙油 50 属于第一档品种，特点是高含油量（最高含油率近 50%）、高产、稳产，其推广面积分别为 46.58 万亩和 45.73 万亩。浙大 622 为第二档品种，重要特点是黄籽，榨油颜色清。浙大 619 和浙双 72 为第三档，浙双 72 是 2001 年育成的老品种，是稳产性最好的品种，曾连续 11 年作为浙江油菜区试的对照品种。

安徽沣油 737 推广面积 135.5 万亩。该品种的优点为在沿江以及江南地区表现稳产性好、较早熟、抗倒、株高中等、较适合机收；其缺点为抗寒性稍差，在安徽的淮北及沿淮种植有一定风险。秦优 10 号推广面积 31.5 万亩，主要在安徽江淮及沿江地区推广，丰产性稳产性较好，抗倒，较抗耐菌核病。浙平 4 号（常规）、同油杂 2 号、核优 46 推广面积均在 10 万亩以上。推广面积较大的还有天禾油 10 号、杂优 15 等抗病性强的品种和适应机械化收获的品种徽油杂 511、徽杂油 521。

陕西的主推品种：高产高油品种秦优 1618，抗倒抗病品种纺牌油 77，抗寒高产品种秦优 11004，机收品种陕油 28，早熟矮秆机收品种沣油 737，其中沣油 737 是陕南地区主栽品种。

2018 年，我国春油菜区种植面积最大的是青杂系列杂交油菜品种（种植面积约 450 万亩），占杂交油菜种植总面积的 85% 左右。其中青杂 5 号年推广面积约 300 万亩，突出优点是产量高、稳产性好，表现出的缺点是抗倒性有待加强，雨水较多的地区容易倒伏。此外，华油杂 62、鸿油 88、冠油杂 812、秦油杂 19、陇油 10 号、圣光 401、圣光 402、新油 17 等品种在北方春油菜区有一定的种植面积，约占杂交油菜总面积的 15%。目前春油菜区还没有肥用、饲用和菜用的油菜专用品种，主要为油用品种，晚熟主导品种为青杂 5 号，早熟主导品种为青杂 7 号。

（二）品种情况

1. 油用

江苏油菜品种以油用为主，主导品种有沣油 737、秦优 10 号、德核杂 8 号、宁杂 1818 等。

2. 薹用

中国农业科学院选育的中油高硒 1 号、中油高硒 2 号、中油高维 1 号其油菜薹均具有高硒、钙、维生素 C，低镉的特点，已申请了植物新品种权。江苏南通、泰州、南京等地区开始推广油菜薹用，开展菜薹品质及口感等方面的鉴定与评比工作。目前推出的主导品种有宁杂 1818、宁杂 1838 等。

3. 花用

中国农业科学院油料作物研究所选育了中油白花 1 号双低品质，已申请植物新品种权，选育的特早熟中油变色龙在低温时为浅黄色，随着温度升高变为乳白色，播种 2 个月就可以开花。江苏泰州兴化、扬州高邮、南京高淳和浦口、苏州吴江等区（县）开展油菜的油-菜-花等多功能利用模式推广与应用，一、二、三产业融合发展，取得了较好的经济和社会效益。其中主导品种为宁杂 1818、沣油 737 等。

4. 观花兼油用

深度融合农耕文化的高端旅游元素和四川丰富旅游资源，发展景区农业、创意农业和农事体验，逐步形成了以中国成都（金堂）国际油菜花节、广汉西高油菜花乡村旅游节等为代表的一批农旅互动典型。

5. 饲用

四川唯一通过饲草委员会认定的品种饲油 36 主要用于阿坝等冬季饲料严重缺乏的高原区，推广面积 2 万亩左右。江苏太湖地区农科所与饲料加工企业合作，在苏州太仓开展了油菜饲用方面的推广应用。主导品种为宁杂 1818、苏油 6 号等。

6. 肥用

江苏部分地区，因茬口较迟及轮作休耕的需要，已开展油菜肥用方面的探索。主导品种为宁油 22、宁杂 1818 等。川油 36 作为绿肥在上海、江西地区推广 5 万亩左右。

五、品种创新主攻方向

当前我国长江流域乃至全国油菜产业发展的趋势是大力提高单产、含油量和改良特殊脂肪酸品质，推进油菜机械化生产，显著提高生产效率和效益。具体来说，油菜品种创新的主攻方向如下。

第一，针对油菜生产效益低下的突出问题，以选育具备高产、抗菌核病、抗根肿病、抗冻耐渍、抗倒、耐密植等特性的油菜品种为主攻方向，以适应机械化生产的需求，大幅度提高生产效益。影响油菜产业发展的主要因素是机械化程度较低，从品种角度，适应油菜机械化必须满足抗病、抗倒、耐裂角等特性。另外，为实现油菜轻简高效栽培，降低生产成本，应对比较效益下降导致的油菜生产下降问题，应研制非转基因抗除草剂油菜品种。

第二，针对长江中游三熟制产区，以选育抗菌核病、抗早薹早花、生育期 180 天左右的极早熟高产油菜品种为主攻方向。对于前茬让茬迟、油菜播种较迟的地区，品种创新应针对具有苗期生长较快特性的品种，现有品种存在耐裂角性偏弱、抗倒性不强，并缺乏耐迟播的问题。随着油菜生产方式向直播轻简化机械化转变，在安徽等长江下游稻区由于两季双季稻，单季粳稻、糯稻，两系超级稻土腾茬越来越晚，同时秸秆禁烧、水稻秸秆处理困难，加之常受阴雨天气影响，油菜常常难以在适播期内完成播种，限制了油菜产业发展。重点筛选和选育耐迟播油菜新品种，既解决直播茬口矛盾，又可在油菜根肿病病区晚播避病，充分利用水稻冬闲田发展油菜生产。目标：10 月 20 日—11 月 20 日播种，可安全越冬，5 月中旬前可成熟收获，单产在 125 千克/亩以上；低温发芽势强，可低温生长；不早薹早花，3 月上中旬初花；春发快。

第三，以具有高附加值的品种为主攻方向。针对市场和企业需求培育超高油酸、高含油量等高附加值专用新品种。通过聚合杂交，结合品质测试等方法，育成含油量高的新品种。拓宽油菜品种的功能，开发适合观光的油菜新品种（不同花色、花期较长）以及油蔬两用型油菜品种。通过远缘杂交等方法，创造丰富彩色油菜，且通过品质改良，育成油用＋花用新品种。高品质高营养的菜用新品种：通过适口性的系列指标测试，筛选现有新品种作为菜用新品种；通过甘白等远缘杂交选育具有口感好的菜用新品种；同时通过微量元素及硒等含量的测试选育功能性菜用新品种，最终获得具有三高一低特点（即高硒、钙、维生素 C，低镉）的新品种。通过对肥料利用率等指标测定，筛选或育成耐贫瘠等肥料高效利用新品种。

第四，以选育抗根肿病的品种为主攻方向。针对近年来我国油菜根肿病蔓延发展迅速的问题，随着机械化程度的不断提高，发病区域有持续扩大趋势，安徽皖南黄山、宣城及池州的部分地区均存在油菜根肿病问题，发病受害面积 100 万亩左右。在病区控制油菜根肿病最经济有效的方法是选育抗根肿病的品种。通过引进、诱变、远缘杂交等方法育成抗病亲本和新品种（抗菌核病、根肿病）；适当降低株高（200 厘米左右）及测试倒伏指数等育成抗倒新品种。此外，由于近年气候因素，长江流域油菜主产区应在油菜的耐湿性和耐寒性方面下工夫。

第五，针对春油菜，以选育高产、耐旱、耐虫、适宜机械化生产等的品种为主攻方向。我国春油菜生产上主要问题是春季干旱少雨、虫害发生严重、品种不适宜全程机械化生产等问题，因此，春油菜品种创新的主攻方向除了高产之外，还需具备耐旱、耐虫、适宜机械化生产等特性。

（编写人员：张学昆　郭瑞星　罗莉霞　等）

花　生

一、产业发展情况分析

（一）生产情况

1. 种植面积小幅下降

目前，我国 31 个省份有花生种植，2018 年种植面积最大的省份依次为河南、山东、广东、河北、辽宁、四川、湖北、广西、安徽、吉林。

受政策调整、市场和生态条件变化等多重因素影响，2018 年花生种植面积比 2017 年略有回调。国家花生产业体系各试验站的调查以及相关数据资料显示，2018 年各花生主产省份种植面积呈现不同的变化趋势，有的继续保持高位增长态势，有的基本维持不变，有的则在高位基础上有所回调。如，河南在"四优四化"（四优：重点发展优质小麦、优质花生、优质草畜、优质林果。四化：大力调整农业结构，统筹推进布局区域化、经营规模化、生产标准化、发展产业化）科技支撑行动计划的引领下，花生种植面积达到 2 150 万亩，比 2017 年增加 2.4%；四川、广西、贵州花生种植面积也增加明显。受玉米、大豆补贴政策的影响，辽宁和吉林玉米、大豆的面积明显增加，花生面积减少较多。另外，江苏和江西花生种植面积下降也较为明显。综合分析各花生主产省份的调查信息，2018年全国花生种植面积 7 801 万亩，比 2017 年减少 2.2%（表 9-1）。

表 9-1　2018 年中国花生面积与产量（花生产业体系调研）

地区	播种面积		总产量		单产（千克/亩）
	预估量（万亩）	比上年增减（%）	预估量（万吨）	比上年增减（%）	
全国	7 801.0	−2.2	1 924.8	−1.2	246.75
河南	2 150.0	2.4	655.8	9.5	305
山东	1 150.0	−11.5	323.8	−14.1	281.55
河北	550.0	−6.8	136.8	−12.5	248.75
辽宁	475.0	14.5	79.9	11.4	168.2
广东	500.0	−10.2	101.7	−9.0	203.4
四川	420.0	7.7	74	8.5	176.2
广西	350.0	2.9	75.3	14.1	215.15
湖北	363.0	3.7	83.9	1.9	231.15
吉林	280.0	−11.4	61.6	−11.4	220

地区	播种面积		总产量		单产（千克/亩）
	预估量（万亩）	比上年增减（%）	预估量（万吨）	比上年增减（%）	
安徽	290.0	3.6	89.5	−2.7	308.6
江西	270.0	−10.0	54	−10.0	200
湖南	240.0	33.3	43.2	35.8	180
贵州	137.5	5.8	19.5	21.9	141.8
江苏	135.5	−6.6	36.6	−5.7	270.1
福建	140.0	−11.4	28	−0.7	200
山西	30.0	0.0	7.2	−20.0	240
新疆	20.0	−42.9	6.7	−40.7	333.35
其他	300.0	−17.6	47.3	−19.3	157.8

数据来源：主产省份数据为团队根据各省份试验站的调研估计，其他地区根据国家粮油信息中心报告数据估算。

2. 花生单产基本持平

2018年影响花生单产的主要因素是花生生长季节的气候。河南、山东、河北、广东等地出现了不利于花生生长的气候因素。总体来看，2018年花生生长季节的不利天气因素仅出现在局部地区，未造成大范围的影响。花生产业体系各试验站的调研汇总显示，全国花生单产平均为246.75千克/亩，与2017年相比基本持平。

3. 花生总产量略有回调

由于面积有所下降，单产维持稳定，2018年花生总产量预计也略有下降。花生产业体系各试验站的调研汇总显示，全国花生总产1 924.72万吨，比2017年减少1.2%。花生总产量增幅较大的省份包括河南、贵州和广西，产量减少较多的省份主要有江苏、河北、广东等。

（二）市场情况

1. 国内供需情况

（1）依据国家粮油信息中心提供的数据分析

中国生产的花生主要用于满足国内市场需求，花生自给率达98%。2018年，中国进口花生35万吨，出口花生38万吨，分别占国内花生产量的2.1%和2.2%。

从消费形式和消费量来看，我国花生主要用于食用和榨油。2018年花生食用消费量770万吨，榨油消费量850万吨，分别占国内花生年度供给量的44.6%和49.2%。

在花生制品方面，中国的花生油和花生粕也主要依靠国内生产，外贸依赖度较低。2018年，中国花生油产量为267.8万吨，进口12万吨，自给率为95.7%，出口0.9万吨，仅占国内产量的0.3%；花生粕产量为323万吨，进口4万吨，自给率为98.8%，出口0.3万吨，仅占国内产量的0.1%（表9-2）。

表 9 - 2 2018 年中国花生供需及贸易情况

	花生	花生油	花生粕
生产量（万吨）	16 93	267.8	323
进口量（万吨）	35	12	4
出口量（万吨）	38	0.9	0.3
自给率（%）	98	95.7	98.8

数据来源：国家粮油信息中心。

（2）依据中国海关统计数据的分析

①中国花生及其制品出口

从花生原料出口来看：2018 年种用花生出口 18.684 吨，比 2017 年下降 73.5%；其他未去壳花生出口 33 273.84 吨，比 2017 年增加 18.25%；其他去壳花生，（不论是否破碎）出口 165 268.3 吨，比 2017 年增加 37.13%；未列名制作或保藏的花生出口 66 526.61 吨，比 2017 年下降 8.63%。

从花生加工制品出口来看：2018 年其他花生油及其分离品出口 9 766.534 吨，比 2017 年增加 30.13%；花生米罐头出口 2 448.413 吨，比 2017 年增加 3.86%；花生酱出口 23 869.24 吨，比 2017 年增加 1.65%；烘焙花生出口 243 751 吨，比 2017 年下降 12.26%；初榨的花生油出口 410.454 吨，比 2017 年下降 57.52%，下降幅度较大。另外，提炼花生油所得的油渣饼及其他固体残渣出口 218.835 吨，比 2017 年下降 26.33%（表 9 - 3）。

表 9 - 3 中国花生及其制品出口数量

产品名称	2017 年出口量（吨）	2018 年出口量（吨）	增长率（%）
种用花生	70.496	18.684	−73.50
其他未去壳花生（种用除外）	28 137.54	33 273.84	18.25
其他去壳花生（不论是否破碎）	120 516.6	165 268.3	37.13
初榨的花生油	966.274	410.454	−57.52
其他花生油及其分离品	7 505.127	9 766.534	30.13
花生米罐头	2 357.517	2 448.413	3.86
烘焙花生	277 796	243 751	−12.26
花生酱	23 480.76	23 869.24	1.65
未列名制作或保藏的花生	72 810.33	66 526.61	−8.63
提炼花生油所得的油渣饼及其他固体残渣	297.05	218.835	−26.33

数据来源：中国海关统计数据。

②中国花生及其制品进口

从花生原料进口来看：2018 年其他未去壳花生（种用除外）进口 83 008.3 吨，比 2017 年下降 6.19%；其他去壳花生（不论是否破碎）进口 88 659.59 吨，比 2017 年下降 45.48%；未列名制作或保藏的花生进口 152.415 吨，比 2017 年下降 46.58%。

从花生加工制品进口来看：2018 年初榨的花生油进口 130 378.3 吨，比 2017 年增加 20.69%，估计主要是高油酸花生油；提炼花生油所得的油渣饼及其他固体残渣进口 46 822.9 吨，比 2017 年下降 45.74%；花生米罐头进口 929.098 吨，比 2017 年下降 8.89%；烘焙花生进口 548.393 吨，比 2017 年下降 26.48%；花生酱进口 439.328 吨，比 2017 年增加 18.71 %，说明国内花生酱的消费需求增加。其他花生油及其分离品进口 45.223 吨，比 2017 年下降 57.48%（表 9 - 4）。

表 9-4　中国花生及其制品进口数量表

产品名称	2017 年进口量（吨）	2018 年进口量（吨）	增长率（%）
其他未去壳花生（种用除外）	88 480.92	83 008.3	−6.19
其他去壳花生（不论是否破碎）	162 631.7	88 659.59	−45.48
初榨的花生油	108 029.3	130 378.3	20.69
其他花生油及其分离品	106.356	45.223	−57.48
花生米罐头	1 019.801	929.098	−8.89
烘焙花生	745.91	548.393	−26.48
花生酱	370.081	439.328	18.71
未列名制作或保藏的花生	285.301	152.415	−46.58
提炼花生油所得的油渣饼及其他固体残渣	86 291.65	46 822.9	−45.74

数据来源：中国海关统计数据。

2. 国际花生供需概况

目前，全球花生供需基本保持平衡。产消方面，全球花生产量及国内消费量呈现逐年同步上升态势，2017 年达到顶峰，2018 年出现下降。贸易方面，全球花生贸易量虽然逐年增加，但贸易总量占全球总供需比重仍然较低，不足 10%。库存方面，2014 年之前全球花生期末库存量呈现上升态势，2014 年达到峰值之后随着产消结构性变化出现震荡下行。2018 年全球花生库存消费比为 6.35%，回归且略低于历史均值 7%。

（1）全球花生供给情况

在世界油料市场中，花生是第五大油料品种，前四大油料品种为大豆、菜籽、葵花籽、棉籽。USDA 数据显示，2018 年全球油料产量为 61 988 万吨，其中花生产量为 4 195 万吨。从油料出口结构看，花生出口量在全球位居第三。大豆和菜籽分别位列全球油料出口第一和第二位。USDA 数据显示，2018 年全球油料出口量为 18 005 万吨，其中花生出口量为 353 万吨。

全球花生种植面积近年来呈现上升态势。其中印度是世界第一大花生种植国。USDA 数据显示，2018 年全球花生种植面积为 2 526 万公顷，其中印度花生种植面积为 470 万公顷（占比 18.61%），中国为 456 万公顷（占比 18.05%），尼日利亚为 270 万公顷（占比 10.69%），美国为 55 万公顷（占比 2.18%），阿根廷为 33 万公顷（占比 1.31%），巴西为 15 万公顷（占比 0.59%），印度尼西亚为 57 万公顷（占比 2.26%）。

产量方面，全球花生产量呈现逐年增加态势。2017 年全球花生产量达到峰值，2018 年开始下降。主要原因是 2018 年美国和印度花生产量下降。USDA 数据显示，2018 年全球花生总产量为 4 195 万吨，较 2017 年的 4 491 万吨下降 6.59%。

全球花生产量结构较为集中。中国是全球最大的花生生产国，其花生产量占全球花生总产量的 40.52%，远远高于全球第二大花生主产国印度的产量。除中国和印度以外，其余花生主产国为美国、尼日利亚、印度尼西亚、阿根廷和巴西。USDA 数据显示，2018 年年度中国花生产量为 1 700 万吨（占比 40.52%），印度花生产量为 470 万吨（占比 11.2%），尼日利亚花生产量为 320 万吨（占比 7.63%），美国花生产量为 248 万吨（占比 5.91%），印度尼西亚花生产量为 106 万吨（占比 2.53%），阿根廷花生产量为 107 万吨（占比 2.55%），巴西花生产量为 53 万吨（占比 1.26%）。

出口方面，全球花生出口结构与产量结构相比较为分散。印度、阿根廷、中国是全球前三大花生出口国，这 3 个国家的花生出口量分别占全球花生出口总量的 21.25%、20.96%、20.40%。此外，花生主要出口国还有美国和巴西。USDA 数据显示，2018 年全球花生出口总量为 353 万吨。其中印度花生出口量为 75 万吨（占比 21.25%），阿根廷花生出口量为 74 万吨（占比 20.96%），中国花生出口量为 72 万吨（占比 20.40%），美国花生出口量为 54.4 万吨（占比 15.41%），巴西花生出口量为 25.4 万吨（占比 7.2%）。

从各国情况来看，全球花生出口结构与产量结构差异较为明显。中国虽为世界最大的花生主产国，但花生出口量小于印度和阿根廷，位居第三。原因是中国花生主要用于国内消费，出口量占本国产量比重仅为 4.24%。而阿根廷花生产量虽然较低，但主要用于出口，其花生出口量占本国花生产量比重达 69.16%。尼日利亚作为世界第三大花生生产国，其花生产量全部用于本国消费，无对外出口。

（2）全球花生需求情况

全球花生消费量呈现逐年增加态势，2017 年达到最大值，2018 年略有回落。主要原因是 2018 年印度国内花生消费量出现下降。USDA 数据显示，2018 年全球花生消费量为 4 283 万吨，较 2017 年的 4 423 万吨下降了 3.17%。

全球花生消费结构较为集中，中国是全球最大的花生消费国，国内花生消费量占全球国内消费量比重为 38.64%，远远高于第二大消费国印度。此外，花生主要消费国还包括尼日利亚、美国、印度尼西亚。USDA 数据显示，2018 年中国国内花生消费量为 1 655 万吨（占比 38.64%），印度国内花生消费量为 440 万吨（占比 10.27%），尼日利亚国内花生消费量为 324.8 万吨（占比 7.58%），美国国内花生消费量为 214 万吨（占比 5%），印度尼西亚国内花生消费量为 141 万吨（占比 3.29%）。

全球花生国内消费分为压榨消费和非压榨消费。压榨消费量历年基本保持在平稳水平，非压榨消费量呈现逐年上升态势。据 USDA 数据显示，2018 年全球花生压榨量为 1 723 万吨，非压榨消费为 2 500 万吨，较 2017 年均有所回落，但总体保持高位。

进口方面，除印度尼西亚之外，全球及主要消费国的花生对外依存度均处于较低水平。USDA 数据显示，2018 年全球花生进口量为 325 万吨，对外依存度为 7.59%。其中，中国花生进口量为 27 万吨（依存度为 1.63%），印度花生进口量为 0.3 万吨（依存度为 0.07%），美国花生进口量为 3.4 万吨（依存度为 1.59%），尼日利亚花生进口量为 0.4 万吨（依存度为 0.12%），印度尼西亚花生进口量为 37 万吨（依存度为 26.24%），巴西进口量为 0.1 万吨（依存度为 0.38%）。

（3）代表性国家情况

①印度花生情况

印度为全球花生第二大产量国，其产量增减与花生种植面积、本国气候和降水密切相关。印度花生主要用于国内消费，国内消费量随产量变化而变化，消费弹性较大。国内消费剩余部分用于出口，出口量基本保持稳定。USDA 数据显示，2018 年印度花生产量为 470 万吨，国内消费量为 440 万吨，出口量为 75 万吨。2018 年印度花生库存消费比为 5.23%，低于历史均值 7.32%，供需结构略偏紧，但印度花生历史库销比波动性较大，且国内消费弹性较高。因此总体来看，印度花生供需结构基本保持平衡状态。

印度是世界上花生种植面积最大的国家。花生种植区几乎遍布全国，主要分在北部、西南部、中部、东南部、半岛部、南部这 6 个种植区。印度花生主要在雨季和夏季种植，种植面积分别占全年总面积的 80% 和 20%。印度大部分地区处于热带及亚热带半干旱地区，冬、夏两季滴雨不降，且年度间不匀，因此水资源是制约印度农业发展的关键因素，也是影响印度花生种植的最主要因素。另外，品种老化问题也是导致印度花生单产水平较低进而影响其产量的重要原因。

印度为花生净出口国，进口量较低。印度花生年出口量波动较大，但近几年相对保持稳定。据 USDA 数据显示，2018 年印度花生出口量为 75 万吨，进口量为 0.3 万吨。

②美国花生情况

美国是世界第四大花生生产国。美国虽然不是世界最大的花生产量国，但美国是世界花生单产水平最高的国家。USDA 数据显示，2018 年美国花生单产 4.55 吨/公顷，远高于印度的 1 吨/公顷和世界单产水平的 1.66 吨/公顷。美国花生主要用于国内消费，对花生制品，如花生酱存在一定程度的刚性需求，国内年消费量较为稳定，且逐年缓慢增加。美国花生期末库存水平相对较高。2018 年美国花生库销比为 50%，略高于历史均值 46%，供需结构相对偏宽松。

近年美国花生种植面积 1 000 万亩左右，平均亩产 260 千克，总产约 260 万吨。花生在美国 13 个州进行了商业化种植，其中 6 个州占了美国花生种植的绝大部分：佐治亚州（超过 55%）占了花生种植的最大比例，其后是阿拉巴马州（接近 11%）、佛罗里达州（10%）、德克萨斯州（9%）、北卡罗来纳州（5%）、南卡罗来纳州（4%）。密西西比州、弗吉尼亚州、俄克拉荷马州、阿肯萨斯州、新墨西哥州、路易斯安那州和密苏里州的种植面积总共占了美国花生作物的大约 6% 的比例。在这些主要种植区域大约有 7 000 名种植花生的农民。

美国为花生净出口国，进口量较低，年出口量总体上升态势。USDA 数据显示，2018 年美国花生出口量为 54 万吨，进口量为 3.4 万吨。

③阿根廷花生情况

阿根廷花生产量较低，但国内消费少，超过半数的花生用于出口。USDA 数据显示，2018 年阿根廷花生产量为 107 万吨，国内消费量为 34 万吨，出口量为 74 万吨。

阿根廷花生种植面积较小，种植区域主要分布在科尔多瓦省、拉潘帕省、圣路易斯省和索尔特斯省。其中科尔多瓦省花生种植面积占本国花生总种植面积的 85%，拉潘帕省占比 11%，圣路易斯省和索尔特斯省合计占比仅为 3%。

阿根廷为花生净出口国，本国不进口花生。据阿根廷《商业纪事报》2017 年 9 月 22 日报道，2016 年阿根廷花生出口额 4.99 亿美元，其中 94% 产自科尔多瓦省。科尔多瓦省贸促局数据显示，阿根廷花生销往全世界 80 多个国家，主要出口目的国为：荷兰（41%）、中国（11%）、俄罗斯（10%）、阿尔及利亚（9%）。

（三）种子市场供应状况

1. 花生种子市场规模

花生种子总需求量按以下方法估算：用花生总的播种面积乘以平均每亩种子用量，考虑到生产和运输过程中的损耗，还需要再乘以损耗系数。具体测算公式为：

$$用种量＝播种面积×每亩种子用量×损耗系数$$

按照上述公式计算出全国及部分省份的花生用种量见表 9-5。从全国来看，2018 年花生总用种量约为 193.07 万吨，占花生总产量的 10.03%。从区域来看，用种量最大的省份是河南，用种 53.21 万吨；其次是山东，用种量为 28.46 万吨；河北的用种量为 13.61 万吨，排在第三；其他用种量较大的省份还有四川、辽宁、安徽、广东等，用种量均在 7 万吨以上。

考虑到花生留种现象比较普遍，花生的商品化率较低，故按 4.2% 的商品化率估计花生种子市场规模。根据计算，2018 年我国花生商品种子用量为 38.61 万吨。

表 9-5　全国及部分省份花生用种量

	播种面积 （万亩）	每亩种子用量 （千克/亩）	用种量 （万吨）	商品种子用量 （万吨）
全国	7 801	22.5	193.07	8.11
河南	2 150	22.5	53.21	2.23

（续）

	播种面积 （万亩）	每亩种子用量 （千克/亩）	用种量 （万吨）	商品种子用量 （万吨）
山东	1 150	22.5	28.46	1.20
河北	550	22.5	13.61	0.57
广东	500	22.5	12.38	0.52
辽宁	475	22.5	11.76	0.49
四川	420	22.5	10.40	0.44
广西	350	22.5	8.66	0.36
安徽	290	22.5	7.18	0.30

资料来源：播种面积为国家花生产业体系产业经济研究室估算数据；每亩种子用量来自《全国农作物成本收益资料汇编》。计算用种量时增加了10%的损耗。

2. 花生种子企业情况

（1）主要经营企业

据河南省种子站统计：全国花生种子生产销售企业 113 家，2018 年，平均每亩用种量约 22.5 千克（荚果）。全国花生种植用种，完全意义上的商品种子总量 7 400 万千克，商品化率约 4.2%，其中持证企业销售量 6 200 万千克，其他销售 1 200 万千克。农户串换种子总量为 53 488 万千克，占 30%，其余 65.8% 是农户自留种。种植面积较大的省份河南、山东、河北、广东种子商品化率较高，分别是 5%、5.2%、4%、4.5%。

（2）市场占有率

2018 年种子生产销售量前 10 名企业，制种面积 12.62 万亩，集中度在 10% 以上；总产量 3 675 万千克，集中度为 61.5%；种子销售量 3 005 万千克，集中度为 50%。前 10 名企业按销售量大小排序，依次是山东圣丰、河南秋乐、青岛鲁聚丰、山东卧龙、青岛春阳、青岛华实、河南南海、河南顺丰、广东田联、广东兆华。

二、品种登记情况分析

2018 年，全国花生共登记品种 430 个。

（一）品种登记情况

登记品种中已销售品种登记的 203 个，占 47.2%；科研院所登记品种 275 个，占登记品种的 63.95%；企业登记 150 个，占登记品种的 34.88%。登记品种中仅 32 个已授权，76 个登记品种申请植物新品种权并已被受理，仍有 322 个未申请保护。登记品种中普通型 218 个，占 50.70%，珍珠豆型 159 个，占 36.98%。从登记品种的情况看，高油酸花生育种进展较快，不同种皮颜色农家种和资源材料也成为一些公司重点登记的品种，说明此类品种有一定的市场需求。

（二）品种主要特性

从花生品质来看，高油（≥55%）品种 126 个，其中宇花 9 号含油量高达 61.03%；高蛋白（≥30%）品种 7 个，其中益农花 1 号粗蛋白含量高达 36.4%。已登记品种中高油酸品种 50 个，其中益农花 1 号油酸含量高达 90.6％。

在抗病方面，我国在主要病害的抗病育种工作方面取得很大的进展，尤其在抗青枯病育种方面。已登记品种中抗青枯病品种有 220 个。

在单产方面，花生的荚果单产分布为 110.1～596.6 千克/亩，单产最高的品种是最低的品种的 5.42 倍，差距较大。

（三）2018 年各省份品种登记情况

2018 年，河南登记品种 113 个，其中公司 43 个，占 38.05％，科研院所 70 个，占 61.95％；山东登记品种 145 个，其中公司 46 个占 31.72％，科研院所 99 个，占 68.28％；河北登记品种 44 个，其中公司 27 个，占 61.36％，科研院所 17 个，占 38.64％；广西登记品种 46 个，其中公司 22 个，占 47.83％，科研院所 24 个，占 52.17％；辽宁登记品种 46 个，均为科研院所或推广部门登记；吉林登记品种 21 个，其中公司 8 个，占 38.1％，科研院所 13 个，占 61.9％；福建登记品种 10 个，其中公司 1 个；广东登记品种 18 个，均为科研单位登记；四川登记品种 6 个，公司和科研单位各 3 个；湖北 5 个，其中中国农业科学院油料作物研究所登记品种 4 个，推广部门 1 个；黑龙江 1 个，为公司选育。

三、品种创新情况分析

（一）与品种相关的研究进展

1. 高油育种方面

2018 年国内外首次通过 MutMapPlus 策略挖掘出花生高油相关基因和单核苷酸多态性（SNP），向花生高油分子育种迈进了一大步。利用基因组学和转录组学技术分析鉴定了花生含油量相关的基因簇和候选基因，共得到 5 458 个差异表达基因（DEGs），找到 147 个含油量相关的基因簇，分布于 17 条染色体上，并最终在 A03 上筛选到一个重要的含油量相关基因。

2018 年我国共创制高油花生新种质 40 份，登记高油花生品种 126 个，我国花生高油育种走在世界前列。

2. 高油酸育种方面

高油酸分子标记辅助回交育种技术已经成熟，并在多家单位得到应用，加速了高油酸花生育种进程。目前已鉴定出与油酸积累显著相关的数量性状基因座（QTLs）和蛋白，并利用 TALEN 技术证明了花生 FAD2 的靶向诱变可促进油酸积累，证明了花生上应用基因编辑技术的可行性。

2018 年共创制高油酸花生种质 75 份，已登记品种中高油酸品种 50 个，为高油酸花生快速推广应用及促进我国花生提质增效奠定了基础。

3. 加工专用品种选择方面

目前，我国优质专用型花生品种选育还处于起步阶段。在检测技术研究方面，建立了花生品质近红外快速检测技术，研发了便携式花生品质速测仪，可在田间地头或原料收购现场快速检测花生品质，无损分析花生水分、脂肪、蛋白质、过氧化值、酸价等品质指标。

截至 2018 年年底，共筛选到适宜加工凝胶型蛋白品种（系）11 个，适宜加工溶解型蛋白品种（系）5 个，适宜加工花生酱的专用品种（系）16 个。

4. 农机农艺融合方面

研究了植株形态、抗倒性、结果集中度、荚果整齐度、果针长度与韧性等与机械化的关系。初步筛选到与脱壳机械相适应的品种（系）17 个，与机械化收获相适应的品种（系）7 个，与包衣、播种机械相适应的品种 9 个。

（二）品种应用情况

1. 不同类型品种应用情况

我国生产上应用的花生品种按类型可分为珍珠豆型、普通型、多粒型。普通型花生主要在山东，河南东部、北部，江苏，安徽北部，河北等地种植；珍珠豆型花生主要在河南南部、东北地区的花生产区、长江流域花生产区、南方花生产区种植；多粒型花生主要在东北地区、新疆及南方部分地方种植。

珍豆型花生主推品种：河南的远杂 9102、豫花 23、远杂 9307、商花 5 号、豫花 22、宛花 2 号、豫花 37；山东的花育 22；辽宁的唐油 4 号、花育 20、阜花 12、花育 23；吉林的花育 20；福建的泉花 551、泉花 7 号；广东的仲恺花 1 号、粤油 7 号、粤油 13、汕油 188、粤油 45、湛油 75；广西的桂花 17、桂花 22、桂花 836、桂花 1026、桂花 771、桂花 32；江西的仲恺花 1 号、虔油 1 号、赣花 8 号。

普通型花生主推品种：河南的豫花 9326、开农 61、开农 71、豫花 15、远杂 9847、开农 1715 等；山东的山花 9 号、花育 25、山花 7 号、花育 36、潍花 8 号、山花 8 号、鲁花 11、花育 33 等；河北的冀花 4 号、冀花 6 号、鲁花 11、冀花 5 号等；江苏的花育 16、丰花 1 号等；四川的天府 18、天府 22、天府 28、天府 20、天府 24 等。

多粒型花生主推品种：辽宁、吉林的四粒红。

2. 优质品种应用情况

目前生产上主要应用的优质品种为高油品种和高油酸品种。

高油品种面积较大的品种有：豫花 15、远杂 9102、豫花 9326、冀油 4 号等。

高油酸花生面积较大的品种有：开农 61、开农 71、开农 1715、豫花 37、冀花 11、冀花 16、花育 996、花育 661 等。

（三）品种创新的主攻方向

根据各地花生生产发展及变化、地理位置、地形地貌特征、气候条件、品种生态分布以及耕作栽培制度的特点，可将我国花生产区划分为 4 个优势产区和两个分散（潜在）产区。4 个优势产区即黄淮海花生产区、长江流域花生产区、东南沿海花生产区、东北地区花生产区；两个分散产区为西北花生产区和云贵高原花生产区。各产区花生品种创新及绿色花生选育目标如下。

1. 黄淮海花生产区

在高产的前提下，应主攻早熟、高油、高油酸和适宜机械化品种的选育。由于黄淮海产区主要为小麦、花生一年两熟，花生常年连作，花生叶斑病、网斑病等发生严重。绿色品种近期应主攻叶部病害，并注重花生土传病害种质资源的筛选与鉴定，为选育抗土传病害品种打下基础。

2. 东南沿海花生产区和长江流域花生产区

东南沿海产区与长江流域产区生态条件相似，在稳定产量的前提下，应主攻高油酸、高蛋白品种的选育。这两个花生产区青枯病、锈病发生较重，土壤以酸性为主。绿色品种主攻目标是抗青枯病、抗锈病、耐高温、耐低钙。

3. 东北地区花生产区

该区域无霜期短，播种期常遇低温，花生单产较低。花生育种应在主攻单产的基础上，重视品种的早熟性。优质品种也应以高油、高油酸为主。

该区域花生网斑病、疮痂病发生较重。绿色品种主攻目标应为抗网斑病、疮痂病和苗期低温。

4. 西北地区花生产区

该区域干旱严重，无霜期较短，品种选育应重视早熟性和产量的同时，重点选育抗旱品种。优质品种选育以高油、高油酸为主。

该区域花生病害较轻。绿色品种选育以抗旱品种为主。

5. 云贵高原花生产区

该区域花生种植面积较小，为零星产区，花生以特色农家种为主，选育品种以特用为主。绿色品种以抗青枯病为主。

目前，我国花生生物育种技术还相对滞后。花生育种以杂交育种为主，在高油酸、青枯病选育方面采用了分子标记辅助选择；在种质创制方面应用了远缘杂交、诱变技术、细胞工程等技术；抗病育种、适宜机械化品种选育方面相对滞后。应加强花生相关性状的遗传机制研究，加大分子标记开发力度，将远缘杂交、诱变技术、细胞工程、基因编辑、分子标记辅助选择等技术与常规育种技术更好结合，加速新材料新品系的选育进程，不断提高花生品质及抗性水平，以满足生产发展的需要。

附录：花生绿色品种指标体系

为深入推进农业供给侧结构性改革，构建资源节约型、环境友好型、优质高效型花生生产体系，加快培育"少打农药、少施化肥、节水抗旱、高产稳产"的花生绿色品种，促进绿色高效品种的应用，特制定本指标。

一、花生绿色品种认定条件

（1）近3年内通过国家品种登记的品种。

（2）目前年推广应用面积10万亩以上，或最近3年累年推广30万亩以上的品种。

二、环境友好型花生绿色品种

1. 黄淮海地区

对花生叶斑病抗性在中抗以上，或对网斑病抗性在中抗以上，或对花生根茎腐病抗性在抗以上，或兼抗本区域3种以上主要病虫害（中抗以上）的品种。

2. 东北地区

对花生叶斑病抗性为中抗以上，或对网斑病抗性在中抗以上，或对疮痂病抗性在中抗以上，或对花生根茎腐病抗性在抗以上，或兼抗本区3种以上主要病虫害（中抗以上）的品种。

3. 长江中下游及南方地区

花生锈病抗性级别在抗以上，或花生叶斑病抗性级别在中抗以上，或花生青枯病抗性在高抗以上，或兼抗本区域3种以上主要病虫害（中抗以上）的品种。

三、资源节约型绿色花生品种

1. 抗旱节水花生绿色品种

抗旱指数在0.7以上，且每年在节水20%试验条件下，其产量与正常灌溉条件下的主推品种产量相当。

2. 养分高效利用花生绿色品种

氮、磷、钾施用量比正常施肥量减少 20％以上试验条件下，其产量水平与现有条件下主推品种产量相当。

四、品质优良型绿色品种

产量与生产主推品种产量相当，粗脂肪含量≥55％，或油酸含量≥70％，或粗蛋白含量≥28％。

（编写人员：张新友　周曙东　董文召　等）

胡麻（亚麻）

亚麻，为亚麻科（*Linum usitatissimum* L.）亚麻属（2n＝30）一年生草本植物，按用途可分为纤维用、油用、油纤兼用 3 种类型。油用和油纤兼用型称为胡麻，纤维用一般称为亚麻。

我国胡麻主要分布在西北地区和华北地区北部的干旱、半干旱高寒地区，其中甘肃、内蒙古、山西、宁夏、河北、新疆是我国六大胡麻主产区。胡麻耐寒耐旱，耐瘠薄，是西北、华北地区的主要油料作物。胡麻油中人体必需脂肪酸 α-亚麻酸含量为 40%～62%，是大豆油的 5 倍，菜籽油的 6 倍，鱼油的 2.5 倍，是 α-亚麻酸的最主要植物来源。

亚麻在新疆和黑龙江，吉林、内蒙古、甘肃等地有零星种植。亚麻纤维具有良好的物理性状，柔软、细长、强韧、色泽较好，可纺高支纱，强力比棉织物大 2 倍。吸湿性强、膨胀力大、有天然防雨作用和吸水少、水分散发快等特点，适于织造苦布、消防服、军用织品和高支纱等纺织物。虽然我国纤维麻种植面积萎缩，但亚麻纱线、亚麻胚布及亚麻制品贸易量仍占全球贸易总量的 60% 以上，已成为亚麻加工大国和消费大国。

近年来，社会需求的变化，国际贸易格局的调整，对我国农业产业结构提出了新的要求。胡麻、亚麻作为特色作物，在农业生产结构调整、精准扶贫中将发挥更加重要的作用。

一、产业发展情况分析

（一）2018 年胡麻（亚麻）产业发展情况

1. 种植面积、单产及总产

据国家特色油料产业技术体系调查，2018 年全国胡麻种植面积 30.0 万公顷，基本与 2017 年持平；总产 32.0 万吨，与 2017 年同比下降 15 %；平均单产 1 050 千克/公顷，比 2017 年降低 10%。其中，甘肃、内蒙古、河北胡麻生育期间因不良气候，减产幅度较大。

2018 年全国纤维亚麻种植面积 4 万多亩，主要分布在黑龙江和新疆。由于亚麻纤维价格上涨，种植面积开始上升。但由于良种数量的限制，面积增长有限。2018 年，不计土地成本，亚麻每亩生产成本在 450 元左右，产出为 2 040 元左右，亩利润在 1 590 元左右，种植效益较好。

2. 国际胡麻（亚麻）生产及贸易情况

2018 年世界胡麻种植面积 304 万公顷，总产量 261 万吨，分别比 2017 年增加 6.2% 和 2.0%。俄罗斯和印度胡麻种植面积分别为 65 万公顷和 32 万公顷，比 2017 年增加 17.8% 和 6.7%，总产量达到 55 万吨和 15 万吨；加拿大、欧盟胡麻面积为 34.2 万公顷和 9.9 万公顷，比 2017 年减少 18.4% 和 2.0%，总产量分别为 49.0 万吨和 14.1 万吨。世界胡麻籽年度贸易量约 155 万吨，比 2017 年增加 4.8%。主要出口国为俄罗斯、加拿大、哈萨克斯坦等国。俄罗斯为 2018 年最大出口国，出口量 52.0 万吨，其次是加拿大 50.0 万吨，哈萨克斯坦 44.0 万吨。主要进口国为中国、欧盟等国家和地区。中国为 2018 年年度最大进口国，进口量 39.8 万吨，比 2017 年增加 17.0%。

2018 年世界纤维亚麻种植面积稳定在 22 万公顷。亚麻种植主要分布在法国、白俄罗斯、俄罗斯、比利时、英国、埃及等国。其中法国面积占全球总面积近 40%。中国亚麻纱线、亚麻胚布及亚麻制品贸易量占全球贸易总量的 60% 以上，已经成为亚麻加工大国。2018 年中国亚麻纱、亚麻布出口累计金额都有增长，特别是亚麻布出口金额同比增长较大。一般贸易亚麻纱线累计出口 2.95 万吨，累计金额 2.66 亿美元；亚麻布出口 2.61 亿米，累计金额 7.01 亿美元。亚麻纱、布的出口在数量没有增加的情况下金额增加，主要原因是出口单价的提高。特别是亚麻纱线出口累计金额同比增加了将近 15%，出口单价同比提高了 18.2%。

3. 生产上重大自然灾害发生情况

2018 年，西北地区胡麻产区生育期（4—8 月）降雨量大幅度增加。宁夏固原降雨量为 569.7 毫米，较历年同期水平 293.9 毫米增加 275.8 毫米，累计降雨量为历史第二高值年，增幅 93.84%。胡麻生育期降雨主要集中在 6—8 月，3 个月降雨量为 484.7 毫米，较历年同期水平 227.5 毫米增加 257.2 毫米，增幅 113.07%。尤其是 6 月下旬至 7 月上旬连续强降雨，20 天降雨量达到 219.8 毫米，较历年同期水平 45.8 毫米增加 380.24%。7 月处于胡麻青果期，由于阴雨天气较多，日照时数为 181.9 小时，较历年同期水平 231.8 小时降低了 49.9 小时，降幅达 21.54%，对胡麻籽粒灌浆成熟造成一定的影响。甘肃平凉、定西、白银和兰州从播种到开花现蕾期降雨量持续增高，加上前期气温偏低，胡麻营养生长受到影响，开花期连续降雨影响授粉，导致部分品种经济性状表现差，单株果数少，并出现不同程度的倒伏；到 7 月胡麻灌浆成熟期连续降雨导致成熟期返青严重，出现二次开花，产量水平较低。华北片区前期干旱，花期降雨，造成胡麻单产下降。总体而言，2018 年胡麻产区不良气候面大，受此影响胡麻单产降低 10% 左右。

（二）需求情况

据特色油料产业技术体系调查，2018 年度我国胡麻需求量 90 万吨左右。受国内胡麻籽产量、大宗油籽进口量减少的影响，贸易规模同比明显增加。2018 年度我国进口胡麻 39.8 万吨，比上年增加 17.0%。加拿大、俄罗斯是我国胡麻主要进口来源，分别占进口总量的 80.0%、20.0%。其中，从俄罗斯进口胡麻连续 2 年显著增长。2018 年度我国出口胡麻 0.25 万吨，比上年减少 38.4%；主要出口至德国和荷兰，出口量分别占 43.1% 和 23.5%。2018 年度我国进口亚麻籽油 5 万吨，同比增加 10% 以上。2018 年国际市场纤维价格从过去 2.4 万元/吨，涨到了现在的 3.7 万元/吨。这一市场的变化，为我国原料产业的发展提供了机遇。

（三）种业情况

实行非主要农作物品种登记制度以来，已有 27 个胡麻（亚麻）品种完成了登记，育种单位以科研单位为主。目前国内胡麻生产使用品种均为国内自主选育，尚无国外品种在国内进行商业化推广的现象出现。虽然目前已经有一批新育成优良品种应用和储备，但是胡麻品种的抗逆性、稳产性和丰产性的提高依然是育种要解决的突出问题。其次是胡麻的专用品种、高亚麻酸品种、高木酚素品种依然十分缺乏，难以满足市场对特色化和多元化的品种需求。纤维亚麻已有 7 个品种完成了登记，纤维亚麻品种虽然引进国外品种解决了纤维含量低的问题，但由于其抗旱性差，在东北地区的春旱地区很难获得高产，只能作为搭配品种使用。

表 10-1 2018年亚麻(胡麻)登记品种

品种名称	申报类型	育种者	品种来源	选育方式	特征特性	品种类型	用途	适宜区
黑亚24	已销售	黑龙江省农业科学院经济作物研究所	Argos×88016-18	自主选育	高纤维型亚麻品种。株高83.2厘米,工艺长71.7厘米,分枝数3~5个,单株蒴果数6~8个,苗期生长健壮,直根系,叶片深绿色,花期集中,花蓝色,种皮褐色,千粒重4.2克。生育日数75天左右	常规种	纤维用	黑龙江各地春季种植
白雪	已销售	酒泉市大金裸种业有限责任公司	亲本为当地酒白001	自主选育	胡麻品种。株高78.4厘米,工艺长度38.5厘米,主茎分枝数平均4.5个,单株平均果数21.4个,平均单果粒数7.4个,千粒重7.5克,中早熟,春播生育期95天左右	常规种	食用、油用	适宜在甘肃海拔1800米以下的区域种植
酒亚二号	已销售	酒泉市大金裸种业有限责任公司	久红5号	自主选育	株高67.4厘米,工艺长度37.8厘米,主茎分枝数平均4.6个,单株平均果数22.4个,平均单果粒数7.8个,千粒重7.7克,种皮褐色	常规种	食用、油用	适宜为甘肃海拔1800米以下的区域种植
阿卡塔	已销售	J.M. Dobbelaar b.v.	NANDA×VIKING	境外引进(比利时)	株高95厘米左右,茎粗0.9毫米左右,苗期生长繁茂,茎绿色,叶片深绿色。植株形成时上部细软,叶互生,披针状,长20~38毫米,宽3毫米,表面有白霜;花蓝色,花序短而集中,蕾片5,直径18~21毫米,集中在顶部;果实为蒴果,球形,绿色,成熟后为棕黄色,蒴果数量8~13个,蒴果内开裂成5瓣;种子扁卵圆形,棕褐色,千粒重4.8~5.1克。植株成熟时茎秆为淡黄色,叶片随着植株的成熟而逐渐脱落	常规种	纤维用	适宜在黑龙江第二、第三、第四、第五积温带春季种植
华亚2号	已销售	黑龙江省农业科学院经济作物研究所、中国农业科学院麻类科学研究所	D95 029-8-3-7× 98 018-10-22	合作选育	中早熟,生育期76天;在黑龙江种植,株高79厘米,工艺长76厘米,分枝数4~5个,蒴果数8~9个,花蓝色,茎绿色,叶披针型,叶片相对细长,种皮褐色,千粒重4.7克,种子具多胚性;生长速度快,纤维品质优良,综合性状较全面	常规种	纤维用	适宜在黑龙江哈尔滨地区春季种植

（续）

品种名称	申报类型	育种者	品种来源	选育方式	特征特性	品种类型	用途	适宜区
华亚 1 号	已销售	黑龙江省农业科学院经济作物研究所，中国农业科学院麻类研究所	AGTHAR×D95 029-7-3	合作选育	中早熟，在黑龙江种植生育日数 72 天，株高 87 厘米，工艺长度 67 厘米，分枝数 4～5 个，蒴果数 7～10 个，花蓝色，茎绿色，叶披针型，叶片相对细长。在安徽种植生育日数 93 天，株高 112.5 厘米，工艺长度 80.1 厘米，分枝数 5～6 个，蒴果数 16～18 个，茎秆直立，有弹性，抗倒伏能力强	常规种	纤维用	适宜在黑龙江哈尔滨、绥化，齐齐哈尔、牡丹江、黑河地区春季种植
华亚 3 号	已销售	黑龙江省农业科学院经济作物研究所，中国农业科学院麻类研究所	Pekinense(波兰)变异单株系选	合作选育	早熟，生育期 70 天，花紫红色，茎深绿色，叶披针型，叶片相对细长。在黑龙江种植株高 70 厘米，工艺长 50 厘米，分枝数 6～7 个，蒴果数 9～10 个，种皮黄色，千粒重 5.85 克。生长速度快，纤维品质优良，种子高产，籽实用高产，属纤维用兼用型品种	常规种	油纤兼用	适宜在黑龙江哈尔滨地区春季种植，云南大理宾川地区冬季种植，安徽六安地区春季种植
科合亚麻 1 号	已销售	Tsvetkov Yordan	Л281×Ariane	境外引进(俄罗斯)	高纤维型亚麻品种。该品种性喜冷凉，株高 85.2 厘米，工艺长 74.7 厘米，直根系，叶片深绿色，花蕾集中，种皮褐色，千粒重 4.5 克。抗旱，抗倒伏性强。在黑龙江出苗至成熟生育日数 71 天左右	常规种	纤维用	适宜在黑龙江第一、第二，第三、第四，第五、第六积温带春季种植
科合亚麻 2 号	已销售	Tsvetkov Yordan	COL157×Argos	境外引进(俄罗斯)	高纤维型亚麻品种。该品种性喜冷凉，株高 87.5 厘米，工艺长 76.3 厘米，直根系，叶片深绿色，花蕾集中，种皮褐色，千粒重 4.6 克。在黑龙江省出苗至成熟生育日数 72 天左右	常规种	纤维用	适宜在黑龙江第一、第二，第三、第四，第五、第六积温带春季种植
龙油麻 1 号	已销售	黑龙江省农业科学院经济作物研究所	陇亚 10 号×陇亚 9 号	自主选育	株高 61.6～64.9 厘米，主茎分枝数 5～8 个，单株蒴果数 10～15 个，千粒重 6.0～6.9 克，生育期 80～82 天，株型松散，籽粒褐色，花蓝色，生长整齐，成熟一致，抗立枯病、枯萎病，抗倒伏，抗旱性强，耐盐碱较强，丰产稳产	常规种	食用油用、工业油用	适宜在黑龙江第一、第二积温带春季播种

当前，胡麻（亚麻）种子生产经营还存在一些问题。一是企业规模小，兼业经营多，从业人员复杂，文化层次和素质各不相同，呈现文化偏低的特点，种子专业知识不够也是比较突出的问题。二是经营胡麻种子成本高、利润低，导致目前胡麻种子的市场化供应程度低，新品种推广比较慢。三是良种繁育基地基本上是科研单位，或者少数种子企业选择条件较好的农户或种植大户通过繁种协议建立基地，或租赁土地进行繁种，基地规模一般较小，稳定性比较差，种子生产标准化程度低，技术保障不到位，无相关质量检验配套设施，种子生产也没有相关扶持政策。四是农民更新品种以串换为主，生产用品种老化，品种混杂问题较为突出，优良性能下降，造成胡麻产量低、品质差且不稳定的不良局面，以致影响了胡麻种植效益。黑龙江和新疆没有专业经营纤维亚麻种子的企业，在生产中都是原料厂自行繁殖。

二、品种登记情况分析

（一）登记品种基本情况

2017—2018 年，全国登记亚麻（胡麻）品种共 27 个，均为已审定或已销售品种，其中已审定品种 15 个，已销售品种 12 个。2018 年登记品种 10 个（表 10-1），较上年减少了 7 个，申请类型均为已销售品种。选育方式上，3 个为国外引进品种，均为纤维用品种，7 个为国内育成。油用型 3 个，兼用型 1 个，纤维用型 6 个，所有品种均为常规种。国内育成的纤维用品种均为黑龙江选育，油用品种中有 2 个为甘肃选育，1 个为黑龙江选育。3 个品种由公司申请，其余的 7 个为科研单位申请。

（二）登记品种产量和品质

登记品种产量和品质表现见表 10-2、表 10-3。4 个胡麻品种（油用类型）籽粒产量为 93.3～162.9 千克/亩，较对照增产 10.8%～37.4%，平均产量为 132.4 千克/亩，平均增产 18.2%，增产幅度较大；含油率除华亚 3 号较低外，另外 3 个含油率均较高，在 43% 以上。6 个纤维亚麻原茎产量在 5 580.0～7 708.5 千克/公顷，平均产量 6 323.7 千克/公顷，平均增产 11.95%，华亚 1 号、华亚 2 号产量分别为 7 547 千克/公顷和 7 708.5 千克/公顷，比其他品种高 1 000 千克。

表 10-2　2018 年胡麻登记品种产量和品质特征

品种名称	第 1 生长周期		第 2 生长周期		两年平均		含油率（%）	类型
	产量（千克/亩）	增产（%）	产量（千克/亩）	增产（%）	产量（千克/亩）	增产（%）		
白雪	161.9	11.1	163.9	10.5	162.9	10.8	43.3	食用油用
酒亚二号	165	11.1	156.7	10.8	160.9	11	46.3	食用油用
龙油麻 1 号	93.9	13.7	92.7	13.4	93.3	13.6	43.4	食用油用
华亚 3 号	106.9	34.8	117.8	39.9	112.4	37.4	37.7	油纤兼用
平均	131.925	17.68	132.78	18.65	132.38	18.2	42.68	

表 10-3　2018 年亚麻登记品种产量和品质特征

品种名称	第 1 生长周期		第 2 生长周期		两年平均		含油率 (%)	类型
	产量 (千克/公顷)	增产 (%)	产量 (千克/公顷)	增产 (%)	产量 (千克/公顷)	增产 (%)		
黑亚 24	6 095.2	14.1	5 377.5	15.8	5 736.4	15	—	纤维用
阿卡塔	5 520	11.9	5 640	12.6	5 580	12.3	—	纤维用
华亚 2 号	7 333.5	13.2	8 083.5	13	7 708.5	13.1	36	纤维用
华亚 1 号	8 334	7.8	6 760.5	7	7 547.3	7.4	—	纤维用
科合亚麻 1 号	5 527.5	11.2	5 725.5	12.6	5 626.5	11.9	—	纤维用
科合亚麻 2 号	5 634	12.3	5 853	11.6	5 743.5	12	—	纤维用
平均	6 407.37	11.75	6 240	12.1	6 323.7	11.95		

（三）登记品种抗病及抗逆性表现

登记品种抗病性和抗逆性见表 10-4。有 6 个新登记品种枯萎病抗性达到了高抗，2 个品种枯萎病抗性为中抗，有 5 个品种高抗立枯病，2 个品种高抗炭疽病。10 个品种均有较好的抗倒伏性，耐旱性较强，黑亚 4 号和龙油麻 1 号的耐盐碱性较强。

表 10-4　2018 年登记品种抗病性和抗逆性

品种名称	抗病性	抗逆性
黑亚 24	高抗枯萎病、立枯病	抗旱、抗倒伏性强，较耐盐碱
白雪	中抗枯萎病	耐旱、耐密、抗倒伏
酒亚二号	中抗枯萎病	抗倒伏强
阿卡塔	高抗枯萎病、立枯病	抗倒伏性强
华亚 2 号	高抗枯萎病、炭疽病	高抗倒伏、耐旱、耐涝性强
华亚 1 号	高抗枯萎病、立枯病	高抗倒伏性
华亚 3 号	高抗枯萎病、立枯病	抗倒伏，耐旱、耐涝性强
科合亚麻 1 号	抗枯萎病、炭疽病	抗旱、抗倒伏性强
科合亚麻 2 号	抗枯萎病、顶萎病	抗旱、抗倒伏性强
龙油麻 1 号	高抗枯萎病、立枯病	抗倒伏，抗旱性强，耐盐碱较强

（四）登记品种生产推广情况

目前完成登记的多数品种已大面积生产推广应用。从 20 个食用油用登记品种看，陇亚系列和宁亚系列登记品种共 16 个，分别在甘肃、宁夏胡麻主产区及内蒙古、青海等辐射地区得到了大面积示范推广，取得显著经济效益和社会效益。其中，宁亚 17、定亚 18、陇亚 10 号、坝选 3 号等品种为不同产区主推品种，推广应用面积较大；陇亚 13、陇亚 14、内亚 9 号、宁亚 22、龙油麻 1 号等新近育成品种种植面积逐年扩大。陇亚 8 号、陇亚 11、陇亚 12、宁亚 15、宁亚 19 等较早育成品种仍然在生产应用，但生产面积在逐年减少。

从 7 个纤维用登记品种看，目前推广应用面积较大的品种为黑亚 21、阿卡塔；黑亚 24、华亚 1 号、华亚 2 号、科合亚麻 1 号等新近育成或引进品种，无论从原茎产量还是从抗病性和抗逆性上看，都具有较好的推广应用前景。

三、品种创新进展

国际上，Soto-Cerda BJ 等对 200 个不同胡麻品种资源种子的亚麻胶和种皮含量进行了全基因组关联分析，鉴定出 7 个与亚麻胶有关的 QTL，4 个与种皮含量有关的 QTL，7 个关联基因与亚麻胶的合成和种皮发育有关。You FM 等用 260 个群体系 11 个性状进行了 GWAS 分析，检测到相关的 33 个 QTL，全基因组分析检测到了 144 个选择热区，并且与 11 个性状的 18 个 QTL 相关联。Saha D1 等根据 506 个转录因子编码基因和 74 个长链非编码 RNAs 设计了 580 个调控基因 SSR（ReG-SSR），筛选出了多态性较好的 31 个 SSR，对 93 个亚麻资源进行分析。

国内研究方面，特色油料产业技术体系收集胡麻种质资源 220 份，其中野生种 2 份，开展了野生胡麻染色体组鉴定和细胞学研究；建立了胡麻抗旱、抗逆等重要性状鉴定与评价技术体系。完成了 323 份资源的鉴定和评价，筛选出含油量超过 42% 的资源 10 份，α-亚麻酸含量超过 54% 的资源 4 份，高木酚素含量材料 1 份，苗期抗旱性好的品种 2 个，强耐盐资源 2 个。从 106 份胡麻材料中，筛选出高抗枯萎病材料 16 份，中抗枯萎病材料 54 份。通过杂交，诱变等技术，创制雄性不育、抗旱、抗病、抗逆、高亚麻酸等资源和种质材料 22 份，其中雄性不育系资源 2 份。

国内育种单位育成在区域试验和生产试验中表现优异的胡麻新品种有 7 个，完成了试验程序，准备进行新品种登记。黑龙江省农业科学院选育的黑亚 25 原茎、全麻、种子平均公顷产量分别 6 463.3 千克、1 554.3 千克和 733.3 千克，全麻率 29.7%。2018 年 12 月，中国农业科学院麻类研究所在安徽认定了 2 个品种，但还没有在国家登记。

四、存在问题及建议

未来 10 年，在中国经济继续延续稳步增长和消费结构不断升级背景下，消费者对多元化、优质化和高端产品的需求更加偏好，胡麻产品以及亚麻纤维类产品将迎来更广阔的消费市场。虽然胡麻籽和亚麻纤维对进口的依赖程度不断提高，但是考虑到气候、消费习惯、产业结构调整等因素，国内生产还应保持基本的规模，因此依然需要不断选育满足市场化需求的新品种支撑产业的持续稳定发展。

目前，我国胡麻（亚麻）的自育品种基本能够满足生产需要，种质资源、育种技术等方面成绩突出，但与需求相比依然存在一些突出问题。

（一）存在的主要问题

1. 胡麻品种的抗逆、抗病性有待加强

我国胡麻主要分布在高寒干旱的旱作农业生态区，并且大多数种植在干旱瘠薄的土地上，干旱是造成产量低而不稳的主要因素，抗旱性强的品种需求迫切，因而目前生产应用品种的抗旱性需要进一步的提高。在灌溉条件下，胡麻能够取得较高产量，但是目前大部分品种在生长后期遇到风雨易于倒伏，造成胡麻严重减产，因此高产抗倒伏的品种需求迫切。近年来白粉病有加重趋势，抗白病品种缺乏也是急需解决的问题之一。

2. 高值高质胡麻专用品种需求迫切

亚麻油（高 α-亚麻酸、高不饱和脂肪酸含量）、高含量亚麻胶、高含量木酚素、高品质亚麻纤维、亚麻饼粕高蛋白等，特别是具有保健作用的亚麻油，目前已经被广大群众所认识，精深加工及高附加值产业化技术发展迅速。但目前已经登记的品种主要解决的是生产上要求的丰产性、抗病性、抗逆性等问题，有针对地选育适宜加工和功能性产品开发需要的专用品种工作才开始起步，需要加快进度。

3. 纤维用亚麻品种问题一直是困扰产业发展的长期问题

我国劳动力成本低廉，亚麻产业基础雄厚，具有无限发展商机。经过几代科研人员的努力，我国已经拉近了与世界上亚麻生产先进国家的距离。虽然引进国外纤维亚麻品种解决了纤维含量低的问题，但由于引进品种的抗旱性差，在东北地区的春旱地区很难获得高产。培育适合我国气候条件的品种，是纤维亚麻育种的主要任务。

4. 育种技术落后，新品种推广慢

近几年我国胡麻（亚麻）育种取得了一定的成绩，育种手段已经上升为分子水平，但起步相对较晚，基础研究薄弱，在种质资源创新、品质育种以及育种新技术应用方面落后于发达国家。经营胡麻（亚麻）种子成本高、利润低，良种繁育基地规模较小、稳定性较差、种子生产标准化程度较低，以及农民生产用种市场化供应程度低、品种老化混杂等制约新品种推广应用的问题亟待解决。

（二）对策及建议

1. 加强对品种资源的创新，加强育种技术的提升

胡麻（亚麻）遗传基础狭窄成为育种的制约因素，品种的突破需要好的种质资源支撑，因此应不断引进国外资源，拓宽我国资源的遗传多样性，扩大遗传背景。同时加强资源的鉴定创制，以突破产量、含油量、抗性、纤维品质的育种瓶颈。近年来，植物育种新技术发展迅速，但是国内胡麻研究较少，研究水平较低，需要组织力量，加强亚麻分子辅助选择、基因编辑等新技术研究和育种应用，以建立高效的胡（亚）麻育种体系。

2. 加快绿色和高值优质新品种的选育

绿色安全高效农业已成为当前推动农业农村发展的必然要求。优质绿色品种应具有抵御非生物逆境（干旱、盐碱、重金属污染、异常气候等）和生物侵害（病虫害）的优良性状，具有养分、水分高效利用和品质优良性状的特性。因此，油用胡麻育种方面应在兼顾产量和品质的基础上，注重抗旱、抗倒伏、抗白粉病、适合机械化收割等性状的品种选育。纤维亚麻育种方面，应在注重高产、高纤、可纺性好的同时，注重抗旱、抗病、抗倒伏等抗逆性状的品种选育。为满足开发高附加值产品和食品的需要，应挖掘高亚麻酸、高木酚素、高含油率种质资源鉴定及创制，选育一批优质专用新品种。

3. 建立适宜胡麻（亚麻）生产需要的良种繁育和企业发展制度

胡麻（亚麻）属于特色产业，建议以支撑特色产业发展为目标，进行种子基地建设和原料生产基地的发展规划，在项目和资金上加大对种业的扶持力度，根据不同产区自然生态条件，产业形态，原

料需求，科学合理的规划产业优势生产区域布局，布局良种繁育体系和供应体系，形成良种繁育、示范展示和推广相结合的种子保障体系，生产基地＋企业的产品研发体系。

　　建议建立适宜促进胡麻（亚麻）种子经营企业发展的制度，通过授权等方式，授予小企业生产经营权，通过政策支持、项目扶持等措施，提高企业经营积极性，促进胡麻（亚麻）种业的快速发展。

（编写人员：张建平　吴广文　张雯丽 等）

向 日 葵

一、产业发展情况分析

（一）生产情况

1. 种植面积、单产及总产

2018 年，向日葵种植面积相对稳定。据国家特色油料产业体系统计，全国种植面积 121.1 万公顷，比 2017 年增长 10.1％；总产量 320 万吨，比 2017 年提高 12.3 ％。向日葵种植主要集中在内蒙古、新疆等西部地区。

2. 种植区域分布情况

2018 年，食葵种植比例超过 90％，油葵不足 10％。食葵种植区域主要集中在东北地区的春播区（辽宁、吉林、黑龙江和内蒙古的东部地区）、西北地区的春播区（内蒙古的大部分地区、陕西、甘肃、宁夏、新疆）。油葵种植区域主要集中在新疆，其次河北，以及宁夏、山西和南方的夏、秋播区。

新疆 2018 年向日葵播种面积 215.1 万亩，总产 45.21 万吨，折合单产 210.18 千克/亩，均略低于 2017 年。油葵种植面积约 25 万亩左右（数据来源：新疆维吾尔自治区农业农村厅）。2018 年内蒙古播种面积 773.8 万亩，比 2017 年减少 71 万亩；总产量 134.4 万吨，比 2017 年减少 17 万吨；单产 173.7 千克/亩，较 2017 年下降 6.8 千克/亩。种植面积增幅较大的省份主要是湖北、湖南、浙江、河北等。

3. 自然灾害发生情况

2018 年全国气候基本平稳，向日葵产量没有受大的影响。但部分地区受气候影响有所减产。如吉林和黑龙江 7—9 月降雨偏多，导致向日葵菌核病发病严重，种植户损失惨重。

（二）市场需求与销售情况

1. 市场销售情况

截至 2018 年 12 月底，全国各地的向日葵销售出现价格提高、出货加快的现象，预计市场将进入一个上行区间。2019 年初开始，商品葵花的价格已出现大幅上涨，这必将提升种植户的种植积极性。商品葵花价格上涨有以下两个因素：第一，国内市场的刚性需求，由于市场上积压商品的逐步减少，出现供不应求的现象，这也标志着葵花市场供大于求的情况由此结束，市场将形成一个新的供需关系；第二，向日葵商品出口贸易量增加，2016—2018 年，葵花出口量逐年上涨，至 2018 年达到 43.6 万吨。

以向日葵种植大区为例，2018 年 12 月 20 日，土右旗商品性优质的向日葵价格为 11～12 元/千克，一般货 7～8 元/千克，库存 30%；固阳县油葵没有库存，食葵存货 50%，品质好的价格为 9～10 元/千克，一般的 6～8 元/千克；达茂旗食葵库存 50%，品质好的价格为 8 元/千克左右，一般的 6 元/千克左右；乌兰察布市商都县，不同品种价格略有差异 3638C 千粒重 250 克左右，皮色好的每千克 8 元；SH363 千粒重 240 千克，皮色好的每千克 9 元；鄂尔多斯杭锦旗主栽品种中，SH363 和 SH361 千粒重 230 克左右，每千克 7.4 元左右，农户积压量 30%，积压的主要原因是皮色差、千粒重低。JK601 价格每千克 8 元，存量超过 50%，总体存货在 40% 左右；巴彦淖尔市杭锦后旗主栽品种中，JK601 每千克 8.0～8.4 元，SH363 每千克 7.6～8.0 元，SH361 每千克 6.4～6.8 元，农户存货低于 10%。

2. 消费情况

向日葵按籽实用途划分为油用型、食用型及仁用型。油用型向日葵用来生产食用油，食用型向日葵主要做休闲食品和出口。2018 年，国内消费向日葵总量在 100 万吨左右，出口食用葵花籽 43.6 万吨。

（三）种业发展情况

1. 基本情况

20 世纪 50 年代，我国开始向日葵引种与系统选育工作。70 年代开始向日葵杂交优势利用，先后完成了向日葵三系配套；1981 年育成我国第一个三系杂交种"白葵杂一号"。80 年代的主攻方向是提高籽实含油率和单产，育成了一批配合力度高、籽实含油率较高的不育系和恢复系，同时育成了第二批向日葵杂交种，这批杂交种表现出高产、高油的特点，尤其是产量上有所突破。从 80 年代末至今，重点转到抗病育种，形成了以常规育种为主、生物技术与病理技术为辅、多学科相结合的育种体系。但我国向日葵育种工作与世界发达国家相比仍显落后。迄今为止，我国向日葵杂交种和国外相比，还存在籽仁含油率偏低以及抗病性偏差等差距，导致国内油用型向日葵种子市场基本上被国外品种所垄断（国外油葵品种占国内市场的 1/4）。而食用向日葵在我国种植很广泛，尤其近 10 年来发展速度非常快，食用型向日葵新品种选育有了飞跃性发展，育成了以 JK601、SH363 为代表的食用型向日葵品种，目前播种面积在 1 800 万亩左右，商品用种 800 万千克，占整个向日葵播种面积的 70%。

向日葵种子的繁育基地基本采取公司＋农户模式，由制种企业发放种子给农户，农户负责种植，成熟后再由制种企业回收并按照制种合同的约定与农户结算。目前向日葵种子制种单位规模小、数量多。

2. 存在问题

第一，分散式的制种方式造成隔离困难导致种子的纯度不高、品质差。

第二，制种技术不到位，农户对种苗的管护不科学，特别是对去杂、授粉以及病虫害防治等不到位，导致种子品质不高，甚至不达标，造成农户受损严重。

第三，制种亲本来源清晰度不高，部分品种是复制或仿制品，侵权行为较重，导致种子市场混乱。

二、品种登记情况分析

（一）品种登记基本情况

截至 2018 年 12 月 20 日，向日葵登记品种 1 335 个，其中按已销售品种类型登记的品种最多，共计 1 108 个，占比 83.0%。从登记申请者来看，企业申请登记向日葵品种 1 290 个，占比 96.6%，远远超过科研单位登记的 45 个。从申请省份来看，作为制种大省的甘肃向日葵品种登记数量最多，共计 839 个，占总登记数量的 62.8%；其余省份登记数量依次为，内蒙古 205 个，北京、河北合计 115 个，安徽、宁夏、山西 3 个省份合计 69 个，新疆 60 个，吉林、辽宁、黑龙江 3 个省份合计 45 个，河南 2 个。从用途上来看，登记的向日葵品种主要是食用型和油用型，其中以食用型为主，共计 1 011 个，占比 75.7%，油用型向日葵品种 321 个，其他如观赏用的品种 3 个。

（二）登记品种主要特性

1. 亲本来源和育成方式分析

目前国内向日葵种植的品种，自育品种占 95% 以上。根据最新向日葵品种登记系统申报登记品种信息统计分析（包括部分没有批准登记，已经驳回的品种），申请登记品种中直接境外品种的有 51 个，占申请登记品种总量的 1.99%。但向上追溯，绝大多数育成的登记品种含有国外引进资源的血缘，引进资源在我国向日葵抗病性和植株高度改良等方面所起的作用不可低估。

2. 品质分析

到 2019 年 6 月 11 日，全部申请登记（包括省里驳回的）的数量 2 558 个（次），申请登记的食用型品种 1 974 个，其中 753 个品种籽实的蛋白含量大于 20%；油用型品种 565 个，其中 123 个品种的含油率大于 50%。其他、兼用型共 19 个品种，其中 13 个品种籽实的蛋白含量大于 20%，1 个品种含油率大于 50%。

3. 抗病性分析

登记品种中出现了一些对向日葵列当（毒根草）有较好抗性的品种（如同辉 31、同辉 32、三瑞 3 号等）。但可能由于抗病性测试不准，出现了多个对向日葵所有病害都呈现高抗的品种，这些品种需进一步关注。

三、登记品种生产推广情况

（一）主流品种登记情况

目前推广应用的优质高产食葵品种以 SH361、SH363 和 JK601 系列为主，主要分布在内蒙古、新疆、甘肃及东北地区等，其中，内蒙古是中国最大食葵种植区，种植面积约 844 万亩，占全国种植总面积的 75%。油葵主要有 S606、矮大头系列、S562 和 TO12244 等品种，主要分布在新疆、河北和内蒙古的兴安盟。

（二）推广面积较大的登记品种

登记品种中推广面积较大的品种主要以 SH363、SH361 系列、耐列当系列和 JK601 系列为主。

据统计，2018 年 SH363 系列品种种植面积占 33%；SH361 系列品种种植面积占 41%；耐列当系列品种种植面积占 15%；JK601 系列种植面积占 11%（数据来源：内蒙古向日葵产业联盟）。

（三）有潜力的苗头品种

登记品种中，同辉 31、同辉 32、三瑞 3 号、双星 6 号等对列当的抗性较强，在列当高发区有很好的发展前景。

（四）品种登记中存在的问题

1. 登记单位数量多、规模小

到 2019 年 6 月 11 日，参与品种登记的单位共计 311 家，其中种子企业 288 家，科研单位 23 家。288 家企业中有育种能力的企业较少，相当一部分只是向日葵制种公司（代繁企业）。为降低制种成本，这些企业会千方百计获得新品种的自交系，以自繁的自交系来生产杂交种，从而造成育种单位新品种自交系的快速流失。另外，代繁企业也会利用收集到的自交系开展一些"短、频、快"的育种手段，获得一些新品种，从而造成向日葵市场品种同质化严重的结果。

2. 申请单位过于集中，区域性明显

到 2019 年 6 月 11 日，甘肃申请登记品种数量（包括省驳回的）1 544 个，占全部申请登记数的 60.5%，参与品种登记的企业 139 家；内蒙古申请登记品种数量（包括省驳回的）448 个品种（占全部申请登记数的 17.6%），参与品种登记的企业 68 家；河北申请登记品种数量（包括省驳回的）登记 128 个品种（占全部申请登记数的 5%）；新疆申请登记品种数量为 115 个品种（占全部申请登记数的 4.5%）；北京申请登记的品种数量为 100 个品种（占全部申请登记数的 3.9%）。

3. 各企业登记品种的数量多

登记品种数量超过 20 个的企业有 30 家，其中甘肃占 23 家。甘肃先农国际农业发展有限公司申请登记数量高，达 77 个；嘉峪关百谷农业开发有限责任公司申请登记 41 个；酒泉凯地农业科技开发有限公司申请登记 35 个。

4. 品种来源复杂

登记品种的特征特性基本上都是模仿目前生产中的主流品种，一个品种被多次、多家仿冒，制种亲本来源多为套购、盗取。

四、品种创新情况分析

（一）育种新进展

1. 食用型向日葵品种

目前生产上主推或有推广前景的登记食用型向日葵品种中，对向日葵列当有较好抗性的品种有同辉 31、同辉 32、三瑞 3 号、双星 6 号等。

同辉 31 是由甘肃同辉种业有限责任公司以 TH4KM08A 为母本，TH1KS05R 为父本，杂交育成的食葵三系杂交种，该品种的春播生育期 115～120 天。株高 220～230 厘米，盘径 26～35 厘米，花

盘倾斜度 4～5 级，结实率 80%～90%，籽实蛋白质含量 12.2%；叶色深绿，开花期晚，花盘平整；籽粒黑底白边，平均粒长 2.4 厘米，宽 0.9 厘米。田间表现抗列当。适宜在甘肃、新疆、内蒙古、吉林等区域≥10℃积温在 2 400℃以上的向日葵主产区种植。

同辉 32 是由甘肃同辉种业有限责任公司以 TH4KM14A 为母本，TH1KS05R 为父本，杂交育成的食葵三系杂交种，该品种的春播平均生育期 102 天。株高 175 厘米左右，平均盘径 24 厘米，花盘倾斜度 4～5 级；结实率 85%左右，籽实蛋白质含量 15.21%；叶色深绿，花期相对长，花盘平整；籽粒黑底白边，平均粒长 2.4 厘米，宽 1.1 厘米。田间表现抗列当。适宜在新疆、甘肃、内蒙古≥10℃积温在 2 200℃以上的向日葵产区春季、夏季种植。

三瑞 3 号是三瑞农业科技股份有限公司以 A014 为母本，R08‐43 为父本，杂交育成的食葵三系杂交种，该品种生育期 104 天左右。平均株高 231.0 厘米，平均茎粗 2.4 厘米，平均花盘直径 20.4 厘米，平均空心直径 2.0 厘米，花盘凸形；籽实蛋白质含量 13.32%，百粒重 18.41 克，结实率 77%，籽仁率 51%，籽粒长 2.36 厘米，宽 0.86 厘米，厚 0.46 厘米，籽粒颜色黑底白边，长锥形。适宜在内蒙古、新疆、甘肃等≥10℃积温在 2 200℃以上的地区种植。

双星 6 号是河北双星种业股份有限公司以 306A4‐31416 为母本，SF96 为父本，杂交育成的食葵三系杂交种，该品种生育期 105 天左右。开花期平均株高 1.9 米左右，成熟期株高 1.6～1.7 米，植株长势旺。花盘平盘，成熟后花盘水平向下倾斜，平均盘径 22 厘米；籽粒长锥形，平均长度 2.7 厘米，宽 0.9 厘米，颜色黑底白边，有白色条纹；籽实蛋白质含量 18%，商品籽粒饱满度好，平均百粒重 24 克左右，亩产可达 250 千克。适宜在内蒙古、新疆、甘肃温度≥10℃积温在 2 200℃以上的向日葵产区，春季或夏季种植。

2. 油用型向日葵品种

目前生产上主推或有推广前景的登记（包括已经审鉴定的）油用型向日葵品种有矮大头 567DW、S606、NX19012 等。

矮大头 567DW 是中国种子集团在 2000 年从美国引进的油用型向日葵三系杂交种，亲本组合为 500A×317R，该品种平均生育期 110 天。幼茎绿色，株高 90～130 厘米，平均茎粗 2.55 厘米；平均叶片数 27 片，倾斜度 5 级；平盘，花盘直径约 17.48 厘米；百粒重 5.59 克，籽仁率 75.82%，含油率 44.60%。适宜在我国的山西、内蒙古、宁夏、新疆、河北油葵种植区种植。

S606 是先正达公司育成的油葵三系杂交种，该品种生育期春播 105～110 天。株高 165 厘米左右，花盘直径 17～20 厘米，大小均匀一致；叶片小，植株呈塔形分布，适合密植；籽粒黑色，结实率高；生长整齐一致，茎秆粗壮，抗倒伏，耐高温干旱，耐盐碱，耐菌核病及锈病。

NX19012 是先正达公司育成的油葵三系杂交种，该品种属高产、高油三系配套杂交种。生育期春播 100 天左右，夏播 90 天左右。株高 170 厘米左右，花盘直径 17～20 厘米，大小均匀一致；株形紧凑，节间较短，茎秆粗壮，根系发达，适合密植；籽粒黑色，皮薄，生长整齐一致。抗倒伏，耐干旱，耐盐碱，耐霜霉病、锈病及菌核病。适合在新疆、内蒙古油葵中熟生长区种植。

（二）品种应用情况

1. 生产上应用的主要品种

根据体系相关岗位和推广部门的市场调查分析，2018 年优质食用品种比例显著增加，SH363、SH361 和 JK601 仍占有较大市场份额；市场较受欢迎的瘦果颜色为青花型，主要品种为嘉粒仓 5 号和成田 608；2018 年抗列当品种种植面积增长最大，占总推广面积的 15%。

2. 种植风险分析

我国向日葵种植面积近年来稳定在 100 万公顷左右，种植效益较高，种植积极性持续升温，但由于种植区域相对集中，连作现象普遍，病虫害发生严重，特别是近几年主产区向日葵寄生性杂草列当发生严重，导致部分地区种植面积下降。

种植风险主要包括几点。

第一，在病害发生严重的地区种植不抗病品种。比如，东北地区的春播区连续 4 年菌核病发生严重，对于易感病品种应谨慎种植。

第二，除草剂残留危害。近几年，每年都有不同程度的除草剂残留危害。

第三，西北地区的春播区由于播种早，遇到倒春寒的天气，向日葵极易发生病毒性病害，症状与除草剂药害相似，常常被当做药害处理。

（三）向日葵不同生态区品种创新的主攻方向

1. 生产上存在的主要瓶颈和障碍

向日葵菌核病菌属子囊菌亚门，核盘菌属，是一种世界性分布的寄生物，广泛分布于欧洲、亚洲、美洲以及大洋洲的澳大利亚。该菌寄主植物非常广泛，包括 64 个科 360 个种，其中向日葵是最易感染的植物之一。菌核病是向日葵主要病害之首，东北地区已连续 4 年大面积发生。加快育成抗（耐）菌核病品种是向日葵育种者亟待解决的问题。

向日葵列当（又称毒根草、兔子拐棍）为一年生草本双子叶植物，是寄生在向日葵根系上的恶性杂草。寄生列当的向日葵植株矮小瘦弱，受害严重的整株枯死。目前我国向日葵主产区列当大面积发生。因此，商品性优良、对列当抗性突出的食葵品种深受市场青睐。

向日葵锈病是近年来影响食用型向日葵产品价格的主要因素，因此解决锈病困扰是摆在向日葵植保专家面前亟待解决的课题。

向日葵种植劳动力成本较高，收获机械化水平低。其原因既有种植区生产条件的限制，也有品种本身的限制，例如有些品种易落粒，或植株过高、葵盘倾斜度过大等。

综上所述，对商品性状优良、抗逆性突出并适合机械化收获的向日葵新品种需求程度在逐步加大，因此，加强向日葵育种基础材料的种质创新和优质、高产、多抗适合机械收获的新品种选育仍是当务之急。

2. 下一步育种方向

向日葵育种应在常规育种基础上，充分结合分子辅助育种手段，同时利用向日葵幼胚培养加快育种进程，开展抗列当种质创新与品种选育。通过远缘杂交与胚拯救等技术手段筛选抗（耐）菌核病种质，以及开展上冲、耐密适合机械化收获的株型育种。

（编写人员：牛庆杰　王祉诺　李慧英 等）

2018

糖　料

登 记 作 物 品 种 发 展 报 告

甘 蔗

一、产业发展情况分析

（一）生产情况

2018 年甘蔗生产出现恢复性增长，播种面积 1 864.5 万亩，较上年增长 63 万亩，2018—2019 年榨季甘蔗的总产约 8 700 万吨，较上榨季的 8 017 万吨增约 600 万吨，单产约 4.70 吨/亩，比上榨季增加 0.25 吨/亩。蔗糖产量 944.50 万吨，较上榨季增加 28.84 万吨。

（二）市场情况

甘蔗所生产的蔗糖不能满足国内需求。由于国际糖价降低，中国食糖进口急剧增长，食糖进口除了弥补国内供给不足之外，有一部分是在供求平衡乃至供给过剩下的"价差驱动"进口（由于进口糖价明显低于国内糖价，内外价差较大驱动进口增加），从而导致我国糖价低于大部分糖企成本价，因此广西将原料蔗的收购价下调至 490 元/吨，比上榨季降低 10 元；云南原料蔗的地头价保持 420 元/吨；广东则低至 380 元/吨。甘蔗价格低迷，势必影响新一年甘蔗种植的积极性，同时也会影响蔗农和糖企良种更新的意愿。

（三）种业情况

1. 全国种苗市场供应总体情况

我国每年约有 600 万亩甘蔗要翻新种植，需种苗 400 万吨左右。由于蔗农自留种多，大户自繁自用，通过种苗公司营销的甘蔗种苗仅占少量。广西甘蔗种植有 70%～80%是农民自留种，但近年由于"双高"基地建设，新植甘蔗有良种补贴政策，从而促进了良种基地建设和甘蔗种苗企业的发展，良种基地面积逐年增加，产量约 30 万吨。2018 年雨水充足，种苗长势较好，且冬季温暖，霜冻影响小，致使 2019 年初的种苗略微过剩，个别品种如桂糖 49 出现滞销现象。

2. 区域种子市场供应情况

甘蔗种苗生产经营以广西北海、广东湛江最为活跃，其次为广西两个最大的蔗区——崇左的江州和扶绥，来宾的兴宾也有较多的种苗公司为当地提供种苗。截至 2018 年 12 月月底，广西全自治区共批准建设 52 个甘蔗良种繁育推广基地，建设面积 73 150 亩，在南宁、柳州、来宾、崇左、北海、钦州、贵港、百色等糖料蔗产区均有分布。其中一级基地 7 个，二级基地 15 个，三级基地 3 个。一、二、三级良繁基地设计的供种能力分别为 1.9 万吨、7.36 万吨和 20 万吨，约可提供良种 30 万吨，按每亩用种 0.8 吨计，可供种植 60 万亩以上。广东湛江的种苗基本也是面向广西蔗区，因此广西种苗充足，品种更新较快。云南种苗公司相对少，运输成本高，对该地区良种更新速度有一定影响。

3. 市场销售情况

近几年由于广西进行"双高"基地建设，各良繁基地生产的合格种苗销路顺畅，常规品种售价在 800～900 元/吨，个别时段在 1 200～1 500 元/吨，新出品种可达 2 500 元/吨。广西也出现了一批拥有 2 000 亩以上良繁基地的甘蔗种苗生产服务公司。2018 年之前，良种基本都能保证 800 元/吨以上的售价，但 2019 年春、夏季出现了种苗过剩的情况。

二、品种登记情况分析

（一）基本情况

截至 2018 年年底，甘蔗登记品种 23 个，其中 15 个是通过审定品种，7 个是已销售品种，只有中糖 1 号 1 个品种是新选育。23 个登记品种的申请者全部为事业单位。另外，这些品种中有 10 已获植物新品种权，4 个已申请并受理，已申请或授权品种占 61%，是各类登记作物中品种保护率较高的作物。

（二）选育方式与亲本来源

由于产业体系的推进，我国甘蔗育种取得较快进展，近年具一定推广面积的甘蔗品种除台湾的新台糖系列外，都是由国内育种单位自育，并且新台糖系列品种的面积也在逐年减少，失去了绝对优势。甘蔗种苗全部在蔗区生产繁育。目前甘蔗产业均未对亲本进行保护，个别国家对品种进行品种权保护，向农场和制糖企业收取一定的品种使用费，而对应用亲本进行品种改良则是开放的。我国甘蔗育种大多为选用一个生产上的当家品种与国外的品种或国内创制的亲本杂交，极少用两个国外亲本杂交选育。

由于甘蔗育种的公益性，现有的育种工作均由国家公益类事业单位承担，全国约有育种单位 20 家，年培育实生苗约 100 万苗。全国有 3 个生产商业性杂交组合的育种场，年产花穗 3 000～4 000 穗。

（三）登记品种主要特性

1. 抗性分析

黑穗病是甘蔗生产面临的最为主要的病害，目前生产上的当家品种新台糖 22 为感病品种。在登记品种中，抗黑穗病的品种有 20 个，其中高抗 5 个，中抗 9 个，抗病 6 个；抗花叶病的品种有 19 个，其中高抗或田间未发病 9 个，中抗 8 个，抗病 2 个；梢腐病未发现或田间发病率低的品种有 14 个；田间未发现黄叶病的品种有 9 个；抗风折、抗倒的品种有 7 个；抗旱性较好的品种有 5 个；抗寒性较好的品种有 4 个。

（1）对黑穗病的抗性

高抗：云蔗 03 - 194、云蔗 072800、云蔗 06 - 407、桂糖 47 和德蔗 0383。

中抗：云蔗 081609、云蔗 06 - 193、云蔗 05326、云蔗 05 596、粤糖 08 - 196、桂糖 46、桂糖 44、桂糖 42 和福农 40。

抗病：云蔗 06189、德蔗 0736、粤糖 09 - 13、福农 28、福农 41 和福农 38。

感病：中糖 1 号和新台糖 22。

（2）对花叶病的抗性

高抗或田间未发现：云蔗 03‑194、云蔗 081609、云蔗 06‑193、云蔗 06189、粤糖 08‑196、桂糖 47、桂糖 44、福农 28 和福农 38。

中抗：云蔗 072800、云蔗 05326、中糖 1 号、桂糖 46、德蔗 0383、德蔗 0736、粤糖 09‑13 和福农 41。

抗病：云蔗 05596 和桂糖 42。

感病：福农 40。

高感：云蔗 06‑407。

（3）对梢腐病的抗性

未发现：云蔗 03‑194。

田间发病率低：云蔗 081609、云蔗 05326、云蔗 06189、中糖 1 号、桂糖 47、桂糖 44、桂糖 42、德蔗 0383、德蔗 0736、粤糖 09‑13、福农 41、福农 38 和福农 40。

自然发病率较高的有：桂糖 46、福农 28。

（4）对其他病害的抗性

云蔗 03‑194、云蔗 05596、云蔗 06189、德蔗 0383、德蔗 0736、福农 28、福农 41、福农 38 和福农 40 田间未发现黄叶病。

桂糖 46 田间发生锈病。

（5）抗风折、抗倒的品种

粤糖 08‑196、桂糖 42、桂糖 44、福农 28、福农 41、福农 38 和福农 40。

抗倒性较差的有：中糖 1 号。

（6）抗旱性较好的品种

桂糖 44、桂糖 42、德蔗 0383、粤糖 09‑13 和福农 40。

（7）抗寒性的较好的品种

桂糖 44、粤糖 09‑13、福农 28、福农 39。

桂糖 42 的抗寒性中等。

2. 品质分析

早熟高糖品种：云蔗 081609、粤糖 08‑196、桂糖 47、桂糖 44、福农 28、福农 39、福农 41、桂糖 42、德蔗 0736、粤糖 09‑13 和云蔗 06‑193 共 11 个。中熟高糖品种：云蔗 03194、云蔗 072800、云蔗 05326、云蔗 05596、云蔗 06189、德蔗 0383、桂糖 46、福农 38、新台糖 22 共 9 个。晚熟中糖品种只有福农 40。晚熟糖分较低品种有：云蔗 06‑407、中糖 1 号。

3. 产量分析

登记品种中，以新台糖 22 为对照，产量高于对照的品种：云蔗 081609、云蔗 06‑193、云蔗 05326、云蔗 06‑407、福农 41、福农 38、福农 39、福农 40，中糖 1 号 9 个品种。

低于对照新台糖 22 的品种：云蔗 03194、云蔗 06189。

4. 宿根性

登记品种中，宿根性强的品种有：云蔗 06‑193、云蔗 06‑407、福农 41、福农 38、福农 28 共 5 个。

5. 适应区域

登记品种中，适应云南、广西、广东、福建等蔗区的品种有云蔗 03194、云蔗 06189、云蔗 06 - 407、粤糖 09 - 13、福农 28、福农 38、福农 39、福农 40、福农 41 和新台糖 22 共 10 个；适应广西和粤西等蔗区品种有桂糖 47、桂糖 46、桂糖 42 和桂糖 44 共 4 个；适应云南蔗区的品种有云蔗 081609、云蔗 05326、云蔗 06 - 193、云蔗 05596、德蔗 0383、德蔗 0383 和德蔗 0736 共 7 个；适应海南蔗区和广东蔗区的品种为中糖 1 号；适应广东种植的品种为粤糖 08 - 196。依据品种对土壤和水肥的要求，适应水田、坝地种植的品种有云蔗 081609、云蔗 05326、云蔗 06 - 193、云蔗 06189、云蔗 06 - 407、云蔗 05596、粤糖 08 - 196、德蔗 0383、德蔗 0736、粤糖 09 - 13、福农 28、福农 38、福农 39、福农 40、福农 41 和新台糖 22 共 16 个；适应旱坡地种植的品种有云蔗 072800、云蔗 06 - 407、中糖 1 号、粤糖 08 - 196、桂糖 47、桂糖 46、桂糖 42、桂糖 44、德蔗 0383、德蔗 0736、粤糖 09 - 13、福农 38、福农 39、福农 40、福农 41 和新台糖 22 共 16 个。

（四）登记品种推广情况

1. 主流品种登记情况

由于甘蔗品种选育公益性强，对育种者和登记者利益不大，因此，品种登记速度缓慢，特别是已审、鉴定品种登记进展慢。我国已审、鉴定品种超过 100 个，这些品种中已登记数量不到 20 个；另有大量主栽品种尚未登记，如桂柳 05 - 136、桂糖 29、粤糖 93 - 159、粤糖 00 - 236、福农 91 - 4621、云蔗 0551 等，其中桂柳 05 - 136 种植面积在 220 万亩以上。

2. 推广面积较大的登记品种

登记品种中推广面积最大的为新台糖 22，曾占我国种植面积的 60% 以上，现今仍有约 530 万亩；其次为桂糖 42，种植面积约 245 万亩；再次为桂糖 46（约 21 万亩）和福农 41（2017 年约 20 万亩，2018 年约 7 万亩）。福农 41 凭借高产高糖、抗逆性较强的优势，有较大的发展前景，有潜力品种还有福农 38、云蔗 081609、桂糖 47、德蔗 0736 和粤糖 09 - 13。

三、品种创新情况分析

（一）育种新进展

国家产业体系的稳定支持，使甘蔗育种在种质创新、亲本评价和育种技术上都稳定的发展，育种规模保持有史以来的较高水平。种质创新上加强了斑茅和内陆型割手密亲本的评价与杂交利用，选育出了一些高代材料，这些材料在分蘖能力和宿根性上都有较大的提高，为适宜机械化收获品种的选育贮备了中间材料。通过经济遗传值评价亲本和组合的技术应用，对我国的主要亲本进行了超过 2 000 个组合（次）的研究，明确了亲本性能，提高了育种效率。

高产、高糖、多抗仍是甘蔗育种的主旋律，随着我国劳动力成本提高和人口红利的消失，选育适宜机械化的品种成为当务之急。现今选育的品种大都具有分蘖力强、有效茎数多、宿根性强和中大茎的特点，适于手工砍收和机械收获兼用。

（二）品种应用情况

1. 全国主要品种推广面积变化分析

在产业技术体系和"双高"基地建设推动下，近年的品种更新较快，新选育的高产、高糖品种得到了快速推广，如桂柳 05136、柳糖 42 从 2013 年开始推广，到 2018 年分别达到了 264 万亩和 245 万亩，桂糖 46 和德蔗 03 - 83 分别达到了 21.48 万亩和 20.48 万亩；而前些年推广的粤糖 00 - 236 和桂糖 29 等高糖品种则得到稳定的发展。

新台糖 22 虽然仍是种植面积最大的品种，但面积和比例都明显下降，由 2014 年在 4 个主产区面积达 1 232.2 万亩，占 51.08% 左右，降为 2018 年的 526.22 万亩，占比 30% 以下。同样，台糖系列的新台糖 16、新台糖 25、台优的面积下降也很快，由 2014 年在 4 个主产区面积 69.68 万亩、96.53 万亩、71.57 万亩，降为 2018 年的 19.39 万亩、30.34 万亩、2.39 万亩。这 3 个品种在广西的面积分别由 2014 年的 56.92 万亩、57.58 万亩、70.65 万亩，降为 2017 年的 3.46 万亩、7.96 万亩、6.32 万亩。较难脱叶的桂糖 21 面积下降也很快，由 50 万亩左右下降为 7.26 万亩。

2018 年与 2017 年相比，高产高糖品种桂柳 05136、桂糖 42 和新品种桂糖 46 得到了较快发展，种植面积分别由 2017 年的 187.64 万亩、122.74 万亩和 8.48 万亩，增加到 2018 年的 264.31 万亩、245.34 万亩和 21.48 万亩。全国主要甘蔗品种面积分布和年度变化见表 12 - 1。

2018 年，推广面积在百万亩以上的品种有 4 个，分别为新台糖 22、桂柳 05136、桂糖 42 和粤糖 93 - 159，累计种植面积 1 153.56 万亩，占当年总种植面积的 61.9%，其中桂柳 05136，桂糖 42 为近年选育出来的新品种，在"双高"基地建设的形势下推广迅速。推广面积在 20 万～100 万亩的品种有：粤糖 00 - 236、粤糖 86 - 368、新台糖 20、新台糖 25 等 9 个，这些品种大多推广应用多年。推广 20 万亩以下的品种中，福农 41、云蔗 05 - 51、桂糖 49、桂糖 29、桂糖 31、桂糖 32、粤糖 60、粤糖 00 - 318、柳城 03182、粤糖 53、桂糖 43 和粤糖 07913 为近年新选育品种。

表 12 - 1　2018 年全国主要甘蔗品种的分布与变化

单位：万亩

品种	2018 年面积分布				年度变化			
	广东	广西	云南	总计	2017 年	2016 年	2015 年	2014 年
新台糖 22	38.34	383.88	104.00	526.22	685.32	785.05	843.84	1 232.20
桂柳 05 136	0.94	263.37		264.31	187.64	131.73	45.45	1.24
桂糖 42		245.34		245.34	122.74	57.73	5.72	0.00
粤糖 93 - 159	9.95	59.09	48.65	117.69	142.54	152.23	144.14	158.24
粤糖 00 - 236	8.98	36.19	6.64	51.81	56.01	51.26	50.52	68.86
粤糖 86 - 368	4.65		35.64	40.29	35.18	38.56	40.71	44.06
新台糖 20	4.82		28.52	33.34	23.73	18.65	23.00	23.79
新台糖 25	10.93	4.61	14.79	30.34	48.30	51.38	58.94	96.53
粤糖 94 - 128	7.06	16.21		23.27	33.47	40.16	19.12	15.24
桂柳二号		19.47	3.62	23.09	30.44	33.49	24.50	24.56
桂糖 46		21.48		21.48	8.48	2.60	0.00	0.00
德蔗 03 - 83			20.48	20.48	3.48	7.42	7.03	9.67
新台糖 10 号	14.53		5.61	20.14	4.77	8.20	11.44	11.50

（续）

品种	2018 年面积分布				年度变化			
	广东	广西	云南	总计	2017 年	2016 年	2015 年	2014 年
新台糖 16	9.62	3.42	6.35	19.39	10.90	12.41	26.19	69.68
新台糖 1 号	1.90		15.66	17.56	8.75	3.85	0.12	0.25
闽糖 69 - 421			14.90	14.9	14.47	13.69	15.60	20.38
川糖 79/15			13.79	13.79	10.00	12.00	15.00	10.00
桂糖 29		13.47		13.47	25.58	15.69	15.41	10.46
桂糖 31		12.90		12.90	7.77	6.20	3.98	4.24
粤糖 95 - 168	7.38	1.05		8.43	10.00	12.00	12.00	12.00
桂糖 21		5.57	1.69	7.26	16.17	20.45	31.73	51.99
福农 41	0.63	6.08		6.71	17.50	4.32	0.16	0.07
福农 91 - 4621			6.76	6.76	5.33	5.31	7.38	4.35
盈育 91 - 59			6.66	6.66	6.00			
桂糖 32		6.59		6.59	10.63	5.72	5.85	5.93
粤糖 82 - 882			6.22	6.22	2.00			
云引 3 号		0.55	5.64	6.19	0.41	0.05		
云蔗 05 - 51			6.07	6.07	2.07	0.00	0.00	0.00
桂糖 49		6.03		6.03				
粤糖 63 - 237	4.85			4.85	5.00			
粤糖 83 - 271	4.83			4.83	16.95	11.78	28.74	37.52
粤糖 60		4.64		4.64	7.46	11.37	13.22	12.18
粤糖 00 - 318	3.99			3.99	6.00			
柳城 03 182		0.73	2.84	3.57	7.96	4.07	3.80	4.80
桂辐 98 - 296		3.02		3.02	3.99	5.71	6.20	7.74
粤糖 79 - 177	1.92		0.95	2.87	1.29	4.92	2.27	3.68
新台糖 28		2.80		2.80	5.22	5.06	0.00	0.00
粤糖 53	2.78			2.78				
粤糖 96 - 835	2.74			2.74				
桂糖 43		2.41		2.41				
台优		2.39		2.39				
新台糖 2 号	2.33			2.33				
新台糖 27		2.30		2.30	2.53	1.36	0.00	0.00
粤糖 07913	2.01			2.01	0.99	1.78	4.35	6.55
桂糖 44		1.89		1.89	1.52	0.60	0.00	0.00
粤糖 08 - 196	1.82			1.82				
福农 38			1.81	1.81	1.00	0.50	0.20	0.00
粤糖 91 - 1102	1.71			1.71	1.00			
粤糖 99 - 66	1.70			1.70	2.00	1.96	1.11	0.93
选三号	1.16		1.59	2.75				
粤糖 03/393			1.55	1.55	2.00			

（续）

品种	2018 年面积分布				年度变化			
	广东	广西	云南	总计	2017 年	2016 年	2015 年	2014 年
粤糖 08172	1.51			1.51				
川糖 61－408			1.44	1.44	2.77	4.94	1.64	4.51
桂糖 36		1.00		1.00	1.47	1.70	1.93	0.00

资料来源：广西壮族自治区糖业发展办公室、云南省农业农村厅种植业管理处和云南省农业科学院甘蔗研究所、广州甘蔗糖业研究所、全国甘蔗糖业信息中心、海南省糖业协会。海南省糖业协会重点统计了新台糖 22 和粤糖 93－159 的面积状况，新品种尚无统一的面积统计。

2. 各省份主推广品种分析

我国 3 个主产蔗区甘蔗品种有较大区别，其中新台糖 22 具有广适性，在 4 个主产区都是主栽品种，桂柳 05136 也是适应性较好的品种，在 4 个主产区都有较快发展。粤糖 93－159 具早熟高糖特性，在广西、云南、广东 3 个省份水肥条件好的蔗地深受欢迎。

其他品种在 3 个主产区的面积差异较大，既有品种地方适应性差异原因，也有推广进度和推广能力原因。桂糖 42、桂糖 46、桂糖 29、桂糖 31 和桂糖 32、福农 41 等品种仅在广西有大面积种植；粤糖 86－368、新台糖 20 号、川糖 79/15，盈育 91－59、闽糖 69－421 和福农 91－4621 仅在云南有较大面积种植；粤糖 82－882、粤糖 63－237、粤糖 83－271、和粤糖 00－318 仅在广东有较大面积种植。这些品种的种植范围小，但面积较大且稳定，说明它们适应特殊的生态条件和栽培习惯。

3. 主要品种表现

（1）新台糖 22

台湾糖业研究所选育。中茎至中大茎，蔗茎均匀。57 号毛群较发达，萌芽良好，分蘖力强，拔节早，中后期生长快速；原料蔗茎长，茎数中等，易脱叶。可作春、冬、秋季种植，适宜华南地区的蔗区各种土壤类型，高产高糖，抗旱能力强，抗叶部病害，耐除草剂，但感黑穗病，宿根性一般。

（2）桂柳 05136

柳城县甘蔗研究中心和国家甘蔗工程技术研究中心选育。中熟，植株高大直立，蔗茎均匀、实心，中到大茎。57 号毛群多，易脱叶；萌芽快而整齐，出苗率中等，分蘖力强，前中期生长快，全生长期生长旺盛，有效茎数较多。宿根性强，抗旱性强，中抗黑穗病和花叶病。2 年新植 1 年宿根平均蔗茎产量 100.74 吨/公顷，平均蔗糖产量 15.16 吨/公顷，全期平均甘蔗蔗糖分 14.99%。

（3）粤糖 93－159

广州甘蔗糖业研究所选育。特早熟，萌芽率高，分蘖力强，生长快，有效茎多，茎径均匀，中至中大茎，宿根性强；亩有效茎 4 800 株左右，11 月蔗糖分达 14.65%，成熟高峰期蔗糖分在 17% 以上。适宜广东中等肥力以上的旱坡地或水旱地种植。

（4）福农 41

国家甘蔗工程技术研究中心选育。中熟，植株高大直立，中大茎，叶鞘抱茎松，易脱叶，57 号毛群不发达；萌芽快而整齐，出苗率较高，分蘖较早，分蘖力较强。前中期生长快，中后期生长稳健，有效茎数较多，宿根性强，抗旱性较强，抗倒，耐寒，抗风折。抗黑穗病，中抗花叶病。2 年新植 1 年宿根平均蔗茎产量 102.20 吨/公顷，平均蔗糖产量 15.31 吨/公顷，全期平均甘蔗蔗糖分 14.9%。

（5）桂糖 29

广西农业科学院甘蔗研究所选育。早熟，植株直立紧凑，高度中等；中茎，节间圆筒形，蔗茎较均匀，易剥叶，57 号毛群少；新植蔗萌芽好，分蘖力强。前期生长稍慢，生长势较好。宿根蔗发株早且多，成茎率高，有效茎数多，茎径比新植蔗粗，易脱叶。宿根性强、抗逆性好。2 年新植 1 年宿根平均产蔗量为 97.4 吨/公顷，平均含糖量为 14.9 吨/公顷。

（三）品种创新主攻方向

1. 适宜全程机械化品种选育

我国的制糖成本特别是原料蔗生产成本大幅高于国外先进国家，而劳动力成本和地租是造成这种状况的主要原因。全程机械化生产是提高劳动生产率、降低原料蔗生产成本的根本途径。广西蔗区基本具备了机收条件，今后需通过适宜机收品种的选育，促进机收进程。

2. 选用创新亲本，培育高优多抗品种

近年来，虽然选育了产量和品质都超过新台糖 22 的桂柳 05136、桂糖 42 和福农 41 等品种，也推广了一定面积，但这些品种的种植面积仍无法超越新台糖 22，且桂糖 42 已出现品种退化的迹象。究其根本，这些品种大都含有新台糖 22 血缘，品种的综合性状特别是抗性没有实质性的提高，随着种植面积的扩大，桂糖 42 的田间黑穗病发生率甚至超过了新台糖 22，且易开花，影响了品种的推广潜力。此外，新选育品种对叶部病害如锈病、褐条病等和脱叶性方面都或多或少存在缺陷。因此要加强新创制的含斑茅、割手密亲本的应用，实现突破性新品种的选育。

3. 加强抗性与生态适应性鉴定

我国蔗区生态多样，生产水平不同，品种需求亦不相同。如广西和广东适宜机收田地多，劳动成本高，常受台风影响，叶部病害较重，因此对抗倒、适宜机械化生产、抗病性强的品种需求迫切。云南地处内陆，对品种的抗倒性要求不高，而同样是在云南，德宏州的坝地较多，湿度大，黑穗病发病轻，但叶部病害发病重，对品种的要求就与耿马和保山不同。只有对品种的抗性有充分的了解，并进行品种生态适应性鉴定，才能对品种进行优化布局，充分发挥品种的作用，减少品种盲目推广的风险。

（编写人员：邓祖湖　刘晓雪　等）

甜　　菜

我国是世界第三大食糖生产国和第二大食糖消费国，也是世界上为数不多的既产甘蔗糖也产甜菜糖的国家之一，通常在热带或亚热带区域种植甘蔗，在相对冷凉的区域种植甜菜。

一、产业发展情况分析

（一）我国甜菜生产发展状况

1. 甜菜播种面积变化

2018 年度我国甜菜种植面积达 364 万亩，其中黑龙江播种 38 万亩，内蒙古播种 210 万亩，新疆播种 106 万亩，甘肃等其他地区播种 10 万亩。比 2017 年增加 28.6％（283 万亩），2019 年播种面积与 2018 年度相差不大。

我国甜菜种植区主要集中在新疆、内蒙古、黑龙江、甘肃、河北等地区，目前甜菜面积的增加主要是内蒙古甜菜产区面积的增加，新疆、黑龙江、甘肃、河北等地区面积变化不大。

2. 食糖产量变化状况

甜菜糖产量 2017—2018 年榨季达到 114.97 万吨（甘蔗糖产量 915.66 万吨），比 2016—2017 年榨季增长 9.8％。甜菜糖产量在 2016—2017 年榨季为 104.71 万吨（甘蔗糖产量 824.11 万吨）。

2018—2019 年度制糖期全国制糖生产已全部结束。截至 2019 年 5 月月底，该制糖期全国共生产食糖 1 076.04 万吨（上个制糖期同期产糖 1 030.63 万吨），比上个制糖期同期多产糖 45.41 万吨，其中，产甘蔗糖 944.5 万吨（上个制糖期同期产甘蔗糖 915.66 万吨）；产甜菜糖 131.54 万吨，比上个制糖期同期多产 16.57 万吨。其中黑龙江产糖 5.41 万吨，内蒙古产糖 65 万吨，新疆产糖 55.73 万吨，甘肃等其他地区产糖 5.4 万吨。

3. 甜菜单产变化情况

产业技术体系启动后，为甜菜生产推荐不同产区最适宜的甜菜丸粒化国外单胚品种，提高了推广应用品种的含糖率及抗病性。结合丰产高糖栽培技术，我国甜菜单产水平均在 4.0 吨以上，扣除机械起收损耗及企业收购扣杂（基本合计为 20％以上），以最终入制糖企业的甜菜收购量计，"十二五"末比"十一五"末甜菜单产平均提高 0.5 吨，全国甜菜平均单产由 2.7 吨/亩提高到 3.2 吨/亩，2017年度达到 3.5 吨/亩。由于气候及轮作因素，2018 年度我国甜菜单产及含糖率较 2017 年度均有所下降，平均单产为 3.25 吨/亩，平均亩产糖量 361.37 千克，比 2017 年度下降 44.88 千克/亩。

4. 甜菜栽培方式演变

目前我国甜菜种植区域逐渐向冷凉干旱地区转移，在甜菜栽培方式方面，研发推广了机械化膜下滴灌和纸筒育苗移栽等丰产高糖栽培技术，解决了多年来春旱出全苗困难、生育期短的难题，保证了密度，促进了光、热、水的有效利用，推进了机械化作业，大幅减轻了农民的劳动强度。甜菜种植栽培方式主要采用机械化精量直播、干播湿出及膜下滴灌种植模式，纸筒育苗移栽种植模式，而且机械化精量直播、干播湿出种植模式有扩大的趋势。

（二）甜菜种子市场需求状况

1. 全国甜菜种子消费量及变化情况

（1）国内市场对产品的年度需求变化

2018 年度我国甜菜种植面积 364 万亩，超过 85％（约 310 万亩）使用丸粒化单胚品种，其余 50 万亩使用多胚包衣种子。2018 年度，单胚丸粒化品种需求量 21 万个单位，比 2017 年度增加 3 万个单位，经营额为 25 200 万元；多胚包衣种需求量 250 多吨，比 2017 年度增加 150 吨，经营额为 2 500 万元，比 2017 年度增加 1 500 万元。

（2）预估市场发展趋势

根据目前我国甜菜产业发展趋势，尤其是华北地区甜菜产业的快速发展，2019 年甜菜播种面积预计为 370 万亩左右，与 2018 年度基本持平。用种仍以单胚丸粒化品种为主，种植面积近 300 万亩；多胚包衣种子种植面积近 70 万亩，相比于 2018 年度有所增加，主要来源于内蒙古赤峰地区。多胚包衣种需求量 350 多吨，单胚丸粒化品种需求量 20 万个单位。

2. 区域消费差异及特征变化

根据目前我国甜菜生产中存在的问题，在保证块根产量的基础上，目前各种植区域均注重含糖率及抗病性，推广使用的品种类型将主要以标准偏高糖型 2 倍体单胚抗丛根病雄性不育丸粒化醒芽杂交种为主。

（三）甜菜种子市场供应状况

1. 全国甜菜种子市场总体应用情况

我国甜菜生产中，目前大面积推广应用的机械精量直播和纸筒育苗移栽所需种子均为丸粒化单胚种子，国内自育审定的遗传单胚种，单产、质量表现不错，但由于甜菜种子加工分级与丸粒化包衣技术不过关，种子加工设备落后，致使自育单胚种无法实现商品化，因此目前我国甜菜生产用种 97％以上来源于国外种业公司。

2. 市场需求

根据我国甜菜生产现状、发展趋势及国内外甜菜品种的优缺点，保证我国甜菜制糖产业健康稳定发展，保证我国甜菜种业数量与质量安全，通过品种选育及丸粒化加工技术的推进，加速国产自育品种的推广应用，使我国甜菜生产用种比例逐步调整为国外公司进口品种占我国播种面积的 60％～70％，即每年进口量控制在 15 万～17 万个单位（甜菜播种面积按 400 万亩计），国内自育品种占我国播种面积的比例在 30％～40％，即 8 万～10 万个单位。

二、品种登记情况分析

(一) 总体情况

到 2018 年 12 月，已经登记的甜菜品种共计 132 个（1 个为食用甜菜品种），其中原审定品种 53 个，已销售品种 76 个，新选育品种 3 个。

登记的糖用品种中仅有 8 个为自育品种，占比 6%，其余 123 个均为国外进口品种，由其驻中国办事处或代理进口与销售公司申请登记。

(二) 登记品种性状分析

对 2018 年初已登记的 46 个品种进行试验，通过产量、质量及抗性综合分析，在我国东北地区的黑龙江产区、内蒙古东北产区、华北和西北地区产区综合产量、质量表现优良的品种各有 10 个，含糖率高的品种各有 4~5 个。各区域适宜的综合产量、质量优良品种和含糖率高的品种见表 13 - 1。

表 13 - 1　适宜不同产区的综合产量、质量优良品种和含糖率高品种

产 区	综合产量、质量优良品种	含糖率高品种
东北地区的黑龙江产区	KWS2314、MA3001、KUHN8060、SD13829、KWS1197、SV1433、BTS5950、MA10 - 4、ST13929、MA3005	KWS1197、SD12830、SV1433、MA3001
内蒙古的东北产区	KUHN8060、SR496、SD12830、BETA176、MA10 - 4、VF3019、KWS9147、H7IM15、KWS1231、KWS2314	ST13929、PJ1、SD12830、IM802、KUHN8060
华北地区产区	KWS1176、KWS1231、KUHN8060、KWS1197、MA3001、SR496、AK3018、KUHN1178、BTS5950、IM1162	MA2070、KUHN8060、IM1162、PJ1、ST13929
西北地区产区	KWS2314、BETA176、BETA468、BTS705、KWS1231、KWS1176、SV893、BTS2730、MA3005、VF3019	MA2070、KWS1231、Flores、MA11 - 8、KWS1197

46 个品种中有耐根腐病品种 8 个，抗丛根病品种 4 个，耐丛根病品种有 5 个。具有不同抗性品种名称见表 13 - 2。

表 13 - 2　不同抗性品种

抗 性	品 种
耐根腐病	KWS1176、IM1162、ADV0401、KUHN1277、MA2070、KWS1197、BTS2730、HI0936
抗丛根病	BTS705、BETA468、BTS2730、BTS8840
耐丛根病	BETA796、BTS5950、KUHN1277、IM1162、KUHN5012

鉴于甜菜丛根病、根腐病、褐斑病等对甜菜生产中块根及含糖率影响非常大，必须严格控制易感丛根病和根腐病品种的推广使用。

三、品种创新情况分析

（一）育种新进展

1. 种质资源

我国不是甜菜起源国，种质资源匮乏，遗传基础狭窄。2000 年以前通过审定的自育甜菜品种，其亲本血缘基本为 20 世纪 50—60 年代从波兰、东德、苏联引进的种质资源；2001 年以后，通过国际合作交流，又陆续从日本、美国、德国等国引进一批亲本资源，亲本的遗传基础仍然以 20 世纪引进的种质为主。

通过我国甜菜科研工作者几十年的不懈努力，改良选育出一批优良的甜菜种质资源。目前我国拥有的 2 倍体多胚授粉系材料，抗丛根病、褐斑病，耐根腐病性强，含糖率高，4 倍体多胚授粉系材料领先于国外，但我国缺乏丰产型 2 倍体多胚授粉系材料，尤其缺乏单胚雄性不育系及保持系亲本资源材料。我国甜菜育种工作者正在采用各种途径及技术方法进行资源的引进、改良、创新、选育工作。

我国自育甜菜品种与国外品种尚存在的差距主要表现在以下 3 点。一是丰产性差；二是出苗整齐度、植株生长整齐度差；三是根型不好，植株偏高，根头偏大。

2. 基础研究

我国在糖用甜菜资源创新及品种选育研究方面，创新选育出一批各类型种质资源材料，尤其在甜菜单胚雄性不育系、保持系及抗丛根病资源方面，育成了拥有全部自主知识产权的甜菜抗丛根病杂交种和单胚雄性不育杂交种，同时重点开展了甜菜丸粒化种子加工技术研究，并取得部分技术突破。

利用分子标记技术对我国甜菜种质资源遗传多样性进行了研究，对促进甜菜种质资源的合理利用具有重要的理论指导意义；完善了甜菜组织培养技术，建立了甜菜遗传转化再生体系，促进了甜菜组培扩繁技术的应用，为甜菜转基因育种奠定了基础；确立了 2 种农杆菌介导外源基因转化甜菜的高效转基因方法，在国内首次用农杆菌介导法并结合真空辅助侵染将沙冬青抗逆基因和抗除草剂基因转入甜菜基因组中；获得了 4 对小卫星分子标记引物，可快速准确的鉴定出甜菜细胞质类型，形成了一套快速有效的甜菜不育系保持系选育方法。

（二）品种应用情况

1. 主要品种推广情况

目前，我国三大甜菜产区生产用种 95％来源于以下国外种业公司：德国 KWS 公司品种 75 万亩，占 20.6％左右；荷兰安地公司品种 113 万亩，占 31％左右；瑞士先正达公司品种 60 万亩，占 16.5％左右；丹麦麦瑞博公司品种 52 万亩，占 14.3％左右；美国 BETA 公司品种 25 万亩，占 6.9％左右；德国斯特儒伯公司品种 14 万亩，占 3.9％左右；英国莱恩公司品种 6 万亩，占 1.7％左右；其他包括国内品种合计 19 万亩，占 5.1％左右。国内品种主要来源于科研院校，包括黑龙江大学作物研究院（原中国农业科学院甜菜研究所）、内蒙古自治区农牧业科学院特色作物研究所、新疆石河子甜菜研究所、新疆农业科学院经济作物研究所、甘肃张掖市农业科学研究院。

对 2018 年度播种面积 2 万亩以上的品种进行统计，各品种的播种地区、播种面积及种子来源见表 13 - 3。超过 2 万亩的品种共计 31 个，累计种植面积 293.69 万亩，占当年种植面积的 80.7％，全部为国外公司品种。种植面积最大的品种为荷兰安地公司的 H7IM15，在内蒙古种植 36.1 万亩；其次为丹麦麦瑞博公司的 MA097，在内蒙古种植 34 万亩；位居第三的是德国 KWS 公司的 KWS9147，在新疆和黑龙江种植 22.65 万亩。这 3 个品种的种植面积约占全年总面积的 1/4。

表 13 - 3　2018 年度播种面积 2 万亩以上品种

品种名称	播种地区及面积（万亩）			合计播种面积（万亩）	种子来源
	内蒙古	新疆	黑龙江		
H7IM15	36.1			36.1	荷兰安地公司
MA097	34.0			34.0	丹麦麦瑞博公司
KWS9147		19.65	3.0	22.65	德国 KWS 公司
HI0479	18.7			18.7	瑞士先正达公司
Kuhn1277	14.7			14.7	荷兰安地公司
KWS9442	12.1			12.1	德国 KWS 公司
HI0474	11.7			11.7	瑞士先正达公司
HI1059	9.8	0.65		10.45	瑞士先正达公司
KWS7125		10.4		10.4	德国 KWS 公司
KWS1197	5.5	1.04	3.0	9.54	德国 KWS 公司
BETA796		9.1		9.1	美国 BETA 公司
SR411	8.6			8.6	荷兰安地公司
H809	5.5		3.0	8.5	荷兰安地公司
瑞福	8.3			8.3	荷兰安地公司
HI1003	7.5	0.65		8.15	瑞士先正达公司
Beta064		7.8		7.8	美国 BETA 公司
HI0936	2.1	5.2		7.3	瑞士先正达公司
Kuhn8062	5.9			5.9	荷兰安地公司
SD12830		5.8		5.8	德国斯特儒伯公司
COFCO1001		5.2		5.2	丹麦麦瑞博公司
IM802	4.9			4.9	荷兰安地公司
Kuhn1125	4.8			4.8	荷兰安地公司
IM1162	4.1			4.1	荷兰安地公司
MA2070	4.0			4.0	丹麦麦瑞博公司
BETA356		3.9		3.9	美国 BETA 公司
KWS1479	0.6		3.0	3.6	德国 KWS 公司
ST14991		3.2		3.2	德国斯特儒伯公司
KWS1231	3.0			3.0	德国 KWS 公司
MA10 - 4		2.6		2.6	丹麦麦瑞博公司
KUHN5012		2.6		2.6	荷兰安地公司
KWS2314	2.0			2.0	德国 KWS 公司
合计				293.69	

2. 各公司品种优缺点

德国 KWS 公司系列品种：芽势强，出苗整齐度高，苗期长势好，抗丛根病性较强，块根产量和整齐度高；缺点是耐根腐病、抗褐斑病性差，含糖率低。

荷兰安地公司系列品种：抗丛根病、褐斑病性较强，对水肥、土壤适应性强，耐瘠薄；缺点是块根整齐度不高。

瑞士先正达公司系列品种：丛根病抗性较强，块根整齐度高，含糖率较高，根头小非常适宜机械化生产；缺点是芽势弱，苗期长势弱。

丹麦麦瑞博公司系列品种：出苗整齐度较高，含糖率较高；缺点是抗病性一般。

美国 BETA 公司系列品种：出苗整齐度高，苗期长势好，抗丛根病性强，块根产量高；缺点是块根整齐度不高，植株偏大。

德国斯特儒伯公司系列品种：抗丛根病性较强，含糖率较高；缺点是芽势弱，苗期长势弱，耐根腐病性差。

英国莱恩公司品种：块根产量较高；缺点是抗病性较差。

国产自育单胚品种：抗丛根病及褐斑病，耐根腐病，含糖率高；缺点是出苗整齐度和块根整齐度不高，植株偏大，块根产量偏低。

（三）风险预警

面对我国甜菜种子丸粒化醒芽加工关键技术尚不成熟，自育单胚雄性不育杂交种仍未进入市场的现实，国外公司对我国甜菜市场的垄断局面短期内无法打破，单胚雄性不育丸粒化品种的需求量仍在逐年扩大。目前进口甜菜种子质量也出现下降问题，每年均会出现低等级种子、陈种子倾销我国的情况，同时也存在一些冒牌、张冠李戴的现象。这些问题若不引起足够重视，将会影响到我国甜菜种子的数量安全和质量安全，建议从以下几方面加强监管力度，维护市场秩序，保证用种安全。

第一，加强市场监管，严厉查处假冒伪劣进口种子。

第二，加强进口种子质量检测工作，有效控制低等级种子、陈种子倾销，严格控制褐斑病、丛根病、根腐病易感品种的推广使用；加强登记品种抗病性鉴定工作，避免因甜菜生产病害加重导致含糖率下降。

第三，加强竞争机制，避免形成个别公司垄断局面，保证种子数量与质量安全。

第四，加强进口审批管理，严格控制未登记品种进入甜菜种子市场。

第五，加快我国自育品种的登记推广速度。

（四）育种技术及育种动向

从目前取得的成果及研究热点来看，农业生物技术研究主要集中在重要农艺性状相关功能基因挖掘、特优异基因发掘和克隆、转基因新品种培育、分子标记辅助选择等几大方面。

甜菜育种工作将重点从甜菜 CRISPR/CPF1 技术体系研究与应用、甜菜高效转基因体系研究与应用、甜菜核心种质资源数据库构建与甜菜育种大数据体系建立、甜菜分子标记辅助育种及新品种选育等方面进行研究。最终实现双单倍体技术，转基因技术及基因组编辑等各项现代生物技术方法与常规育种的有效结合，逐步实现传统作物育种向精准育种的转变。

我国甜菜品种创新的主攻方向是选育出适宜机械化生产，标准偏高糖型 2 倍体抗丛根病耐除草剂单胚雄性不育丸粒化醒芽杂交种。

（编写人员：白晨　张惠忠　鄂圆圆　等）

2018

蔬　菜

登记作物品种发展报告

大 白 菜

大白菜起源于我国，类型多样，种植区域广泛，31个省份都有栽培。大白菜是我国种植面积最大的蔬菜，也是北方冬贮数量最大的蔬菜，在均衡市场供应、稳定蔬菜价格等方面具有举足轻重的作用。近几年，北方大白菜冬贮数量大幅减少，市场价格波动加剧等问题突出，引起业界及社会广泛关注。建立产销信息监测、政策性保险、冬季储备及产销衔接等制度，进一步发挥大白菜保障应急供应、平抑蔬菜价格的作用势在必行。

一、产业发展情况分析

（一）2018年大白菜生产情况

1. 面积有所下降

据专家调查，由于2017年全年特别是秋播冬贮大白菜售价偏低，市场疲软，农民种植积极性受到打击，2018年主产区种植面积出现下降，下降幅度10％左右。

2. 布局不断优化

依托气候和区位优势，逐渐形成6个大白菜优势主产区：东北地区秋大白菜主产区，包括辽宁、吉林、黑龙江，种植期7—10月，供应期10月至翌年2月；黄淮流域秋大白菜主产区，包括河北、山东、河南及苏北、皖北，种植期8—11月，供应期11月至翌年2月；长江上中游秋、冬大白菜主产区，包括云南、贵州、四川、湖南、湖北、广西，种植期9—12月，供应期12月至翌年3月；云贵高原夏、秋大白菜主产区，包括云南、贵州、重庆及湘西、鄂西，种植期4—10月，供应期6—11月；黄土高原夏、秋大白菜主产区，包括河北、山西、内蒙古、陕西、甘肃、宁夏、青海，种植期5—9月，供应期7—10月；云南、贵州和华南地区越冬大白菜主产区，包括云南、贵州、广东、广西，种植期11月至翌年2月，供应期3—5月。

3. 周年生产供应

由于市场需求、品种创新及技术进步，我国大白菜栽培季节由过去的秋播一季栽培通过贮藏供应半年，发展为春、夏、秋、冬4季栽培，基本形成春季设施和南方越冬、夏季高原、秋季北方周年生产供应的格局。

4. 品种日益丰富

近些年来，大白菜产品类型发生了重大变化，由过去大球型大白菜消费为主，发展为大球型、苗用（快菜）型、娃娃菜和小球型等多种类型并存的产品模式。苗用菜、娃娃菜和小球型白菜，因具有品质好、生长周期短、生产效益高、适合目前我国家庭人口少的消费等优势，深受生产者和消费者的青睐，市场前景看好。

（二）生产中存在的主要问题

1. 北方大白菜冬贮数量大幅减少

随着南菜北运、设施蔬菜生产的发展，以及人们居住环境的改变和生活水平的提高，北方冬季无论是集中贮藏还是居民自己贮藏大白菜数量均呈大幅减少的趋势。以北京、天津为例，20 世纪 90 年代中期前，国家冬贮大白菜数量可满足全市居民 15～20 天消费，而目前包括萝卜、马铃薯在内的冬贮蔬菜的数量仅能满足全市居民 1～3 天消费。同时，城市居民大多由平房搬进高楼，大白菜的搬运和贮藏保鲜变得困难，居民冬贮大白菜越来越少。另外，大白菜贮藏保鲜费工费时，比较效益低，菜农贮藏的大白菜也大幅度减少。这些都加大了保障大中城市蔬菜供应的风险和难度。

2. 市场价格波动加剧

秋播主产区随着冬贮数量的大幅减少，大白菜前期大量集中上市、卖菜难、价格走低，而后期（一般春节以后）上市数量大幅减少、买菜贵、价格大幅攀升，造成季节性波动加剧。其他春、夏、冬季栽培的主产区则出现种植面积大小年往复循环的现象，即今年菜价高，翌年种植面积扩大、供应过剩、菜价走低，而第三年种植面积将减少、菜价会走高的循环中。市场价格的大幅波动和预期的不确定性对整个产业的影响较大。

3. 病虫危害加重

由于大白菜抗病育种和病虫害防控技术研究滞后，加之基层蔬菜植保专业人才匮乏、病虫害防控不到位，不仅传统的霜霉病、黑腐病和软腐病三大病害没有得到有效控制，根肿病、黄萎病等新的病害也在不断增加，危害日益加重，蔓延扩散较快，严重威胁大白菜重要主产区的生产安全和质量安全，防控形势十分严峻。

4. 省工简约化栽培技术滞后

随着人工费用大幅上涨，人们对大白菜种植简易化、贮藏保鲜机械化等省时省力技术需求迫切，但这些技术研究滞后，应引起高度重视。

（三）种业发展情况

"六五"时期，国家成立了大白菜育种全国攻关组，"七五""八五""九五"攻关也连续有国家项目支持。"十五""十一五""十二五"国家的科技支撑计划和"十三五"的国家重点研发专项也设有大白菜育种方面的研究课题。通过国家项目连续支持的带动，科研单位稳定了一支从事大白菜育种的研究队伍，成为我国大白菜品种创新的源头。同时，由于大白菜种植面积大，用种量大，全国经营大白菜种子的企业较多，也激发了市场活力。据初步测算，我国大白菜年用种量为 150 万～200 万千克，总市值 2.5 亿～3.0 亿元。但种业发展中还存在一些问题。一是育种技术方面，以常规育种为主，细胞工程和分子育种在育种中虽有初步应用，但需进一步提高应用的效率和广度。二是品种选育方面，品种结构失衡，秋播品种较多，而满足周年生产需求的耐抽薹春夏播品种以及高品质的快菜、娃娃菜、早皇白、绍菜型的品种选育需进一步加强。三是企业创新方面，经营白菜种子的企业多，但搞育种原始创新的企业偏少，造成目前品种数量很多但原创品种少，品种同质化问题突出。

二、品种登记情况分析

（一）品种登记基本情况

截至 2018 年 12 月 20 日，大白菜登记公告品种 1 146 个，其中常规种 17 个，杂交种 1 129 个，杂交种占 98.5%。新选育品种 4 个，已审定品种 96 个，已销售品种 1 046 个，占 91.3%。

从品种选育方式看，自主选育品种 1 079 个，合作选育品种 44 个，境外引入品种 20 个，其他方式 3 个。自主选育品种占 96%，符合我国大白菜相对较高的育种水平。以雄性不育系配制的杂交种 12 个，仅占 1%，可见利用自交不亲和系配制杂交一代为大白菜杂种优势利用的主要途径。

从品种保护情况看，在登记品种中，授权保护品种 17 个，申请保护并受理品种 12 个，两者合计仅占 2.5%。

从申报省份看，有 20 个省份的单位申请了品种登记。山东上报的品种最多，有 590 个品种，占总数的 51.48%；山东是大白菜种植大省，也是科研育种大省，登记品种数量多，符合其大省的地位。其次是天津，有 167 个品种，占 14.57%；排第三位的是辽宁，有 72 个品种，占 6.28%。全国各省份上报的大白菜登记品种数量详见表 14 - 1。

表 14 - 1　各省上报的大白菜登记品种数量

省份	登记品种数量	全国占比（%）	申请登记单位数量
山东	590	51.48	60
天津	167	14.57	8
辽宁	72	6.28	11
河南	62	5.41	8
云南	48	4.19	6
黑龙江	45	3.93	24
北京	42	3.66	10
江苏	22	1.92	3
福建	16	1.40	9
河北	16	1.40	5
陕西	14	1.22	3
甘肃	11	0.96	6
浙江	11	0.96	1
吉林	10	0.87	6
广东	7	0.61	2
四川	5	0.44	1
上海	3	0.26	2
山西	2	0.17	2
重庆	2	0.17	1
内蒙古	1	0.09	1

从表 14 - 1 中可看出，申请者类型方面，共有 168 个单位（科研单位 14 个、大学 3 个、公司 151 个）、1 个个人申请了品种登记。山东申请的单位最多，有 60 家；其次为黑龙江，有 24 家；辽宁排

第三，为 11 家。其他省份申请单位数量详见表 14-1。从登记品种数量来看，山东青岛胶研种苗有限公司有 54 个品种，位列第一；天津科润农业科技股份有限公司蔬菜研究所有 53 个品种，位列第二；德州市德高蔬菜种苗研究所有 52 个品种，位列第三。另外，登记 30 余个品种的单位有 4 家，20 余个品种以上的单位有 5 家。

从品种选育单位看，境外引进的 20 个品种中，14 个品种的育种者为 4 家日本公司（KANEKO SEEDS CO.，LTD.、MIKADO KYOWA SEED CO. LTD、TOHOKU SEED CO.，LTD、坂田种苗株式会社），6 个品种由 3 家韩国公司（韩国农协种苗、韩国现代种苗株式会社和 SAMSUNG SEEDS CO.，LTD.）选育。国内品种中，176 个由科研单位和大学选育，占总数的 15.4%，其他全部为公司或个人选育。

（二）登记品种主要特性

登记的 1 146 个品种，按种植季节、生育期、产品用途划分，可以粗分为七大类，从各类品种的登记数量和占比情况看（图 14-1），秋播类型品种最多，占总登记量的 70%，其中早、中、晚熟不同熟期的登记品种数量相当；而春播晚抽薹品种和夏播耐热耐湿品种的登记数量也相当，各占总登记量的 7%；娃娃菜和小型白菜品种占比 5%，快菜（苗用大白菜）品种占比 11%。

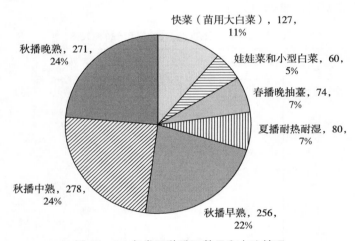

图 14-1　各类品种登记数量和占比情况

从抗病性和抗逆性来看，60 个娃娃菜和小型白菜、74 个春播大白菜品种都是晚抽薹、耐寒的品种，适合在北方平原地区春季、高原和高山区夏季、西南和华南地区越冬栽培。80 个夏播品种具有耐热耐湿的特性，可以在北方平原地区夏季和华南地区秋季栽培。大部分的秋播大白菜品种具有抗芜菁花叶病毒（TuMV）、霜霉病和软腐病的抗性。随着优势产区的集中连年种植，有些地区土传病害根肿病危害日益加重，抗根肿病品种的选育受到重视，登记品种中有 58 个品种抗根肿病，可以较好地解决根肿病危害的问题。另外，登记品种中，有 27 个品种抗黑斑病、47 个品种抗黑腐病、29 个品种抗干烧心病、2 个品种抗黑星病、3 个品种抗炭疽病、1 个品种抗白斑病。

高营养品质的大白菜是满足消费者保健需求的一类品种，由于黄心（球内叶鲜黄色）和橘红心（球内叶橘红色）的大白菜品种类胡萝卜素的含量高，紫色大白菜花青素的含量高，被认为是高品质大白菜的代表。登记品种中今锦、金玉、黄洋洋、秋宝、春峰、迷你黄 1 号、迷你黄 2 号、迷你黄 3 号、迷你黄 4 号、迷你黄 6 号、金童娃娃菜、金黄白、德高黄冠、秋宝黄等 45 个品种为黄心大白菜或娃娃菜品种，北京桔红心、金元宝、贵族、胶研红冠、橘红 66、津桔 65、天正桔红 65 等 13 个品种为心叶橘红色的大白菜品种，紫妃、神狮紫菘为紫色大白菜品种。

三、品种创新情况分析

（一）新选育品种

截至 2018 年 12 月 20 日，大白菜登记的 4 个新选育品种。

1. CR 京秋新三号

由京研益农（北京）种业科技有限公司申请登记，北京市农林科学院蔬菜研究中心利用分子标记辅助育种和细胞质雄性不育技术育成的抗根肿病的秋播直筒型大白菜品种。生育期约 80 天。植株半直立，株高 44 厘米左右，株幅 75 厘米左右。外叶深绿色，叶柄浅绿色，叶面有毛刺、稍皱缩；叶球直筒、中桩、叠抱，球外叶浅绿色，球内叶浅黄色，球高 34 厘米左右，球宽 18 厘米左右，单球净菜重约 4 千克。抗病毒病和霜霉病，高抗根肿病 2 号生理小种。目前已在辽宁新民、黑龙江阿城、河北唐山大面积推广应用。

2. 圣白

由京研益农（寿光）种业科技有限公司申请登记，北京市农林科学院蔬菜研究中心利用细胞质雄性不育技术育成的秋播头球类型大白菜品种。生育期 65～70 天。植株半直立，株高约 45 厘米，株幅约 75 厘米，外叶深绿，叶面有皱瘤，叶柄浅绿色；叶球矮桩、叠抱、头球型，球高约 27 厘米，球宽约 18 厘米，球形指数 1.5，结球紧实，单球重约 3 千克。采收期长，延期采收不易裂球。抗病毒病和霜霉病。适宜在北京、河北南部、山东西南部、河南、陕西平原地区秋季露地种植。

3. 隆源福娃

由甘肃科隆农业有限责任公司申请登记，甘肃隆源农业科学研究所育成的娃娃菜品种。属早熟杂交一代种，生育期 55 天。株高 30 厘米，植株开展度约 40 厘米×40 厘米，外叶中等绿色，绒毛较疏，叶缘圆齿，叶柄绿色，中肋较薄；叶球筒形，黄绿色，叠抱，球高 19 厘米，球宽 9.5 厘米，叶球重 1.06 千克。中抗病毒病和霜霉病，耐抽薹。适宜在甘肃临夏、定西、兰州及河西地区春、秋季种植。

4. 金陇皇

由甘肃科隆农业有限责任公司申请登记，甘肃隆源农业科学研究所育成的娃娃菜品种。早熟杂交一代种，生育期 55 天。株高 30 厘米，植株开展度约 40 厘米×40 厘米，外叶深绿色，绒毛密度中等，叶缘锯齿全缘，叶柄绿色，中肋较薄，叶面较皱；叶球筒形，黄绿色，叠抱，球高 20 厘米，球宽 10 厘米，叶球重 0.98 千克。中抗病毒病和霜霉病，耐抽薹。适宜在甘肃临夏、定西、兰州及河西地区春、秋季种植。

（二）品种推广应用

1. 大白菜品种分类

大白菜品种丰富，种类繁多。按产品类型分为大球型品种、小型品种、娃娃菜、快菜、特色高品质品种（绍菜、早皇白类）等。按种植季节分春播耐抽薹品种、夏播耐热耐湿品种、秋播多抗品种和耐低温耐抽薹越冬品种等。不同类型的品种有不同的划分标准，比如传统大球白菜：亩种植 4 000 株以下，单球重大于 2 千克，一般单球重 3～5 千克；小型白菜，亩种植 5 000～6 000 株，单球重 1.0～1.5 千克；娃娃菜，亩种植 8 000～10 000 株，单球重 0.5～0.8 千克；早皇白（金丝白），亩种植 5 000～6 000 株，单球重 0.8～1.0 千克；包尖（绍菜），北方亩种植 2 800～3 000 株，单球重 1.5～2.0 千克，南方亩种植 6 000～8 000 株，单球重 1.0～1.2 千克；快菜分白帮和绿帮快菜两种类型，生长速度快，品质好，白帮快菜从播种到收获 35～40 天，绿帮快菜从播种到收获 25～30 天。

2. 生产上应用的主要品种

据不完全调查，以下品种为生产上栽培面积比较大的品种：进口品种春大将、吉锦、梅锦、傲雪迎春；自主选育的秋播大白菜品种北京新三号、改良青杂三号、87-114、山东 4 号、京秋 4 号、京秋 3 号、京秋 5 号、油绿 3 号、水师营 91-12、义和秋、小义和秋、鲁春白 1 号、鲁蔬 19、秦白 2 号、新乡小包 23、珍绿 6 号、中白 76、津秋 78、秋宝等因其具有高商品性、广适应性和耐贮、耐运性，分别在我国秋播大白菜不同生态区大面积生产应用。抗根肿病品种 CR117、CR 京秋新 3 号、水师营 18 在云南、湖北、四川、辽宁、黑龙江、河北等根肿病高发区大面积应用。快菜品种早熟 5 号、德高 536、寒玉快菜、申荣 K16、四季快菜 1 号、速生快绿等在各大城市的周边大面积生产应用。娃娃菜品种耐寒金皇后、华耐 B1102、京春娃 3 号等是河北、甘肃、云南、湖北等娃娃菜主产区的主栽品种。1 146 个登记品种基本上涵盖了我国目前大白菜生产上用的绝大部分品种，但仍有部分生产上推广面积较大的品种还没有完成品种登记。

根据全国农业技术推广服务中心对 19 个省份（安徽、北京、福建、甘肃、广东、广西、河北、湖北、江苏、辽宁、宁夏、山东、山西、上海、四川、天津、云南、浙江、重庆）不完全统计数据汇总，2018 年种植面积超过 5 万亩的品种 33 个。品种类型、种植地区和种植面积详见表 14-2。

表 14-2　2018 年部分大白菜品种种植情况汇总

品种	种植地区（省份）	种植面积（万亩）	类型
北京新 3 号	北京、河北、江苏、辽宁、山东	72.53	秋播晚熟
改良青杂 3 号	甘肃、江苏、山东	35.89	秋播晚熟
87-114	河北、江苏、山东、上海	29.46	秋播晚熟
北京 3 号	河北、山东、天津	27.95	秋播晚熟
山东 4 号	安徽、湖北、江苏、宁夏、四川、重庆	25.88	秋播晚熟
早熟 5 号	甘肃、湖北、江苏、上海、四川、重庆	25.46	快菜
丰抗 70	安徽、甘肃、河北、湖北、江苏、四川、重庆	24.33	秋播中熟
丰抗 80	安徽、湖北、江苏、山东、山西、四川、重庆	23.38	秋播晚熟
义和秋	甘肃、江苏、山东	21.01	秋播晚熟
白沙 02 号	广东	19.89	早熟
青杂 3 号	甘肃、湖北、江苏、山东、重庆	18.49	秋播晚熟
丰抗 90	甘肃、湖北、江苏、山东、山西、四川、重庆	14.49	秋播晚熟
丰抗 60	湖北、江苏、四川、重庆	14.27	早熟
北京小杂 56	湖北、山东、云南、重庆	13.97	早熟
申荣 K16	湖北	13.5	快菜
北京小杂 55	安徽、江苏、云南	13.3	早熟
鲁春白 1 号	云南	12.57	早熟

（续）

品种	种植地区（省份）	种植面积（万亩）	类型
早熟 8 号	浙江、湖北、江苏	11.64	早熟
天津绿	山东	11.26	秋播青麻叶
春秋王	云南、重庆	10.84	秋播中熟
AC-2	云南	8.85	秋播中熟
91-12	辽宁	7.87	秋播晚熟
鲁白 6 号	湖北、江苏、辽宁、山东、四川、云南、重庆	7.86	早熟
山地王	湖北	7	耐抽薹
耐寒金皇后	甘肃	6.5	娃娃菜
丰抗 78	河北、山东、山西	6.46	秋播晚熟
高抗王	云南	6.39	秋播中熟
秦白 2 号	湖北、宁夏、山东、山西	6.2	秋播中熟
山东 7 号	湖北、四川、重庆	5.98	秋播中熟
浙白 6 号	浙江	5.91	快菜
山东 6 号	安徽、江苏、山东、四川、重庆	5.88	秋播晚熟
青杂中丰	安徽、湖北、江苏、四川	5.23	秋播晚熟
91-18	辽宁	5.03	秋播晚熟

注：19 个省份不完全统计数据汇总，仅供参考。

3. 种植风险分析

大白菜的种植风险主要有 3 个方面。一是北方地区平原春播、高原高山地区春夏播、南方地区越冬种植，若使用品种不当或品种的耐抽薹性不够强或气候异常，在生长季节出现比常年温度偏低的情况时，会造成大白菜未熟抽薹，减产或失去商品价值。二是在一些病害高发区，因使用品种抗性不够或当年气候非常适宜某种病害流行，将给生产带来损失。三是价格波动造成市场价格很低，导致农民虽然丰产但收益很差。

（三）品种创新主攻方向

1. 选育适应生产消费变化的新品种

近些年来，大白菜的生产和消费模式发生了很大变化，对新品种也提出新的要求，表现为以下 3 点：一是由过去以北方生产为主，转变为全国都有栽培，生产向优势产区聚集，迫切需求抗土传病害根肿病和黄萎病，生理病害干烧心病以及复合抗性更突出的品种；二是由单一秋季生产向周年生产转变，满足周年均衡供应需求的北方春季栽培、高原夏菜和华南与西南地区越冬生产规模不断扩大，需求耐抽薹、适运输和高商品性的品种，此类品种长期被国外品种垄断；三是由冬储大球型白菜向产品多样化转变，需求优质、广适的小型精品白菜（娃娃菜）、速生苗用白菜（快菜）、早皇白型白菜以及包尖（绍菜）型白菜等，满足大白菜周年栽培、均衡供应和产品多样化的需求。

2. 选育解决现实问题的新品种

针对优异种质资源和冬春及夏季周年均衡生产专用品种缺乏、全程机械化难以实现等严重制约大白菜产业发展的技术瓶颈问题，创建以抗病性精准评价、双单倍体育种、高通量分子标记辅助育种技术为核心的基因聚合育种等白菜高效育种技术体系，实现国内白菜育种技术的升级；培育复合抗性突出，耐抽薹和耐贮、耐运，满足周年生产和均衡供应的多样化大白菜新品种，推动品种的更新换代；针对种子生产"费工"和质量"短板"等问题，发展省工高效的杂交种全程机械化制种、种子精选、包衣、丸粒化等种子加工关键技术，提高种子播种质量、遗传质量和健康质量，从而推动品种的推广应用和产业升级。

3. 选育符合绿色发展的新品种

为促进大白菜产业转型升级，需要构建资源节约型、环境友好型、优质高效型大白菜生产体系，促进培育"少打农药、少施化肥、节水抗旱、高产稳产"的大白菜绿色品种，促进绿色高效品种的应用。大白菜的绿色品种应该具有抗病、抗逆、商品性好、优质、高产，在生产上有一定的推广应用面积。具体衡量指标如下。

（1）抗病品种

抗病秋大白菜品种：田间自然发病鉴定抗病毒病、霜霉病、软腐病、黑斑病或黑腐病，产量比当地主栽对照品种平均增产≥5%。

抗病春大白菜品种：田间自然发病鉴定抗根肿病、病毒病、霜霉病、软腐病或黄萎病，产量比当地主栽对照品种平均增产≥5%。

抗病娃娃菜品种：株型较小，适宜密植，叶球筒形，合抱或叠抱，球内叶黄色。田间自然发病鉴定抗病毒病、霜霉病、软腐病或根肿病、黄萎病，产量与当地主栽对照品种相当。

（2）抗逆品种

耐抽薹春大白菜品种：春季在夜温不低于10℃条件下栽培不抽薹或萌芽种子3℃低温处理20天后播种，16小时光周期温室育苗鉴定，抽薹指数≤33.3。叶球筒形，合抱或叠抱，球内叶黄色。

耐抽薹春娃娃菜品种：春季在不低于10℃条件下栽培不抽薹或萌芽种子3℃低温处理20天后播种，16小时光周期温室育苗鉴定，抽薹指数≤33.3。株型小，叶球筒形，合抱或叠抱，球内叶黄色。

耐热夏大白菜品种：早熟，耐热，高温结球性好，田间鉴定在日均温度28℃以上能正常结球，叶球紧实率≥80%。

耐贮藏秋大白菜品种：冬季0～5℃窖藏，叶球脱帮率≤20%。

（3）优质品种

优质春大白菜品种：叶球商品性好，筒形，合抱或叠抱，球内叶均匀黄色，生食口感脆甜，粗纤维素含量≤0.5%，无苦辣异味，熟食易烂，耐抽薹，抗性和产量不低于当地主栽对照品种。

优质春娃娃菜品种：叶球商品性好，早熟，株型较小，适宜密植，叶球筒形，合抱或叠抱，球内叶均匀黄色，生食口感脆甜，粗纤维素含量≤0.5%，无苦辣异味，熟食易烂，耐抽薹，抗性不低于当地主栽对照品种。

优质夏大白菜品种：叶球形状符合主流市场消费习惯。生食口感脆嫩，粗纤维素含量≤0.5%，无苦辣异味，熟食易烂，抗性和产量不低于当地主栽对照品种。

优质秋大白菜品种：叶球形状符合主流市场消费习惯。生食口感脆甜，粗纤维素含量≤0.5%，无苦辣异味，熟食易烂，抗性和产量不低于当地主栽对照品种。

优质快菜品种：植株半直立或较直立，生长快速，生食口感脆嫩或绵甜，粗纤维素含量≤0.5%，无苦辣异味，熟食易烂，抗性和产量不低于当地主栽对照品种。

橘红心大白菜品种：球内叶橘红色，叶球切开后呈深黄色，太阳光照射后变橘红色，胡萝卜素含量>0.002毫克/克（鲜重），抗性及综合经济性状优良。

紫色大白菜品种：叶片紫色，总花青苷含量>0.2毫克/克（鲜重），抗性及综合经济性状优良。

（编写人员：张凤兰 等）

结 球 甘 蓝

一、产业发展情况分析

（一）生产种植

1. 全国结球甘蓝种植面积、单产、总产量变化情况

根据 FAO 统计，我国 2017 年结球甘蓝种植面积为 98.5 万公顷，比 2016 年的种植面积略有增加（0.6%）。对比 2011—2017 年结球甘蓝种植面积（表 15 - 1），发现这 7 年结球甘蓝的种植面积变化幅度很小（94.0 万～98.5 万公顷），呈现稳中有升的趋势。

2017 年结球甘蓝单产为 33 942.5 千克/公顷（折合成亩产为 2 262.8 千克），对比 2016 年的单产 34 035.3 千克/公顷，减少了 0.3%。

2017 年结球甘蓝总产为 3 342.9 万吨，比 2016 年总产 3 332.3 万吨，增加了 0.3%。虽然单产略有减少，但因种植面积略有增加，总产略有增加。总体来看，2017 年结球甘蓝种植面积、单产、总产量同 2016 年相比基本持平。

表 15 - 1 2011—2017 年我国结球甘蓝播种面积、产量、单产对比（FAO 统计）

年份	播种面积（万公顷）	总产量（万吨）	单产（千克/公顷）
2011	94.3	3 175.0	33 679.9
2012	94.0	3 150.0	33 510.6
2013	94.2	3 170.0	33 651.8
2014	96.1	3 270.5	34 045.6
2015	97.5	3 354.0	34 401.7
2016	97.9	3 332.3	34 035.3
2017	98.5	3 342.9	33 942.5

2. 主要种植区域

2017 年全国结球甘蓝主要种植区保持稳定，15 个种植面积大的省份从大到小排列依次是湖北、贵州、福建、江苏、河北、四川、湖南、云南、河南、重庆、甘肃、山东、陕西、广东、山西。这些省份大多隶属两大流域，一是长江流域地区，包括湖北、江苏、四川、湖南、重庆等；二是黄河流域地区，包括河南、甘肃、山东、陕西、山西等。这 15 个省份的结球甘蓝种植面积占全国总面积 84%，其中前 10 个省份的种植面积占全国的 63%，前 5 个省份的种植面积占全国的 36%。

（二）市场需求

1. 优质结球甘蓝在国内的需求日益增加，总体呈现优质优价趋势

早春保护地及北方露地春结球甘蓝总体品质较好，如早春的中甘 56、中甘 26、8398 等，北方露地春结球甘蓝中甘 21、中甘 628、中甘 828 等，比较受消费者青睐，地头收购价较铁头型结球甘蓝高 30%～50%。而长江流域的越冬结球甘蓝，由于要求抗寒、耐裂，一般品质略差，叶质较厚，不够脆嫩，市场价格也略低，2018 年推广的中甘 1305 既有抗寒性、耐裂性，又在一定程度上兼顾了品质，比原来种植的结球甘蓝品质好，种植面积呈现逐年增加的趋势。

2. 多抗结球甘蓝品种的需求日益增加，趋势是要求抗多种病害

随着大型生产基地枯萎病、黑腐病、根肿病、霜霉病等多种病害的日益严重，生产上对多抗性品种的需求日益增加，北方主要是要求品种抗枯萎病、黑腐病、霜霉病，而南方尤其是西南地区要求抗根肿病。菌核病是结球甘蓝在长江流域越冬种植需要克服的一个重要病害。

3. 抗逆性强的品种需求日益增加，表现为耐抽薹、耐热、耐寒

最近几年，不正常天气的频繁出现，如倒春寒、夏季高温、暖冬的出现，给品种的抗逆性提出了更高的要求。10 月在南方播种的越冬结球甘蓝幼苗，如果遇到暖冬天气，前期苗子生长过快，长势过旺，极易造成低温春化而在第二年抽薹开花。

二、品种登记情况分析

（一）品种登记基本情况

截至 2018 年 12 月 20 日，结球甘蓝有 312 个品种登记公告。自主选育的品种 278 个（占 89.1%），合作选育的 5 个，从日本引进 28 个，从荷兰引进 1 个，其中已申请品种保护权的有 16 个品种，已授权的有 4 个品种，其余 292 个均未申请品种权。

从品种申请单位性质来看，主要以公司申请为主（277 个，占 88.8%），科研院校次之（32 个，占 10.2%），个人名义申请的最少（3 个，占 1.0%）。排名前 10 的公司申请品种数量为 6～26 个，而排名前 10 的科研院校申请的品种数量为 1～9 个。

（二）登记品种主要特性

312 个登记品种中，除了牛心结球甘蓝、紫月 2 个品种为常规种外，其余 310 个均为杂交种（占 99.4%）。除了 5 个品种为紫结球甘蓝，其余 307 个为绿色结球甘蓝。下面，重点从熟性、球型、抗病性、耐抽薹性 4 个性状进行分析。

1. 熟性

对 312 个品种的熟性进行统计（以 5 天为一个统计区间），各熟性品种数量和占比情况见表 15-2。在熟性明确的品种中，熟性最早的为 43 天（2 个品种），43～45 天的品种有 6 个，均为极早熟早春结球甘蓝；熟性在 46～50 天的品种有 43 个，占总品种数的 13.78%；熟性在 51～55 天的品种有 60 个，占总品种数的 19.23%；熟性在 56～60 天的品种有 50 个，占总品种数的 16.03%。全部品种中，以 51～55 天熟期的数量最多，呈现往两边递减的趋势。熟性在 60 天以内的品种共有 159 个，占

半壁江山，可见中早熟品种较多。

表 15 - 2　312 个登记结球甘蓝品种的熟期分析

熟性（天）	品种数量（个）	占比（%）	熟性（天）	品种数量（个）	占比（%）
43～45	6	1.92	81～85	6	1.92
46～50	43	13.78	85～90	12	3.85
51～55	60	19.23	>90	7	2.24
56～60	50	16.03	早熟	15	4.81
61～65	27	8.65	中熟	11	3.53
66～70	17	5.45	晚熟或越冬	23	7.37
71～75	7	2.24	未知	22	7.05
76～80	6	1.92			
			合计	312	

2. 球形

对 312 个品种的球形进行分析，各种球形品种数量和占比见表 15 - 3。已知的 303 个品种可分为扁圆、高扁、近圆、圆球、高圆、尖球（含牛心）6 种。其中扁圆球形占 22.76%，高扁球形占 4.17%，近圆球占 12.82%，圆球占 44.55%，高圆占 4.17%，尖球、牛心占 8.65%。圆球形品种占比最高。

表 15 - 3　312 个登记结球甘蓝品种的球形分析

球形	品种数量（个）	占比（%）	球形	品种数量（个）	占比（%）
扁圆	71	22.76	高圆	13	4.17
高扁	13	4.17	尖球、牛心	27	8.65
近圆	40	12.82	未知	9	2.88
圆球	139	44.55	合计	312	

3. 黑腐病和枯萎病抗性

对黑腐病抗性进行分析，不同抗性级别的品种数量和占比见表 15 - 4。在 310 个已知抗性的品种中，高抗品种 10 个，抗黑腐病品种 103 个，中抗品种 132 个，感病品种 65 个。总体而言，78.5% 的品种达到中抗及以上水平。

对枯萎病抗性进行分析，不同抗性级别的品种数量和占比见表 15 - 4。在 299 个抗性明确的品种中，高抗品种 19 个，抗枯萎病品种 101 个，中抗品种 124 个，感病品种 55 个。总体而言，78.2% 的品种达到中抗及以上水平。

表 15 - 4　312 个登记品种的黑腐病和枯萎病抗性分析

黑腐病抗性	品种数（个）	占比（%）	枯萎病抗性	品种数（个）	占比（%）
高抗	10	3.21	高抗	19	6.09
抗	103	33.01	抗	101	32.37

（续）

黑腐病抗性	品种数（个）	占比（%）	枯萎病抗性	品种数（个）	占比（%）
中抗	132	42.31	中抗	124	39.74
感	65	20.83	感	55	17.63
未知	2	0.64	未知	13	4.17

4. 耐抽薹性

对 312 个品种的耐抽薹性进行分析，在有耐抽薹性信息的 276 个品种中，耐抽薹性强的品种有 115 个，耐抽薹性较强或中等的有 135 个，耐抽薹性弱的品种有 26 个。总体而言，80.1%的品种耐抽薹性达到中等及以上。

（三）登记品种生产推广情况

312 个结球甘蓝品种中，生产上推广面积较大的品种有中甘 21、中甘 56、中甘 828、中甘 192、中甘 23 等圆球形春结球甘蓝品种，争春、牛心甘蓝等牛心形春结球甘蓝品种，先甘 520、希望、夏光、西园四号、奥奇娜、秋实 1 号、湖月、前途等秋结球甘蓝品种，迎风、楚甘 662、绿缘、寒胜、广良嘉丽等越冬结球甘蓝品种。其中年推广面积在 10 万亩以上的，有中甘 21、中甘 828、中甘 56、争春、西园四号、奥奇娜等。

生产上推广面积大的品种如京丰一号、中甘 8398、春丰、春丰 007 等，尚没有申请登记。

三、品种推广及创新方向

（一）品种推广情况

1. 品种布局

（1）保护地品种

主栽品种以国内品种为主，有中甘 56、中甘 8398、中甘 26、金宝等，总体占 80%以上的市场份额，也有少量国外品种，如美味早生。

（2）春露地品种

主栽品种以国内品种为主，有中甘 21、中甘 628、中甘 828、邢甘 23 等，总体占 70%以上的市场份额。

（3）夏秋品种

主栽品种来自国内和国外，圆球形主栽品种有国内单位育成的中甘 588、中甘 590、中甘 596，国外公司育成的有前途、希望、先甘 520 等；扁球形主栽品种有国内的京丰一号等。国内品种总体占 50%左右市场份额。

（4）带球越冬品种

主栽品种来自国内和国外。如国内品种中甘 1305、中甘 1266、苏甘 27、苏甘 603，国外品种嘉丽、寒将军、冬升、奥奇娜等。前几年以国外品种为主，近几年国内品种占比逐渐上升。国内品种总体市场份额占 30%左右。

（5）苗期越冬品种

主栽品种主要来自国内，如春丰、争春、春丰 007、博春、苏甘 20 等，以牛心形为主。主要在长江流域及其以南的部分区域栽培，要求耐抽薹性强，品质好。

2. 代表性品种特征特性

（1）保护地结球甘蓝主栽品种（代表性品种）

中甘 56。

选育单位：中国农业科学院蔬菜花卉研究所。叶球圆球形，球色绿，单球重 1.0 千克左右；叶球质地脆嫩，品质优良。耐低温弱光，耐未熟抽薹性强。适合在河北、陕西、山东、河南、江苏等地区作早春保护地结球甘蓝种植。注意事项：该品种为保护地专用。

（2）春结球甘蓝主栽品种（代表性品种）

中甘 21。

选育单位：中国农业科学院蔬菜花卉研究所。早熟，生育期 55 天左右。株型半直立，开展度中等；外叶绿色，蜡粉少；叶球圆形，绿色；叶球中等大小，单球重约 1.0 千克。中心柱短，小于球高一半；叶球内部结构细密，紧实度中等，不易裂球；叶球质地脆嫩，品质优良。注意事项：该品种品质极佳，但应避免在枯萎病、黑腐病危害严重地区栽培。

（3）春结球甘蓝主栽品种（代表性品种）

中甘 828。

选育单位：中国农业科学院蔬菜花卉研究所。中熟，生育期 58 天左右。外叶圆形，灰绿色，蜡粉中等；叶球圆形，绿色，单球重约 1.0 千克；中心柱短，小于球高的一半；叶球内部结构细密，结球紧实，不易裂球。耐先期抽薹，高抗枯萎病。适宜在浙江、河南、河北、北京等地区春茬露地或冷凉地区夏季种植。注意事项：该品种高抗枯萎病、品质较好，但耐热性一般，因此应避免作为夏秋结球甘蓝栽培。

（4）夏秋结球甘蓝主栽品种（代表性品种）

中甘 588。

选育单位：中国农业科学院蔬菜花卉研究所。田间表现中熟，生育期 60 天左右。株型开展，开展度中等；外叶灰绿色，蜡粉多；单球重约 1.2 千克；叶球圆形，中心柱相对长度短；球内颜色浅黄色，紧实。口感脆嫩，商品性好；极耐裂球，高抗枯萎病。注意事项：该品种对水肥要求较高，注意保证水肥充足供应。

（5）夏秋结球甘蓝主栽品种（代表性品种）

京丰一号。

选育单位：中国农业科学院蔬菜花卉研究所。晚熟，生育期 85 天左右。外叶圆形，绿色，蜡粉中等；叶球扁圆形，绿色，单球重约 2.9 千克；中心柱长度短，小于球高的一半；叶球内部白色，结构细密，结球紧实，不易裂球；耐未熟抽薹。适宜在全国各地秋季露地种植。注意事项：该品种 10月中下旬播种耐先期抽薹，不宜播种过早，否则有通过低温春化而抽薹的风险。

（6）越冬结球甘蓝主栽品种（代表性品种）

中甘 1305。

选育单位：中国农业科学院蔬菜花卉研究所。在长江流域越冬种植表现中熟，从定植到收获约160 天左右。株型半开展，开展度中等；外叶横椭圆形，叶色绿，蜡粉少；单球重约 1.15 千克；叶球圆形，中心柱长小于球高的 1/2；球色绿，叶球紧实度极紧，耐裂性强。耐寒性强，极耐裂球。

（7）越冬结球甘蓝主栽品种（代表性品种）

争春。

选育单位：上海市农业科学院园艺研究所。植株株幅 60 厘米左右，外叶 8~11 片，叶球圆球形，纵径 17.4 厘米，横径 16.8 厘米，球内中心柱长 7.4 厘米，中心柱宽 2.8 厘米；叶球紧实度 0.57，单球重 1.5 千克。早熟，不易未熟抽薹，越冬栽培从定植到收获约 150 天。

3. 各主产区品种情况

据专家调查，2018 年全国结球甘蓝栽培总面积约为 90 万公顷，与前几年基本持平。主要有春结球甘蓝、夏秋结球甘蓝、越冬结球甘蓝、保护地结球甘蓝四大茬口。

(1) 北方结球甘蓝优势区

河北、山西、甘肃等地前几年主栽品种为中甘 21，近几年由于枯萎病加重，逐渐转向抗病品种，如中甘 628、中甘 828、中甘 588、前途、先甘 520 等。在病害较轻的区域如东北地区、内蒙古、河南、河北北部、陕西等地，仍倾向于种植品质优良的中甘 21、中甘 15 等品种。该区域中，河北、山东、陕西、河南、江苏等早春保护地种植以中甘 56、中甘 26、中甘 8398 为主。综合来看，市场对优质品种的需求量仍较大、价格较高，由于抗病品种一般品质稍差，应根据当地病害发生程度选择品种，从而在品质、抗性找到一个平衡点。

(2) 长江中下游结球甘蓝优势区

河南南部、湖北、湖南、江苏等地以越冬茬口为主，主栽品种为争春、春丰、中甘 1305、嘉丽、亚非丽丽等。越冬型一般结球紧实、纤维含量高、品质较差，近年该茬口也向品质育种发展，出现了一些品质较好的品种，如中甘 1305 等。

(3) 西南结球甘蓝优势区

四川、重庆、贵州等地主栽扁球品种，如京丰一号、西园四号等，这些品种适应性强，产量高；云南地区以抗性较好的品种为主，如美味早生、奥奇娜等。近几年根肿病发展较快，因此部分抗根肿品种开始推广，如西园 8 号等。

(4) 华南结球甘蓝优势区

各种病害均较轻，主要种植品质优良的中甘 21、中甘 15 及耐抽薹的京丰一号等品种。

(二) 品种存在的问题

1. 多抗品种匮乏

近年来，一些大的结球甘蓝生产基地存在多年连作、残株病株清理不到位等问题，导致病原菌不断累积，加上育苗基质带菌的问题时有发生，因而枯萎病、黑腐病、根肿病总体呈现危害范围扩大、危害程度加重的趋势。枯萎病方面，病害已从山西、河北、甘肃等地进一步蔓延到原来无病害的区域，如陕西西安、河北张家口、山东济南等地。黑腐病方面，近年呈逐渐加重趋势，特别是陕西、甘肃、河北、云南一些生产区域，危害程度上升。另外，新流行的病害根肿病等逐渐蔓延，从南方的云南、四川、湖北等地蔓延到东北、华北等地区。目前高抗枯萎病的品种较多，但高抗黑腐病、根肿病或者兼抗多种病害的品种依然匮乏。

2. 耐热夏秋甘蓝品种缺乏

河北邯郸、河南郑州等地 5—6 月播种，可赶上 8—9 月淡季上市，市场价格较好。但目前主栽品种如前途等品质不佳，耐热性表现也欠佳，急需培育耐热、抗病品种。

3. 优质品种缺乏

已推广的抗病主栽品种如中甘 588（抗枯萎病）、先甘 520（抗黑腐病）、先甘 336（抗根肿病）等抗性较好，但品质欠佳。急需培育抗病且满足消费者所需的优质品种。

（三）品种创新主攻方向

绿色发展要求利用品种自身抗性、适应性、优质等特点，减少化肥、农药等使用量，从而保证农产品绿色安全和减少对环境的污染。因此，要求品种抗多种病害（枯萎病、黑腐病、根肿病等）、抗逆（抗寒、抗旱、耐热等）、优质（口感好、营养丰富）。

1. 加快高抗多抗品种的培育

针对枯萎病、黑腐病、根肿病等病害总体呈现危害范围扩大、危害程度加重的趋势，综合利用单倍体育种、分子育种等手段，结合常规育种技术，加快高抗、多抗品种选育，缩短育种周期，满足生产需求。同时进一步明确病害流行规律和各地区病原小种分化情况，提高推广抗性品种的针对性。

2. 加快抗逆品种选育

近年，天气异常情况频发，如早春低温、后期高温等。早春低温会对成株造成冻伤甚至冻死，在苗期、莲座期低温可能造成未熟抽薹；后期高温可能造成不结球或者叶球畸形等。针对以上异常气候带来的生产问题，应加快引进耐低温、高温、贫瘠等抗逆性好的资源材料，建立不同逆境的鉴定体系，综合利用多种手段加速培育抗逆性好的品种。

3. 加快优质多抗品种选育

针对生产所需抗病且优质的品种，在育种方面，应从追求单一抗性转变到综合考虑多种性状，从追求垂直抗性到充分利用水平抗性，达到可应对多种逆境和病害目的的同时，又可以保证具有较好的品质。

（编写人员：张扬勇　吕红豪　等）

黄 瓜

我国是世界上黄瓜栽培面积最大和总产量最高的国家，栽培面积在我国设施蔬菜种植中次于番茄。黄瓜产业的高质量发展，对满足蔬菜周年供应、提高城乡人民生活水平、促进农业结构调整具有重要意义。

一、产业发展情况分析

（一）种植生产

近年来，我国黄瓜生产逐步向优势产区集中，黄瓜生产的规模化、设施化、集约化和品牌化水平进一步提高，生产能力进一步增强。据预测，未来5年我国黄瓜种植面积相对稳定，并可能适度下降，产量增长逐步趋缓，产品供求基本平衡。我国黄瓜产业经过多年快速发展，生产总量已经能够满足消费者的需求，随着我国土地面积压力的增加和农村劳动力的不断减少，提高单产和产品品质成为黄瓜生产的重点。同时，当前蔬菜消费已由数量向质量转变，追求食品安全和品质成为共识，黄瓜产业水平的提升将推动我国黄瓜生产向优质高效转变。

2018年我国黄瓜生产保持稳定向好局面，面积有所减少，为1 800万亩左右。根据我国黄瓜主栽区现场考察、经销商统计和市场调查等，对我国主要栽培区黄瓜种植面积进行了不完全统计，估测我国商品黄瓜种植面积不足1 000万亩，商品种子每年需求量100万千克左右。由于黄瓜种植模式和茬口的多样性，市场推广品种多，种子市场无序现象仍然存在，部分无研发能力的种子经营企业或个体经营户假冒侵权、套牌种子仍然占据不小的市场空间。

（二）市场消费

2018年我国黄瓜单产与上年持平，总产量有所下降。全年商品黄瓜单价明显高于上年，涨幅最高达12.8%，各主产省份涨幅明显，其中河北黄瓜年均价格涨幅最高达28.0%，其次，河南涨幅19.5%、山东涨幅17.6%、辽宁涨幅14.5%。菜农种植收益明显增加，黄瓜市场需求明显向优质化转变。

2018年黄瓜主产省份月均价格走势：根据孙健等对2018年我国黄瓜主产省份黄瓜价格变动趋势分析，各主产省份黄瓜月均走势与全国黄瓜月均价格走势趋同，均呈明显"凹"型，季节性特征明显，各主产省份价格变动趋势见图16-1。价格波动走势主要分为5个阶段：第1阶段为1—2月，黄瓜价格呈上涨态势，由4.00元/千克左右增至5.00～6.00元/千克；第2阶段为2—6月，黄瓜价格呈大幅下滑态势，由2月的价格高点降至6月2.50元/千克左右的价格低点；第3阶段为6—9月，黄瓜价格逐步上涨，增至4.50元/千克左右；第4阶段为9—11月，黄瓜价格再次回落，降至11月的3.00元/千克左右；第5阶段为11—12月，黄瓜价格再次上涨且涨幅明显。

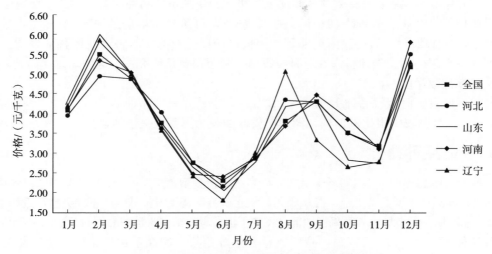

图 16-1　全国黄瓜主产省份 2018 年黄瓜月均价格

2018 年南方重点市场黄瓜月均价格走势见图 16-2，2018 年南方黄瓜市场总体运行平稳，价格与全国黄瓜价格走势相似。长江流域年度平均价格为 3.12 元/千克，华南沿海年度平均价格为 2.99 元/千克。

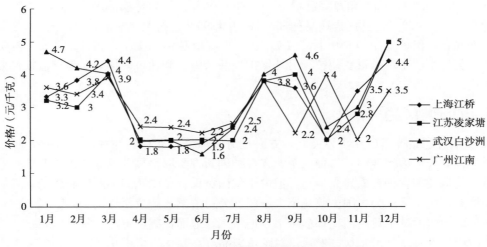

图 16-2　南方重点市场 2018 年黄瓜月均价格

预测 2019 年我国黄瓜市场稳定向好，种植面积保持稳定，单产及总产量稳定并有可能增加，黄瓜价格有下行压力。随着我国消费水平提高和优质优价逐步深入人心，黄瓜的精品化和品牌化逐步提升，黄瓜的良种化率进一步提升，黄瓜种植收益保持稳定。

二、品种登记情况分析

（一）登记品种概况

截至 2018 年 12 月 20 日，黄瓜登记公告品种 661 个（包括 2017 年登记品种）。其中自主选育品种 642 个，占 97.13%；合作选育 16 个，占 2.42%；境外引进 2 个，占 0.3%；其他方式 1 个。表明我国黄瓜推广品种以自主选育的国内品种为主，国外品种仅占极小比例。

从申报省份看，共 23 个省份进行了黄瓜品种登记，天津、山东、黑龙江、辽宁、上海位居登记数量前五位，其中天津品种占 43.57%，体现了天津作为我国黄瓜品种创新基地的重要地位。

从申报单位看，企业申请品种 594 个，占 89.86%；科研院所申请品种 59 个，占 8.93%；个人申请品种 8 个，占 1.21%。表明我国黄瓜品种销售市场以企业为主，符合我国种业发展方向。其中天津德瑞特种业有限公司、天津科润农业科技股份有限公司黄瓜研究所、天津市绿丰园艺新技术开发有限公司位居登记数量前三位。

从品种权情况看，已授权品种 18 个，占 2.72%；申请并受理品种 35 个，占 5.3%；未申请 608 个，占 91.98%。品种权申报比例偏低，知识产权保护观念需要进一步加强。

（二）登记品种特性

登记品种中，华北类型黄瓜 459 个，占 69.44%；华南类型黄瓜 157 个，占 23.75%；水果型黄瓜 44 个，占 6.66%；腌渍加工型黄瓜 1 个，占 0.15%。华北型黄瓜是我国黄瓜生产主导类型，近年来华南型黄瓜品种数量快速增加，但市场占有率仍然较低，反映了消费者追求主流消费品同时开始注重产品多样化。

雌性系品种 170 个，占 25.72%，品种数量呈上升趋势。雌性系黄瓜育种和生产均存在一定难度，新品种数量显著增加反映了育种技术进步和生产管理水平不断提高。

通过对登记品种抗病性进行统计分析：高抗白粉病品种 71 个，占 10.74%；抗白粉病品种 292 个，占 44.18%。高抗霜霉病品种 57 个，占 8.62%；抗霜霉病品种 330 个，占 49.92%。高抗枯萎病品种 23 个，占 3.48%；抗枯萎病品种 87 个，占 13.16%。高抗褐斑病品种 2 个，占 0.3%，抗褐斑病品种 24 个，占 3.63%。高抗角斑病品种 7 个，占 1.06%；抗角斑病品种 18 个，占 2.72%。高抗病毒病品种 2 个，占 0.3%；抗病毒病品种 33 个，占 4.99%。抗黑星病品种 24 个，占 3.63%。

从种植方式看，保护地品种 510 个，占 77.16%，露地品种 151 个，占 22.84%。表明保护地黄瓜栽培在我国黄瓜生产中占据重要地位。另外保护地栽培模式和茬口多样，对品种多样性要求高，品种更新换代快。

（三）市场推广趋势

2018 年黄瓜登记品种呈现井喷势头，一方面是对以前推广品种的补登记，另一方面表明以天津德瑞特和天津科润公司为代表的黄瓜种业企业在育种创新方面取得显著成效。虽然跨国种业巨头在适宜中国种植的黄瓜类型育种方面研究多年，但由于我国黄瓜育种团队的不断创新成功，遏制了国外品种的进入和扩展，使黄瓜成为我国少数几个未被国外公司占领的蔬菜作物之一。

我国保护地和露地黄瓜栽培面积基本持平，近年来露地面积有所下降。保护地栽培产量高、收益稳定，生产面积稳中有增。由于保护地栽培对黄瓜新品种系列化、多样化及品种性要求高，品种换代速度快，成为我国黄瓜品种创新的热点类型。露地品种对耐热、抗病性和适应性方面要求高，也最可能产生推广面积较大的品种，需要加大研发力度，满足生产需求。

当前生产上推广品种多，一方面品种同质化现象较为严重，另一方面多数品种为区域性品种，推广面积不大。市场要求选育出适合多数市场栽培的主导品种，提升品牌意识，提高品种知名度，满足种植者需求。

三、品种创新情况分析

（一）品种选育

1. 品质育种研究

黄瓜品质主要包括：①商品品质，瓜条形状、瓜把长度、皮色、光泽度、棱刺瘤、畸形瓜率等；

②口感品质，果肉质地和风味等；③营养品质，可溶性固形物（糖）及维生素 C 含量等，近年来开始关注叶酸和丙醇二酸含量；④加工品质，主要是果肉质地紧密，要有更高的腌渍出菜率。目前我国黄瓜消费和黄瓜育种重点关注的是商品品质，随着消费水平的进一步提高，口感品质和营养品质越来越受到关注。高品质将是未来黄瓜育种研究的重要方向。

2. 多抗性品种选育

黄瓜霜霉病、白粉病、枯萎病、靶斑病、角斑病、病毒病、蔓枯病等是影响黄瓜生产的重要病害。选育兼抗多种黄瓜主要病害的新品种，是提高黄瓜产量和质量、降低农药残留和维护生态健康的重要手段。经过多年攻关，黄瓜抗病育种研究取得重要进展，育成一批兼抗多种病害的黄瓜新品种；与主要病害连锁的分子标记已经被开发或者正在被开发，利用与抗病性状连锁的分子标记进行辅助育种和多抗性聚合研究取得重要进展。国家"十三五"重大专项中将黄瓜多抗适应性强品种选育作为专项之一，体现了多抗性品种选育仍然是很重要的育种方向。

3. 抗逆品种选育

我国地域广阔，黄瓜生产覆盖全国各地并实现了周年栽培，良好的抗逆性是黄瓜育种的重要目标之一，越夏露地栽培品种要求具有良好的耐高温能力，越冬栽培品种则要求具有良好的耐低温弱光能力，此外耐盐碱和耐涝、耐干旱也是未来黄瓜抗逆育种研究的重要方向。

4. 雌性系品种选育

我国从 20 世纪 70 年代开始进行雌性系方面的研究，此后也陆续选育出部分雌性系黄瓜品种，主要集中在华南型黄瓜和小黄瓜型。在华北型黄瓜育种研究中，雌性系的研究利用具有较大难度。尽管如此，雌性系黄瓜由于具有单株结瓜率高的优良特性，在提高品种产量、早熟性等方面具有显著优势，是黄瓜育种研究的重要方向之一。近年来，雌性系品种选育研究取得重要进展，先后选育出一批华北型雌性系黄瓜新品种，并表现了明显的优势和良好的市场发展前景。

5. 加工专用品种选育

我国目前黄瓜产品加工程度低，较欧美国家有较大差距。我国先后选育出一些加工专用品种，仍不能满足加工生产需求。随着消费结构的进一步调整和农产品出口量的增加，黄瓜加工需求将会进一步增加，加强加工专用品种的选育将成为重要的育种方向之一。

（二）品种应用情况

我国黄瓜主要栽培类型包括华北型黄瓜、华南型黄瓜和水果型黄瓜。华北型黄瓜在我国占据主导地位，市场占有率75％以上；华南型黄瓜主要种植区域为东北地区、东南沿海及华南、西南等部分地区，近年来种植面积有增加趋势，约占市场20％；水果型黄瓜（包括部分短条稀刺品种）市场需求量小，主要满足餐馆、超市及部分蔬菜市场鲜食需要，难以大面积栽培推广。

1. 主要种植区黄瓜品种推广应用情况

东北地区：该地区以保护地栽培为主，也有部分露地种植，主产区种植面积 30 万亩以上。辽宁是我国东北地区黄瓜种植区栽培面积最大的省份，主要种植区在凌源、盘锦、海城、沈阳及大连地区。种植茬口包含早春、秋冬及越冬温室、春秋大棚、露地等。其中凌源地区主要种植茬口为越冬一大茬，主要种植品种为中荷 15、中荷 16，市场占有率 60％左右，绿丰新秀占有率 25％左右。盘锦、海城、沈阳等大部分地区（除大连、锦州）越冬温室主栽品种主要为博美 80‐5、博美 156，市场占有率 90% 左右。大连、锦州地区早春温室和春大棚主栽品种为中农 26，市场占有率 90% 左右，鞍山、海城地区春大棚主栽品种为津绿 158、博特 209 等。露地和秋大棚（朝阳、鞍山、沈阳地区）主栽品种为博美 60-2、博美 1511 等。旱黄瓜主要栽培品种有田娇七号、田娇八号、改良吉杂 4 号、神剑等，主要种植区在辽宁绥中及周边地区。

山东：山东是我国设施黄瓜栽培面积最大的省份，主要集中在聊城、潍坊、临沂等地区，栽培面积集中、菜农种植水平较高。聊城地区：集中栽培区种植面积 20 万亩左右，栽培模式包括早春温室及拱棚、露地、越夏温室及拱棚、秋延温室及拱棚、越冬温室等；主要栽培品种分别为德瑞特 Y2、秋美 55、德瑞特 111、绿丰 6300 等。潍坊地区：黄瓜种植面积 10 万亩以上，主要茬口包括越冬茬、早春茬、越夏茬、秋延温室等，主要推广品种为津早圆润、德瑞特 79、德瑞特 8 号、德瑞特 89 等。临沂地区：主要种植区域为沂南和兰陵，沂南种植面积 3.5 万亩以上，其中早春保护地 1.5 万亩，主栽品种为德瑞特 2 号，市场占有率 70% 左右，其次为爱农 888，市场占有率 20% 左右，夏露地 2 万亩，主要种植品种为博新 45、博新 92，市场占有率 60%，其次有绿享 206、绿享 207、新干线 8 号等；兰陵地区种植面积 2.5 亩，其中越冬茬主要种植品种为博新-1、博新 006、德瑞特 998 等，市场占有率 80%，早春保护地主栽品种为绿丰 888，其次为德瑞特 1805 和希旺 24-915，秋冬保护地主栽品种为德瑞特 1701、德瑞特 721，其次为科润 99、希旺 24-915，春露地 6 000 亩，主栽品种为德瑞特 1510 及博新 L73。

河南：作为黄瓜种植大省，既有集中种植区，也有大量分散种植区，包括温室、大棚、露地等多种栽培模式，栽培茬口多样，推广品种多。主产区包括扶沟、淮阳、中牟、鹿邑、夏邑、内黄、濮阳、洛阳等地区。不同地区、不同栽培茬口分别种植不同栽培品种。其中保护地主栽品种有博新 201、博杰 620、博杰 716、津冬 1958 等，露地及秋延大棚主栽品种有津典 208、津优 35、博杰 179 等。

河北：种植面积大，但相对比较分散，种植面积较大的地区包括沧州、廊坊、石家庄、邯郸、衡水等，包括温室、大棚、露地等多种栽培模式，近年来种植面积有减少趋势。其中温室主栽品种有津优 35、博美 170 等，大棚主栽品种有博美 319、博美 608 等，露地主栽品种有津优 1 号、津春 4 号、博美 5032 等。

山西：越冬主要栽培区在太谷、曲沃和运城，面积约 4 000 亩，早春温室主要栽培区在阳高和新绛，栽培面积约 2 000 亩。越冬品种主要为德尔 835，占有率 40% 左右，其次为华美 99 和德尔 12，占有率分别为 25% 和 15%；早春温室和拱棚品种主要为绿丰 21-10，占有率 50% 左右，其次分别有津典 303、亿联特 509、博耐 E05 等。

宁夏银川：主要栽培区种植面积 3 500 亩以上。早春温室主栽品种为博美 626，露地主栽品种为德尔 LD-1，秋棚秋温室主栽品种为博美 626。

甘肃白银：主栽区种植面积大约为 4 000 亩。主要种植茬口为越冬温室和早春拱棚，越冬温室品种主要有德尔 588、德尔 599、博耐 168、博耐 13-5、驰誉 302，早春拱棚种植品种主要是德尔 599 和驰誉 302。

内蒙古包头：主栽区种植面积大约为 3 000 亩，以早春温室和早春拱棚为主。早春温室和早春拱棚栽培品种有德尔 10 号、博耐 E05、驰誉 358、津绿 606；秋棚和秋温室栽培品种主要是德尔 80 和博美 68。

南方地区黄瓜种植面积相对分散，以露地和大棚栽培方式为主，推广品种多，占主导地位的品种较少。主栽区华北型黄瓜播种面积估计 25 万亩左右，四川、重庆、湖北、湖南燕白型黄瓜面积相对集中，估计 20 万亩以上。主要栽培品种有：德瑞特 Y2、津优 409、津优 1 号、博美 8 号、德尔 LD1、中农 8 号、中农 106、驰誉 505、津优 35 等。

2. 黄瓜主要栽培品种简介

（1）华北型黄瓜

津优 35：天津科润黄瓜研究所 2005 年育成。该品种植株生长势较强，叶片中等大小，以主蔓结瓜为主，瓜码密，单性结实能力强，瓜条生长速度快，早熟性好，抗病性较强，耐低温弱光，同时具有较好的耐热性能。瓜条顺直，瓜把小于瓜长 1/7，心腔小于瓜横径 1/2，刺密、无棱、瘤中等，腰瓜长 32～34 厘米，单瓜重 200 克左右，商品性佳。适宜日光温室越冬茬及早春茬栽培。该品种优良的适应性及早熟、丰产稳产特性迅速在全国各温室产区推广应用，实现了我国温室黄瓜品种的大规模更新。目前该品种仍是华北、华东地区温室主栽品种之一，种植面积逐步减少。主要优缺点：该品种适应性强，产量稳定，抗病性中等，皮色偏浅，光泽度稍差。

德瑞特 Y2：天津德瑞特种业有限公司 2015 年育成。该品种植株生长势较强，叶片中等大小，叶色深绿，主蔓结瓜为主。抗霜霉病、白粉病、枯萎病。瓜条顺直匀称，整齐度好，皮色深绿，光泽度好，刺瘤适中，无棱无黄线，果肉浅绿色，口感脆甜，品质佳。腰瓜长 32～34 厘米，瓜把粗短，长度小于瓜长 1/8，单瓜重 200 克左右。适宜春、秋露地及秋大棚栽培。该品种以其优良的商品性受到各种植区菜农和经销商的好评，是华北、华南、华东、西北地区露地和部分地区大棚主栽品种。

博美 80－5：天津德瑞特种业有限公司 2013 年育成。该品种植株生长势强，叶片中等大小，耐低温、弱光能力极强。单性结实能力强，主蔓结瓜为主。瓜条生长速度较快，早熟性较好。中抗霜霉病、白粉病，抗枯萎病、靶斑病。瓜条棒状，皮色深绿均匀、光泽度好，刺中瘤较小、无棱，商品性佳。腰瓜长 32～33 厘米，瓜把小于瓜长 1/7，心腔小于瓜横径 1/2，单瓜重 200 克左右，品质好。适应性强，不歇秧，不早衰。丰产性好，持续坐瓜能力强。该品种已成为东北地区、西北和华北部分地区越冬温室主栽品种。主要优缺点：该品种长势强，耐低温弱光，皮色深绿油亮，持续坐果能力强；缺点表现为在冬季低温期瓜把偏细，对瓜把性状要求高的地区不适宜推广。

德瑞特 2 号：天津德瑞特种业有限公司 2013 年育成。该品种植株生长势强，叶片中等大小，耐低温、弱光能力强。早熟性好，单性结实能力强。主蔓结瓜为主，瓜条生长速度快，连续结瓜能力强。中抗霜霉病、白粉病，抗枯萎病。瓜条棒状，刺密瘤明显、无棱，皮色深绿均匀、光泽度好，商品性佳。腰瓜长 34～36 厘米，瓜把小于瓜长 1/7，心腔小于瓜横径 1/2，单瓜重 200 克左右，品质好。适应性强，不早衰，丰产性突出，最高亩产在 3 万千克以上。该品种适合山东、河南、辽宁等地区越冬及早春温室栽培。主要优缺点：该品种长势强，丰产性突出，适应性强，易管理，但光泽度一般，瓜把略细。

津早圆润：天津科润黄瓜研究所育成。该品种植株长势中等，主蔓结瓜为主，膨瓜速度快，品种适应性强，瓜码密，瓜条商品率高，连续结瓜能力强，总产量高，商品性突出，把短粗、密刺，瓜条顺直、颜色深绿，腰瓜长 35 厘米左右。适宜早春、秋延等保护地栽培。主要优缺点：该品种长势中等，瓜条整齐稳定，但易早衰，适合短茬口栽培。

博美 8 号：天津德瑞特种业有限公司 2013 年育成。该品种植株生长势强，叶片中等大小，叶色深绿，主蔓结瓜为主，侧枝有一定结瓜能力。高抗霜霉病、白粉病、枯萎病，抗病毒病；耐热性好，畸形瓜率低。瓜条顺直，皮色深绿，光泽度好，刺瘤适中，无棱，果肉浅绿色，口感脆甜，品质佳。腰瓜长 35 厘米左右，瓜把长小于瓜长 1/8，心腔/横径小于 1/2。单瓜重 200 克左右，畸形瓜率低于 7%，春露地栽培亩产 5 000 千克以上。适宜在我国大部分地区春、秋露地栽培。目前已成为广东、浙江、海南等地主栽品种。

津优 409：天津科润黄瓜研究所育成。该品种植株生长势强，叶片中等大小，叶色深绿。主蔓结瓜为主，瓜色深绿、光泽度好，瓜把短，瓜条顺直，夏季高温不易出现畸形瓜，瓜条长 36 厘米左右，单瓜重 200 克左右，抗多种病害。适宜在我国大部分地区春、秋露地栽培。该品种兼顾商品性、抗病性、适应性，自推广以来，在我国露地栽培区域表现突出，累计推广面积10万亩以上。

中荷16：天津德瑞特种业有限公司2015年育成。该品种植株生长势强，叶片中等大小，耐低温、弱光能力强。单性结实能力强，主蔓结瓜为主。瓜条生长速度快，早熟性好。中抗霜霉病、白粉病，抗枯萎病、靶斑病。瓜条棒状，皮色深绿均匀、光泽度好，刺中、瘤中等、无棱，商品性佳。腰瓜长36厘米左右，瓜把小于瓜长1/7，心腔小于瓜横径1/2，单瓜重200克左右，品质好。适应性强，不早衰。越冬栽培亩产10 000千克以上。该品种适于辽宁凌源、山东、河南等地区越冬和早春日光温室栽培。

中农26：中国农业科学院蔬菜花卉研究所育成。该品种植株生长势强，分枝中等，叶色深绿、均匀。主蔓结果为主，回头瓜多。持续结果及耐低温弱光、耐高温能力突出。早春第一雌花始于主蔓第3～4节，节成性高。瓜色深绿、亮，腰瓜长约30厘米，瓜把短，瓜粗3厘米左右，心腔小，果肉绿色，商品瓜率高。刺瘤密，白刺，瘤小，无棱，微纹，质脆味甜。综合抗病性强，丰产优势明显。适合日光温室各个茬口栽培。主要推广省份为辽宁、河北、北京、天津等。主要优缺点：该品种抗病性突出，瓜条商品性好，但瓜条较短，刺瘤小，适宜短瓜条区域推广。

津绿21-10：天津市绿丰园艺新技术开发有限公司2008年育成。该品种植株生长势中等。雌花节率50%左右，主蔓结瓜为主，单性结实能力强。瓜条生长速度快，早熟性很好，连续结瓜能力强。抗霜霉病、白粉病、枯萎病。耐低温、弱光能力强。瓜条棒状，瓜色绿且均匀、光泽度较好，密刺瘤中等，商品性好。腰瓜长35厘米左右，单瓜重220克左右。瓜把短，品质好，适应性强。适应适宜日光温室和大棚栽培，主要推广区域为华北、东北、西北、华中地区。该品种雌花节率较高，成瓜性强，不建议喷施增瓜灵等激素类药物。

（2）华南型黄瓜

燕白：重庆市农业科学院2008年育成。该品种早熟，雌性强。瓜圆筒形、绿白色，畸形瓜少，单性结实力强；长势强，抗病性好，早熟性突出，丰产性高。适宜春大棚、露地早熟栽培。因连续挂果多，种植中注重肥水管理，并及时采收；在高温干旱季节种植时，瓜尾可能出现苦味，要注意安排好种植季节。主要推广区域为重庆、四川、贵州、云南、湖南、湖北、广西、浙江、江苏及福建各地。

吉杂16：吉林省蔬菜花卉科学研究院育成。该品种植株生长势强，叶片中等，以主蔓结瓜为主，根系发达，叶片深绿色，以主蔓结瓜为主，平均第一雌花节位第3.5节；果型棒状，果长20～25厘米，单瓜重150～210克，果皮绿白色，黑刺，果实商品性状优良。肉质细脆，微甜，有香气；抗黄瓜霜霉病能力强，中抗黄瓜疫病、枯萎病等病害；早熟品种，从播种到采收55天。该品种育成以后即在吉林省内及黑龙江、辽宁部分地区大面积推广应用。

田娇七号：青岛硕丰源种业有限公司育成。该品种植株生长健壮，强雌性，连续坐果力强，果实商品率高，产量较高。果面有稀疏白刺，刺瘤较大，横径3.5厘米，果实长16～18厘米，翠绿色，光泽油亮，圆润饱满，品质脆甜，肉质细腻，口味清香，抗霜霉病和角斑病，适宜春秋保护地栽培。

力丰：广东省农业科学院蔬菜研究所育成。该品种生长势强，分枝性强，主侧蔓结瓜。瓜圆筒形，瓜条顺直、匀称，皮色白绿网纹，绿肩，瓜长23～25厘米，横径5.6厘米，肉厚1.4厘米，单瓜重500克。肉质脆，风味清香，耐贮运，抗枯萎病、霜霉病，耐炭疽病和疫病。田间表现耐热和耐涝性强，适合南方夏、秋季种植。亩产量5 000千克。适应华南地区春秋季露地种植。

龙园秀春：黑龙江省农业科学院园艺分院育成。植株长势中等，主、侧蔓均可结瓜，分枝性较弱。节间较短，叶片中等大小，第一雌花在第3～5节，瓜条膨大速度快，商品性好，瓜条顺直，瓜长22厘米左右，皮色浅绿，白刺稀少，种子腔小，清香味浓。早熟性突出，前期产量高，具有单性结实能力。抗霜霉病、中抗白粉病、高抗枯萎病。适合黑龙江、吉林、辽宁、内蒙古及相似生态地区的保护地及露地种植。

（三）品种创新的主攻方向

1. 华北型黄瓜

该类型黄瓜仍然将是我国黄瓜生产主导类型，根据适宜种植模式可分为保护地品种和露地品种两大类。随着消费要求的不断提高，市场对华北型黄瓜的要求从高产优质逐步转变为优质为主，同时要求高产和多抗性。黄瓜的主要育种目标是优质、多抗、丰产和专用。

（1）保护地品种

随着我国黄瓜种植的规模化和集约化程度不断提高，设施保护地黄瓜种植面积在经历了 10 多年的迅速增加后，目前保持稳定发展态势。市场对保护地黄瓜的主要要求是：①优质，要求商品品质优良，瓜条长度 35 厘米左右最佳，部分市场要求 30 厘米左右，瓜把长度小于瓜长 1/7，心腔小于瓜横径 1/2，皮色深绿均匀，无棱或小棱，刺瘤均匀、大小适中，光泽度好，无蜡粉、无黄线；近年来对黄瓜内在品质要求提高，要求口感脆甜，维生素 C 含量和可溶性糖含量成为主要品质测定指标。②抗逆性，要求具有良好的耐低温弱光性，并要有一定的耐热性能。③抗病性，要求抗霜霉病、白粉病、靶斑病、细菌性角斑病等黄瓜主要病害。④产量，新品种产量应高于主栽品种 8% 以上。

（2）露地品种

露地栽培面临高温多雨栽培环境，栽培管理相对粗放，要求品种具有良好的抗病抗逆特性，近年来对品质性状的要求不断提高。主要要求是：①优质，主要指标与保护地品种相同，要求皮色深绿、光泽度好，无棱、无黄线，口感脆甜，畸形瓜率低。②抗病，新品种要求抗霜霉病、白粉病、枯萎病、靶斑病、病毒病等黄瓜主要病害。③耐热，要求新品种能够耐受 36℃ 以上高温高湿栽培环境。④产量高于主栽品种 8% 以上。

2. 华南型黄瓜

近年来以旱黄瓜为代表的华南型黄瓜栽培面积有增加的趋势，该类型黄瓜口感好，市场平均售价高于华北型黄瓜。该类型黄瓜皮色多样，其中旱黄瓜主要为浅绿、浅白色，部分华南型黄瓜为深绿皮色，瓜条长度 20 厘米左右，刺瘤稀。新品种要求口感好、无苦味，白刺，果肉厚，抗病性强，耐高温高湿，产量高，畸形瓜率低。

3. 水果型黄瓜

该类型黄瓜种植面积较小，重点满足高端或特色市场鲜食需求。新品种要求商品瓜瓜条长度 12～16 厘米，皮色绿有光泽，无刺或少刺，无瘤，口感脆甜，雌性强，抗病，产量高。

（编写人员：张文珠　庞金安　等）

番　　茄

一、产业发展情况分析

（一）生产情况

2018 年我国番茄生产规模继续保持稳定，栽培面积 1 663.7 万亩，产量 6 483.2 万吨。设施番茄面积 963.7 万亩，其中日光温室栽培面积 392.2 万亩，大中棚面积 500.3 万亩，小棚面积 71.2 万亩；露地番茄面积 700 万亩。番茄生产面积虽然基本稳定，但设施面积仍在持续增加，主要是近几年山东、甘肃、山西、河南等地相继建成了一些大规模的现代化温室来生产番茄。

黄淮海与环渤海区域是全国番茄最重要的生产区域，2018 年该区域番茄总产量为 3 128 万吨，占全国总产量的 48%。长江中下游区域占 18%，西北区域占 17%，东北、西南、华南 3 个区域占 17%。

山东依然是我国番茄生产第一大省，2018 年栽培面积为 204 万亩；河南排第二位，面积为 170 万亩；河北第三，133.7 万亩。其余面积较大的省份还有江苏、广西、安徽、四川、广东、内蒙古、陕西等省份。

（二）市场情况

2018 年是番茄生产价格波动异常的一年。虽然全年番茄平均地头价格与 2017 年持平，但在早春出现了多年来少见的滞销，价格为多年来最低。8 月下旬至 10 月下旬番茄地头价格一路上涨，这期间价格显著高于近几年的同期。从 11 月上旬开始价格有所回落，但到年底，与前几年相比仍然处于较高的水平。

2018 年高品质番茄生产开始明显增加，主要产品为口感品质优异的中小果型番茄和樱桃番茄。其生产者主要是专业企业或科技园区。产品主要通过电商平台销售，也有部分通过超市销售，价格是普通番茄的 3～5 倍。

二、登记品种情况分析

2017—2018 年登记番茄品种 861 个。对登记品种的选育类型、申请单位、品种和果色进行统计，统计结果见图 17 - 1。

从选育类型看，自主选育品种数量最多，为 789 个，占比 91.6%，合作育成和境外引进分别只占 4.3% 和 3.3%。

从申请单位看，861 个品种来自 193 个申请单位，包括 23 个科研单位，7 个教学单位，163 家企业（境外企业 3 家）。企业登记品种最多，达 713 个，占比 82.81%，其中境外企业登记 25 个；科研单位登记品种占比 12.7%；教学单位登记品种占比 1.6%。企业中登记数量最多的是济南学超种业有限公司，登记品种 43 个，登记数量较多的企业还有沈阳谷雨种业有限公司、西安秦杰农业科技有限公司、抚顺市北方农业科学研究所、先正达种苗（北京）有限公司、纽内姆（北京）种子有限公司、农友种苗（中国）有限公司。科研单位中登记品种数量最多的是新疆农业科学院园艺研究所和江苏农业科学院蔬菜研究所，登记数量均为 11 个。教学单位中登记数量最多的是东北农业大学，登记数量为 6 个。

从品种类型看，鲜食品种登记最多，为 699 个，占 81.02%；加工品种占 12.7%；鲜食加工兼用品种占 12.7%；此外，还有其他用途（砧木）品种 3 个。

从果实颜色来看，粉果和红果品种最多，二者占登记品种的 90% 以上，其中粉果品种 474 个，占 55.0%，红果品种 359 个，占 41.7%；此外还有黄果品种、紫色品种和其他颜色品种。

从抗病性看，注明抗黄化曲叶病毒的品种有 487 个，抗叶霉病的 482 个，抗番茄花叶病毒的 505 个，抗枯萎病的 476 个，抗根结线虫的 359 个，耐黄瓜花叶病毒（CMV）的 473 个。其中不少品种兼抗 3 种到 4 种病害。从抗逆性来看，明确注明耐热的品种有 251 个，耐低温的品种有 344 个，耐干旱的品种有 27 个，耐盐碱的品种有 24 个。

从品质看，大果番茄品种中，标明可溶性固形物超过 5.0% 的品种有 223 个，加工番茄可溶性固形物超过 5.5% 的有 19 个，樱桃番茄可溶性固形物超过 10.0% 的有 5 个。

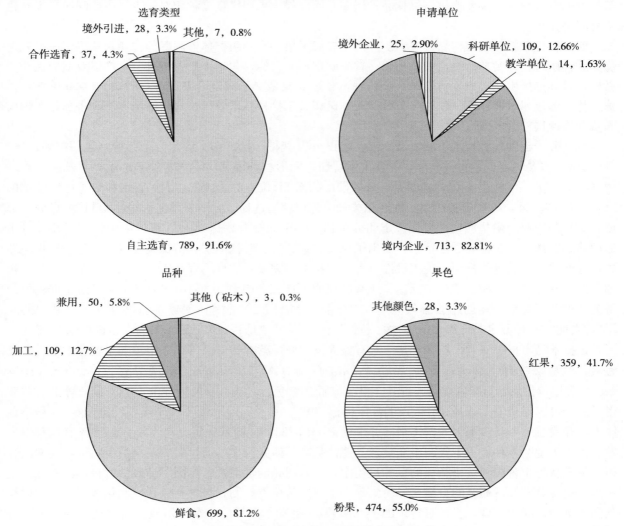

图 17-1　各类型登记品种数量和占比情况统计图

三、品种创新情况分析

（一）育种新进展

一是将品质育种放在更加突出的位置。除了继续关注商品品质外，开始追求口感品质。一些育种单位利用最初从日本引进的材料，已经育成了风味品质优异的品种并开始推广。这类品种一般单果重 60～90 克，可溶性固形物含量可达 10％甚至更高。培育风味优良的品种也成为樱桃番茄育种的主要目标。新育成的一些樱桃番茄品种风味和口感可以和千禧媲美，且适应性和抗病性超过千禧。

二是继续在提高多抗性上努力。除了抗番茄黄化曲叶病毒（TYLCV）外，还要抗灰叶斑病、枯萎病、根结线虫。抗斑萎病、"死棵"、溃疡病成为番茄多抗育种的又一重点。一些新品种将抗"死棵"作为卖点，这些品种主要含有抗颈腐根腐病基因 Frl。

三是种类多元化更为明显。从 2018 年各地番茄新品种田间展示现场来看，各种类型、各种颜色的新品种、新组合明显增多。过去很少有人进行罗曼番茄育种，现在罗曼番茄品种逐渐增多。此外，国内最近还育成了一批适合成串采收的番茄品种，过去这类品种基本被国外掌控。从 2018 年推出的新品种来看，粉果大果和樱桃型优良品种居多，而红果大果型优良品种相对较少，主要问题在于颜色不够鲜艳光亮。

四是育种材料创制获得新进展。历经 4 年完成了第一次超级群体资源库的构建，获得了一批表现优异的种质材料。番茄超级群体的构建，首先确定创制目标，包括优质、抗病、丰产以及适应性，然后根据目标选择生产上表现优良的 6 个品种，经过 3 轮杂交形成复合杂交种，种植 20 000 单株，单株采种，形成超级群体库。新建立了番茄灰叶斑病人工接种技术及抗病材料筛选方法和番茄颈腐根腐病苗期快速接种鉴定方法，并申报了专利。

五是分子辅助育种技术不断发展完善。2018 年又获得一批抗病基因的分子标记，包括抗晚疫病、灰叶斑病、TYLCV、颈腐根腐病。开发出了番茄高固形物基因（$lin5$）的 SNP 标记；番茄高红素基因（$hp\text{-}2dg$）的 SNP 标记；控制番茄果实硬度的 QTL 位点分子标记，人工鉴定和分子标记鉴定的符合率达 89.5％，可用于番茄果实硬度相关分子标记辅助选择。开发了番茄耐盐性 QTL 位点分子标记，对番茄资源的耐盐性生理指标鉴定和分子标记鉴定的符合率达 80％，可望用于番茄耐盐性分子标记辅助选择。针对植物学性状，开发出了果实心室数目、叶柄离层、植株高度以及高封顶植株花序数目等性状连锁的分子标记。关于雄性不育利用技术，完成了雄性不育基因 $MS\text{-}26$ 和 $MS\text{-}32$ 的精细定位，并开发出了相应的分子标记，还有两项成果申报了专利，"利用 $SlPIF3$ 基因创建可调控的番茄核雄性不育系及其创建方法与应用""番茄 $SlMAPK20$ 基因在创建番茄核雄性不育系中的应用"。发明了一种鉴定番茄果形的方法，通过检测基因组中是否具有 SUN 突变，帮助筛选理想的果形，该技术已申报了专利。花青素是一类有益人体健康的营养物质。普通栽培番茄果实通常不产生花青素，但是某些野生种番茄含有 $Anthocyanin\ fruit$（Aft）、$Aubergine$（Abg）或 $atroviolacium$（atv）等遗传位点，其果实因表皮能产生花青素而呈紫色。其中 atv 被精细定位 7 号染色体上，并获得了一个可以用于辅助选择 atv 位点的分子标记 ATV-In。同时，将 Aft 位点精细定位在 10 号染色体上，开发了一个与该基因紧密连锁的分子标记 HP3185。代谢基础研究有成效。2018 年我国科学家发表了关于番茄育种过程中代谢组变化及其遗传基础的研究论文。通过对 600 余份材料进行代谢组分析，发现从野生番茄到栽培番茄的育种过程中，具有涩味的毒性抗营养因子茄碱的含量逐渐降低。进一步的遗传分析发现茄碱的自然变异受到 5 个主要遗传位点控制，且这些位点在驯化及改良过程中受到强烈选择。同时发现，粉果是转录因子 SlMYB12 启动子区域一个突变所致。研究还表明番茄育种过程中对果重基因的选择及野生渐渗片段的导入对果实代谢组有较大的影响。该研究结果将促进番茄营养品质育种的发展。

六是基因编辑技术研究成果显著。2018 年我国在番茄基因编辑创制新种质研究上取得系列成果。中国科学院的专家以天然耐盐碱和抗细菌疮痂病的野生醋栗番茄（*Solanum pimpinellifolium*）为基础材料，运用基因编辑技术精准靶向多个产量和品质性状控制基因的编码区及调控区，在不牺牲其对盐碱和疮痂病天然抗性的前提下，将产量和品质性状精准地导入了野生番茄，加速了野生植物的人工驯化。基因编辑消除了野生番茄开花的光周期敏感性，将醋栗番茄开花晚、坐果稀的无限生长型的株型变成了"双有限"生长型的紧凑株型，提高了坐果率、果实成熟的同步性和收获指数。同时使野生番茄果实变大，维生素 C 含量升高。盐处理和疮痂病菌接种实验表明，上述重要农艺性状的精准导入并没有影响野生番茄的天然抗性。该研究首次通过基因编辑实现野生植物的快速驯化，为精准设计和创造全新作物提供了新的策略。另外，运用 CRISPR/Cas9 基因编辑系统创制紫果番茄突变体的方法和应用，通过基因编辑 *Ty-5* 创制抗 TYLCV 番茄新种质，通过基因编辑 *Myb*12 基因和 *GLK*2 基因，获得粉果和无果肩番茄新种质，利用 CRISPR/Cas9 敲除系统对番茄 *SlMPK*20 基因进行定点敲除，获得花粉粒完全败育核雄性不育系等多项成果申报了专利。

七是番茄分子育种技术平台建设得到进一步完善。基于番茄品种 Heinz 1706 的全基因组序列的版本号为 SL2.50，开发利用 212 个 SNP 位点建立了快速准确、经济简便、稳定可靠的番茄 DNA 指纹鉴定标准实验体系，并在此基础上开发了一种适用于番茄指纹图谱库构建及品种真实性鉴定、种子纯度鉴定的方法。完善了基于二代测序技术的分子标记高通量检测方法。通过扩增子测序的原理，利用设计的多个位点的特异引物及 PCR 反应体系、分析流程，通过多重 PCR 一次获取所有单株在多个重要农艺性状相关位点的扩增子，再使用含有不同标签序列的引物，对扩增子再进行一次扩增，将所有单株的扩增子加上互不相同的标签序列，对扩增子进行二代测序，通过对测序结果分析，即可一次获得所有单株的基因型。目前番茄检测目标基因 80 多个，背景选择基因 200 多个。由传统检测技术单次 1～10 个位点提升到单次检测点 100 个以上，且可通过增加标签组合和扩大测序数据量增加样本，检测数量不限。且可以检测任意变异类型。中国农业科学院蔬菜花卉研究所利用国产仪器设备建成了 KASP 检测平台系统，建立蔬菜代谢组学分析平台。

（二）品种应用情况

我国番茄生产主要有日光温室、塑料棚和露地 3 种栽培方式。不同栽培方式对品种特性要求有所不同。同时，由于我国番茄分布区域广，不同区域之间生态条件差异较大，即便栽培方式相同，也会因小气候环境不同，造成适宜品种不同。生产上，进口品种和国内育成品种数量较多，种子销售公司和个体经营者更是数量众多，从而造成了番茄品种在生产上推广比较分散，呈现碎片化分布，极少有跨区域大面积推广的品种。随着整体育种水平的提升，新品种更加趋于同质化，加之普遍存在的一品多名，使得品种分布更加散乱。

1. 生产上推广的主要品种

（1）国内选育鲜食大果品种

金棚 8 号：坐果好，产量高，果形均匀，商品性好。抗根腐病能力差，耐裂果性稍差。河北、河南等区域秋延温室主栽品种。

京番 401：北京市农林科学院蔬菜研究中心。粉果，坐果均匀，商品性好，果面干净，果形好，颜色好，硬度适中。北京、天津、河北、山东、河南、山西等晚春、越夏和秋延拱棚和温室市场主栽品种。

京番 502：北京市农林科学院蔬菜研究中心。红果，株果协调，上下坐果一致，商品果率高，果形好，果色亮，低温转色无障碍。果实硬度和灰叶斑病抗性不够。内蒙古赤峰、四川攀枝花、山东莱西等地春、夏、秋季拱棚茬口主栽品种。

天赐 595：沈阳谷雨种业有限公司。粉果，中早熟，坐果能力强，果实圆形，单果重 300～350克，硬度好，均匀度略差，耐裂，耐贮运；综合抗病性强，抗 TYLCV、番茄叶霉病、番茄花叶病毒病（ToMV）。适应性强，耐热性好，适宜冷棚栽培。

中杂 301：中国农业科学院蔬菜花卉研究所。粉果，早熟，单果重 220 克左右。颜色美观。抗TYLCV。适宜设施栽培。

中杂 302：中国农业科学院蔬菜花卉研究所。红果，中早熟，单果重 220 克左右，连续结果能力强，商品率高。抗 TYLCV、根结线虫病。适宜设施栽培。

浙杂 503：浙江省农业科学院蔬菜研究所。红果，早熟，单果重 220 克左右，大小均匀，商品性好，硬度高，耐贮运；适应性好，稳产高产；抗 TYLCV、ToMV 和枯萎病。

苏粉 14 号：江苏省农业科学院蔬菜研究所。粉果，中晚熟，果面光滑，单果重 200 克左右，果实整齐度好，硬度高，耐贮运。抗 TYLCV、ToMV、叶霉病、枯萎病、根结线虫病等病害。

东农 727：东北农业大学。粉果，中熟。单果重 240～280 克，果实圆形，整齐度好，商品性高，硬度高，耐贮运。高抗 ToMV、叶霉病、枯萎病和黄萎病。适合于保护地栽培。

宝利源 3 号：北京博纳东方公司。粉果，商品性好，果型大，产量高。颜色转色略差。山东等地温室秋延主栽品种。

满田 2199：北京满田种子科技发展有限公司。红果，中早熟。耐热性好，果实高圆，单果重 200～250 克，果色艳丽有光泽，果实硬度好，耐裂，耐贮运。抗 TYLCV、根结线虫病、ToMV、枯萎病、黄萎病。

（2）国外选育鲜食大果品种

罗拉：海泽拉农业技术服务（北京）有限公司。粉果，坐果均匀，商品性好。长势略弱，不耐激素。东北温室、河北温室、山东温室、南方拱棚早秋主栽品种。

普罗旺斯：荷兰德澳特种业集团公司。粉果，耐低温性好，产量高，口感好。不抗 TYLCV，硬度略差。东北、陕西、河北、山东等地温室越冬主栽品种。

7845：圣尼斯种子（北京）有限公司。红果，果实均匀，商品性好，果实硬度高，耐贮运。坐果略偏少，低温转色略差。

4224：圣尼斯种子（北京）有限公司。红果，果形好，坐果均匀，商品性好，果实硬度高，耐贮运。低温转色略差。南方露地以及北方温室红果生产主栽品种。

思贝德：先正达种苗（北京）有限公司。红果，坐果率高，果实均匀一致，转色快，颜色靓丽，低温转色无障碍。硬度不够，精品果率不够，整体抗病性略差。赤峰、莱西等地拱棚茬口主栽品种。

齐达利：先正达种苗（北京）有限公司。红果，商品性好，低温下转色均匀。易感灰叶斑病，冠状根腐病发生严重。寿光温室、拱棚主栽品种。

倍盈：先正达种苗（北京）有限公司。红果，坐果率高，转色均匀，颜色靓丽，商品性好。不抗TYLCV。南方拱棚、露地主栽品种。

瑞菲：先正达种苗（北京）有限公司。红果，转色快、均匀，颜色好，坐果率高。果形差，硬度略差。北票温室、长阳主栽品种。

（3）樱桃番茄品种

千禧：农友种苗（中国）有限公司。早熟，每穗结果 14～22 个，坐果能力强，产量高。成熟果粉红色，果实椭圆形，单果重 20 克左右，可溶性固形物含量 9.6%，口感甜脆，味浓，不易裂果，耐贮运。

粉贝贝：北京中农绿亨种子科技有限公司。中早熟，坐果能力强，产量高。成熟果粉红色，果实圆球形，色泽亮丽，单果重 25 克左右，口感佳，商品性好。适合日光温室越冬、早春栽培。

黄妃：日本引进。早熟，单穗坐果数多达 50 个，产量高。成熟果黄色，果实椭圆形，单果重 12～15 克，果实硬度中等，可溶性固形物含量 9％～11％，风味浓、口感佳。较抗灰霉病，适应性好。

圣桃 6 号：北京中农绿亨种子科技有限公司。中早熟，每穗结果 10～20 个，坐果能力强，产量高。成熟果粉红色，果实椭圆形，单果重约 25 克，色泽亮丽，口感优，不易裂果，耐贮运。耐高温，抗逆性强。适合早春及秋延保护地栽培。

圣桃 T6：北京中农绿亨种子科技有限公司。中早熟，坐果能力强，产量高。成熟果粉红色，果实短椭圆形，单果重 25～30 克，色泽亮丽，口感优，耐裂，耐贮运。抗 TYLCV、中抗南方根结线虫病、ToMV、叶霉病、枯萎病，耐高温。适合早春及秋延保护地栽培。

粉霸：酒泉市华美种子有限责任公司。中早熟，每穗结果 20～26 个，产量高。成熟果粉红色，果实椭圆形，单果重 15～20 克，可溶性固形物含量 7.0％，口感好，果硬，耐贮运。抗 TYLCV、南方根结线虫病、ToMV、叶霉病、枯萎病，耐高温，抗逆性强。适合早春及秋延保护地栽培。

浙樱粉 1 号：浙江省农业科学研究院蔬菜研究。早熟，连续坐果能力强，产量高。成熟果粉红色，果实圆形，色泽鲜亮，单果重 18 克左右，可溶性固形物含量 9.0％以上，酸甜可口，商品性好。抗 ToMV 和枯萎病，耐高温、低温性好。适宜全国各地保护地栽培。

金陵梦玉：江苏省农业科学院蔬菜研究所。中早熟，高温、低温条件下坐果良好。成熟果粉红色，果实圆形，单果重 23 克左右，整齐度好，不易裂果，耐贮运。可溶性固形物含量 8.0％左右，口感风味好。抗 TYLCV、ToMV、叶霉病及枯萎病。

西大樱粉 1 号：广西大学农学院。早熟，每穗坐果 12～20 个，果实椭圆形，粉红色，单果重 25 克左右，可溶性固形物含量 10％左右，口感甜酸，果肉厚，硬度高，耐贮运。抗 TYLCV、根结线虫病、枯萎病、叶霉病等。适宜全国各地栽培。

粉娘：日本坂田种苗株式会社。果实圆球形，单果重 25～30 克，颜色深粉红，商品性好，可溶性固形物含量 8.0％左右，口感甜酸，风味浓，口感佳，耐运输。

沪樱 9 号：上海市农业科学院园艺研究所。中早熟。成熟果粉红色，果实椭圆形，单果重 15 克左右，可溶性固形物含量 7.5％左右，口味酸甜，果实硬度好，耐裂果。抗 TYLCV 及根结线虫病，中抗叶霉病。

夏日阳光：海泽拉农业技术服务（北京）有限公司。中熟，坐果能力强，产量高。成熟果黄色，果实圆形，单果重 20～25 克，口味清新，口感佳。抗 ToMV、黄萎病、枯萎病（1 号生理小种）。适宜保护地早春或秋延栽培。

丽晶 T2：西安桑农种业有限公司。果实圆球形，深粉红果，单果重 28 克左右，硬度高，不易裂果，口感好，商品性佳。抗 TYLCV、ToMV。

2. 各区域主要应用的品种

(1) 东北区域

日光温室主要应用的品种有：卓粉 - 227、天赐 595、中杂 301、浙粉 702、浙粉 708、克莱姆、草莓番茄、美钻、V260F1、京番 302、中华绿宝、爱丽果、粉冠一号、特选富山、欧盾、罗拉、齐达利等。

大、中棚主要应用的品种有：亚非金盾、欧盾、东农 722、京番 101、普粉、硬粉、惠盈、银月亮、金盾、珍妮特、凯德泰诺、凯德 198、凯德 998、凯德 6810、中华绿宝、铁太郎 7 号、欧粉、粉都、HL118。

露地栽培的品种有：威旺、粉红太狼三号、美粉宝石、倍利嘉等。

（2）黄淮海区域

日光温室栽培的品种有：595、凯特二号、皖杂 20、金棚系列、粉宴、瑞粉 802、思贝德、齐达利、303、中杂 301、浙粉系列、察娜 60、冀粉三号、东圣、华宝、农大 207、京番 102、京番 308、冠群 6 号、东风 199、东风 108、津钻 801、荷兰硬粉、中研 868、罗拉、芬迪、东圣 T01、瑞星系列、汉姆、传奇、阿乌、普罗旺斯、百利等。

大、中棚栽培的品种有中杂 301、中杂 302、皖杂 15、皖杂 20、凯特二号、凯特 3003、思贝德、圣尼斯 31、金棚系列、粉迪尼 217、天宝 366、东圣、华宝、农大 207、京番 402、京番 502、普罗旺斯、7845、齐达利、金冠 28、罗拉、402、1618、皖红 16、凯瑞、浙粉 202、粉宝石、皖粉 5 号、中研 868、奥红 2 号、东方四号。

露地栽培的品种有：皖粉 5 号、皖杂 15、中杂 9 号、中杂 105、合作 908、毛粉 802、京番 304、朝研粉冠、东圣、华宝、402、瑞丽斯、1678、L-402、诺盾 9023、皖杂 20、中研 998、金棚系列。

（3）长江流域区域

日光温室和大棚栽培品种有：普罗旺斯、冠群 6 号、苏粉 14、金棚 9 号、苏粉 13、浦粉一号、申粉 19、钻红 2 号、欧盾、桃大粉、合作 903、金棚 218、东圣、欧美嘉、超冠、倍盈、巴菲特、百泰、菲达、超越二号、浙杂 503、天禄一号、浙砧 1 号、倍盈、浙粉 706、天禄 1 号、爱绿士 T147、中研红二号、粉果 2 号、迪欧红冠、金红九、渝红七号、思贝德、钻红二号、石头、合作 903 等。

露地栽培的品种有：雷欧、天妃 3 号、金矮红、艾丽娜、7846、红金刚、瑞菲、合作 903 等。

（4）华南及云贵区域

露地栽培品种有：思贝德、拉比、艾比利、4224、2199 等。

（5）西北区域

日光温室栽培品种有：中杂 109、中杂 301、齐达利、金棚系列、普罗旺斯、欧盾、浙粉 702、美粉 869、飞跃、粉宴 1 号、中研 988、天宝系列、天赐五号、绿亨 205、巨霸、太空九号、东圣 T02、966、吉诺比利、T505、凯瑞、CM130、CM1 558、汉姆 1699 等。

大棚栽培品种有：金棚系列、欧盾、东圣一号、巨霸、圣达利、东圣 T02、芬迪、CM108。

露地栽培品种有：丰收 128、利番 9729、欧盾、中农 301、东粉 3 号、黄金 606、美粉 869、飞跃、粉宴 1 号、金棚系列、中杂 9 号、思贝德。

（6）樱桃番茄区域

黄淮海等北方地区樱桃番茄的种植面积较大，设施栽培冬春茬口品种主要为粉贝贝、圣桃 6 号、千禧、金陵梦玉等，设施栽培夏秋茬口品种要求抗 TYLCV，主要品种有粉霸、圣桃 T6、粉贝拉等。

长江流域地区樱桃番茄生产属于分散栽培，生产模式主要为越冬早春塑料大棚栽培，对 TYLCV 的抗病性要求不是太高。主要品种有浙樱粉 1 号、黄妃、千禧、沪樱 9 号、粉娘、夏日阳光等。

华南生产区域主要是露地栽培，但是近年来塑料大棚以及避雨栽培开始增加，以冬春茬口为主，要求果实的耐贮性较佳。广西田阳、田东等地区因 TYLCV 发病严重，要求品种必须抗 TYLCV，主要品种有粉霸、圣桃 T6、丽晶 T2、西大樱粉 1 号等；海南陵水、广东茂名等区域不需要抗 TYLCV，但要求品质好，品种主要为千禧，但 2018 年秋冬以来，陵水因持续高温，部分地区也有 TYLCV 发病。

西南的云南元谋等地区因为 TYLCV 发病严重，樱桃番茄品种必须抗 TYLCV，主要品种有粉霸、圣桃 T6 等，四川攀枝花等地区要求品质好、耐贮运，主要品种为千禧。

西北区域的陕西渭南等番茄生产老区，一般需要抗 TYLCV，樱桃番茄品种主要为丽晶 T2、粉霸、圣桃 T6 等，而不需要抗 TYLCV 的地区或茬口的品种主要为千禧、粉贝贝、圣桃 6 号等。

（7）加工番茄生产上主要品种

2018 年我国加工番茄生产仍然集中在新疆、内蒙古、甘肃等地区。加工番茄品种有 50 多个，其中种植面较大的品种有 H1015、H3402、H2401、IVF3302、IVF1305、屯河 8 号、屯河 17、屯河 306、屯河 9 号、屯河 2272、金番 3166、金番 1615、石番系列。

（三）不同生态区品种创新的主攻方向

我国蔬菜产业进入了新的发展阶段，优质、绿色、高效是新阶段发展的主要目标。番茄育种要围绕产业发展目标，将优质、多抗、抗逆和适合轻简化栽培作为主攻方向，选育适合不同区域不同栽培方式的专用品种。

黄淮海区域是日光温室生产最集中的区域，也是目前平均单产最高、品质较优的区域。秋冬季栽培要求品种抗 TYLCV、抗死棵，前期耐高温，后期低温着色好。目前生产上耐高温，抗死棵的品种较少，大部分国内品种，特别是大红果品种低温下着色欠佳。近年来，该区域新建了越来越多的现代化连栋温室进行番茄工厂化生产，要求品种具有较好的连续结果能力，但目前使用的均为国外品种，国内尚无替代品种。生长势强、连续结果好、果穗整齐、适合整穗采收的品种选育是该区域品种创新的主攻方向。

长江流域是番茄生产面积最大的区域。该区域以塑料大中棚与露地栽培为主。由于该区域寡照天气多，降雨多，湿度大，昼夜温差小，品种要求早熟、成熟转色快且均匀、耐高温高湿、多抗性强，特别是夏秋季栽培的品种一定要抗 TYLCV。耐高温高湿品种选育将是该区域今后品种创新的主攻方向。

华南及云贵高原区域是露地红果番茄主产区，有少量大棚栽培。露地栽培茬口较多，有秋冬季栽培、早春栽培，以及夏、秋季栽培。该区域湿度大，病害较重，是青枯病最严重的区域。选育颜色光亮鲜艳、果形周正、抗青枯病的红果番茄是该区域的主攻方向。

西北区域以秋、冬日光温室和春、夏大棚及夏、秋露地为主要栽培模式，其中春、夏大棚和夏、秋露地在我国 7—9 月番茄市场供应中占有重要的地位，是夏、秋番茄北菜南运的基地之一。生长势强、耐低温、耐裂果、商品品质好且抗 TYLCV 是该区域今后品种创新的主攻方向。

东北区域栽培方式有早春日光温室，秋、冬季日光温室，春、夏大棚和越夏露地栽培，近年来夏季番茄北菜南运呈增加之势。该区域要求品种耐低温性好，耐贮运，早熟。提高果实均匀度、品质抗性兼顾是该区域品种创新的主攻方向。

樱桃番茄育种近年来进步较快，不少新育成的品种在产量、抗病性、环境适应性、商品品质、可溶性固形物含量等方面都超过了千禧。今后育种目标是进一步提高品质和耐热性，特别是口感的提升。

加工番茄主要产地在新疆，现栽培面积稳定在 60 万亩左右。当前最主要问题是色素含量低、品质差、列当危害严重。今后要加强产量高、品质好、适应性强、抗列当品种的培育。

（编写人员：杜永臣　李常保 等）

辣　椒

辣椒是我国重要的蔬菜和调味品，栽培面积和总产量居世界首位，对农业产业结构调整和蔬菜周年供应具有重要作用。

一、产业发展情况分析

（一）生产情况

1. 总体种植情况

2018年我国辣椒产业发展总体平稳，种植面积2 975万亩，比2017年增加1.3%，但没有达到2016年的最高峰（3 200万亩）。其中，保护地面积870万亩，占辣椒总面积29.2%。

2. 区域种植情况

近年来，我国辣椒生产正逐步向区域化、规模化、品牌化方向发展，已形成七大特色优势产区。

（1）南菜北运基地（广东、海南、广西、福建）

辣椒种植面积370万亩，比2017年增加20万亩，广西、福建有一定幅度的增加，广东、海南有小幅增长。该区域以冬春季自然光热资源丰富、少雨为优势，采用露地条件（11月至翌年5月）种植辣椒，产品销往全国各地。以鲜食品种为主，类型有黄皮尖椒、青皮尖椒、青皮线椒、黄绿皮线椒、厚皮泡椒、薄皮泡椒、单生朝天椒、螺丝椒和甜椒。广西的稻—椒轮作模式和福建的设施甜椒、辣椒有较好的发展势头。

（2）东北生产区（黑龙江、辽宁、吉林）

辣椒种植面积140万亩，比2017年增加4万亩，黑龙江由于玉米面积减少，辣椒面积有所增加。该区域主要栽培方式有冬春日光温室、春季大中棚和春夏露地生产。鲜食椒品种以37-74系列、绿箭、以色列大牛角椒、宇椒系列和龙椒系列的薄皮甜椒、荷兰甜椒（彩椒）、喜羊羊系列羊角椒、沈椒系列麻辣椒等为主，加工辣椒以北京红、金塔系列、辣妹子、千金红等品种为主。

（3）西北生产区（内蒙古、陕西、甘肃、青海、山西、新疆、宁夏）

辣椒种植面积430万亩，比2017年增加5万亩，内蒙古、陕西、新疆的加工辣椒面积有一定增加。该地区生产期光照资源丰富，昼夜温差大，辣椒产量高、干物质含量高、品质好，但无霜期短、生产周期短，以夏季露地生产为主。主要的加工辣椒类型有线椒、朝天椒，用于干制、加工打酱、提炼辣椒素或辣椒红素；鲜食辣椒类型主要有甜椒、螺丝椒、黄皮尖椒等。

（4）西南生产区（贵州、四川、重庆、云南、西藏）

辣椒种植面积950万亩，是我国最主要的加工型辣椒生产区，种植面积比2017年增加3.5万亩，由于种植辣椒见效快，对扶贫、脱贫具有积极作用。贵州和重庆在政府支持下，种植面积有一定幅度增长。类型主要有朝天椒、线椒、珠子椒、小米椒、美人椒等，用于干制、泡制、提炼辣椒素以及豆瓣酱和泡菜的辅料。

（5）华北生产区（河南、山东、河北、北京、天津）

辣椒种植面积 475 万亩，是我国设施辣椒和干制辣椒的主产区，种植面积比 2017 年减少 2 万亩，山东、河南鲜食辣椒均有所减少。鲜食辣椒以日光温室长季节生产和大棚春季生产为主，类型主要有黄皮牛角椒、黄皮羊角椒、薄皮灯笼椒、大螺丝椒、甜椒、彩椒；干制辣椒以露地生产为主，重点集中在河南柘城、内黄、临颍，河北冀州、望都，山东济南、胶州、德州等地，品种主要有簇生朝天椒（三樱椒）、子弹头、金塔系列、益都红。

（6）华东生产区（江苏、浙江、上海）

辣椒种植面积 160 万亩，比 2017 年增加 3 万亩，秋季红椒面积和价格都有一定幅度增长。该区域以微辣辣椒和甜椒消费为主，上海、苏州、南京、杭州等大中城市流动人员巨大且大多为喜辣人群，因此辣椒的消费量相当大。春季主要以大中棚、连栋大棚和部分日光温室生产微辣薄皮椒、线椒、甜椒为主，秋季主要以大棚生产牛角形红椒为主。

（7）华中生产区（湖南、湖北、江西、安徽）

辣椒种植面积 450 万亩，比 2017 年增加 5 万亩。该区域是我国辣椒重要生产区，也是喜辣人群较为集中的区域。辣椒生产方式既有大棚栽培又有露地栽培及高山栽培。主要为博辣系列、湘研系列、兴蔬系列、辛香系列、萧新系列的羊角椒、线椒、牛角椒以及部分薄皮灯笼椒。

（二）市场情况

2018 年国内、国际辣椒市场供需平稳，没有出现新的需求及动向。

2018 年我国鲜食辣椒和干椒价格与 2017 年相比总体呈上涨态势。2018 年我国鲜食辣椒的平均价格 6.75 元/千克，比 2017 年的 6.42 元/千克略有上涨。鲜食红椒价格最高，甜椒价格较低，干椒中珠子椒和子弹头价格较高，小米椒价格较低，长线椒价格波动幅度较大；不同产区辣椒价格差异较大，江苏鲜食辣椒月平均价格较高，贵州等地辣椒月平均价格波动频繁。鲜食辣椒 2018 年第一季度月均价格最高，2 月出现年内最高价达到 10.48 元/千克，第二季度和第三季度辣椒价格处于低位，6—9 月出现年内最低价，8 月出现全年最低价 5.19 元/千克；干辣椒 2018 年月均价格波动幅度较大，4 月价格最高，珠子椒、子弹头达到 24.1 元/千克，12 月年内价格最低为 5.33 元/千克，条形辣椒干 2018 年波动幅度最大，最低和最高月均价格相差 322%。

二、品种登记情况分析

2017 年 5 月 1 日，《非主要农作物品种登记办法》正式实施。截至 2019 年 6 月 13 日，全国辣椒品种申请登记数量 3 630 个，涉及全国 29 个省份。

登记前 10 名的省份及登记数量见表 18 - 1。从申请品种登记区域看，这些省份品种登记数占总数的 80%。登记前 10 名的县（区）及登记数量见表 18 - 1，这些县（区）品种登记数占总数的 35.7%。

表 18-1 登记数量前 10 名的省份及县（区）统计

排名	省份	数量（个）	占比（%）	县（区）	数量（个）	占比（%）
1	河南	658	18.1	河南金水	217	6.0
2	山东	377	10.4	河南柘城	159	4.4
3	安徽	372	10.2	安徽砀山	153	4.2
4	四川	349	9.6	北京海淀	127	3.5
5	江苏	200	5.5	安徽萧县	120	3.3
6	甘肃	199	5.5	山东胶州	109	3.0
7	北京	186	5.1	四川涪城	106	2.9
8	辽宁	159	4.4	四川锦江	104	2.9
9	湖南	156	4.3	湖南长沙	101	2.8
10	广东	128	3.5	甘肃宿州	100	2.8
10	江西	128	3.5			
合计		2 912	80.2		1 296	35.7

从申请者类型看，辣椒品种登记申请者共 483 个，其中以单位名义申请的有 477 个，以个人名义申请的有 6 个。平均每个申请者登记 7.5 个品种。平均各省份有 16.5 个申请者，其中申请者较多的省份有甘肃、河南、山东，分别有 63 个、51 个、42 个。不同类型申请者的数量与其登记品种的数量和占比情况见表 18-2 和图 18-1。申请者中以种业公司居多，占总申请者 82.4%，登记品种数量占总登记数 87.9%，品种登记数超过 50 个的前 12 位申请者均为企业（具体申请者名称和登记品种数量见表 18-3）；其次为科研单位，占总申请者 14.9%，登记品种数量占总登记数 10.1%；其他类型单位和个人申请类型较少，两类申请者登记品种数量占总登记数 2%。

表 18-2 申请者类型及登记数量统计表

类型	数量（个）	占比（%）	登记数量（个）	占比（%）
种业公司	398	82.4	3 191	87.9
科研单位	72	14.9	366	10.1
其他类型单位	7	1.4	21	0.6
个人	6	1.2	52	1.4
合计	483		3 630	

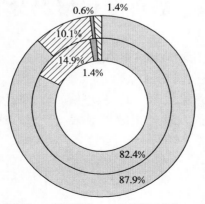

图 18-1 申请者类型及登记数量统计

表 18 - 3　登记数量超 50 的前 12 位申请者统计

序号	申请者名称	登记数量（个）
1	镇江市镇研种业有限公司	93
2	江西农望高科技有限公司	76
3	绵阳市绵蔬种业科技有限公司	76
4	湖南湘研种业有限公司	73
5	四川海迈种业有限公司	64
6	青岛明山农产种苗有限公司	63
7	京研益农（北京）种业科技有限公司	59
8	四川省川椒种业科技有限责任公司	59
9	河南豫艺种业科技发展有限公司	56
10	郑州中农福得绿色科技有限公司	56
11	洛阳市诚研种业有限公司	54
12	河南鼎优农业科技有限公司	51
	合计	780

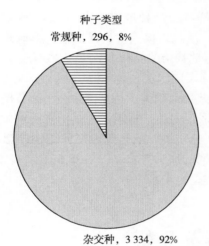

种子类型

常规种，296，8%

杂交种，3 334，92%

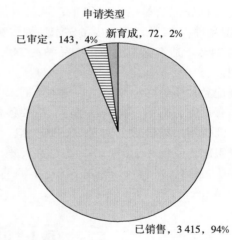

申请类型

已审定，143，4%　　新育成，72，2%

已销售，3 415，94%

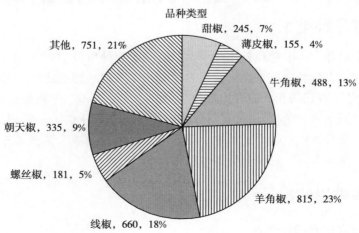

品种类型

甜椒，245，7%

薄皮椒，155，4%

其他，751，21%

牛角椒，488，13%

朝天椒，335，9%

螺丝椒，181，5%

羊角椒，815，23%

线椒，660，18%

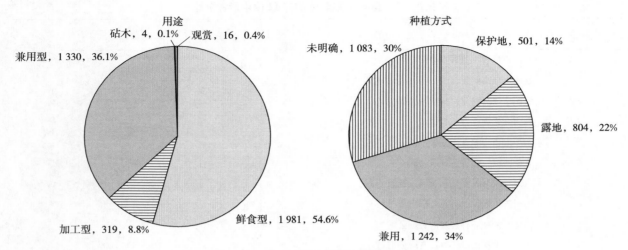

图 18-2 登记品种各类型数量和占比情况

登记品种各类型数量和占比情况见图 18-2。从种子类型看，登记品种中杂交种最多，占总登记数 92%；从申请类型看，已销售类型最多，占总登记数 94%，已审定和新育成分别仅占 4% 和 2%；从品种类型看，羊角椒、线椒和牛角椒数量最多，分别占总登记数的 23%、18% 和 13%，3 种类型辣椒数量超过总登记数量的一半以上；从品种用途看，鲜食型品种最多，占 54%，加工型品种占 9%，兼用型品种占 37%，还有少量砧木品种和观赏品种；从栽培模式看，保护地、露地兼用型品种最多，占比 34%，适宜保护地栽培的品种占 14%，适宜露地栽培的品种占 22%，另有 30% 品种未明确栽培类型。

辣椒登记品种多的客观原因：一是生产需求大，辣椒栽培面积大，是全国第一大蔬菜作物；栽培方式多样，有设施、露地、高山栽培等，需要各种类型品种满足生产需求。二是消费需求大，喜食辣椒人口多，消费习惯差异大，对辣椒、微辣椒、甜椒等口味不一。三是辣椒产品用途广泛，可以鲜食，也可以粗加工或精深加工，单一类型品种难以满足不同的加工需求。四是市场效益好，育种单位多（科研院所、高校、民营、合资、个人），选育的品种类型也丰富。

三、品种创新情况分析

（一）选育品种类型

全国从事辣椒商业育种的单位近 400 个，科研院所育种单位 70 个。正在研发和选育的品种类型多，从栽培方式看，设施类型有 3 类，①日光温室长季节栽培用的甜椒（彩椒）、大牛角椒（大螺丝椒）；②日光温室冬、春栽培和大棚春提早栽培用的薄皮灯笼椒、牛角椒、线椒、螺丝椒；③适宜大棚秋延后栽培的红椒（中牛角椒）、薄皮灯笼椒。露地品种有 4 类，①鲜椒品种，甜椒、牛角椒、羊角椒、螺丝椒、薄皮灯笼椒；②干椒品种，朝天椒、线椒；③加工制酱品种，各种果形的辣椒品种；④精深加工品种，辣椒素高、色价高的辣椒品种。

（二）品种应用情况

1. 主要品种推广应用情况

根据市场调查，目前市场上种植面积较大的品种有以下几类。

甜椒：中椒 115、中椒 1615、龙椒 11、冀研 20、冀研 108、海丰 17。

牛角椒：巨无霸、豫艺 301、福湘新秀、大果 99、中椒 6 号、好农 11、国福 428、国福 909、农大 25。

薄皮灯笼椒：苏椒 5 号、苏椒 17、苏椒 1614、豫艺 818、沈椒 4 号、沈椒 5 号、鄂玉兰椒。

羊角椒：湘研 15、兴蔬 2154、兴蔬 19、萧新 3 号、博辣 5 号、茂椒 5 号。

线椒：改良 8819、辣丰 4 号、博辣 7 号、博辣皱线 1 号、博辣皱线 4 号、博辣皱线 5 号、辣天下 23、辣天下 27。

螺丝椒：陇椒 5 号、陇椒 11、陇椒 12、航椒 5 号、中椒 209、海丰 340。

加工椒：辛香 8 号、小米椒、艳椒 425、酱椒 52、红安 6 号、红安 8 号、博辣红牛、博辣 15、山樱椒、益都红、遵辣 9 号。

2. 辣椒主要栽培品种简介

中椒 115：中国农业科学院蔬菜花卉研究所。甜椒一代杂种。中早熟。始花节位为第 9～10 节，定植后 35 天开始采收青熟果。果实灯笼形，果色浅绿，果面光滑，3 或 4 个心室，纵径 10 厘米，横径 7 厘米，典型果单果重 130～150 克。抗逆性强，抗番茄斑点萎蔫病毒病，中抗 CMV 和疫病。丰产、稳产，中后期仍能保持较高的结果率和较好的商品性，亩产量 3 000 千克左右。适于南菜北运基地露地早熟栽培，也可作保护地栽培。

冀研 20：河北省农林科学院经济作物研究所。杂交种。鲜食。早熟。果实长牛角，果面光滑顺直，黄绿色，果长 25～26 厘米，粗 4.3～4.5 厘米，一般单果重 130 克，最大单果重 160 克，微辣，较耐低温弱光。抗 CMV，中抗烟草花叶病毒（TMV）、疫病。在保护地秋延后栽培中，生长前期在高温环境下表现正常，植株生长健壮、开花坐果正常；生长中后期在低温寡照条件下仍能正常开花坐果，表现出较强的抗逆境能力。

海丰 17：北京市海淀区植物组织培养技术实验室。早熟。始花节位第 6～7 节，果实方灯笼型，纵径 9 厘米左右，横径 8 厘米左右，果肉厚 0.3 厘米左右；果色亮绿，果面有皱褶，单果重 100 克左右；连续坐果能力强。亩产可达 3 500 千克。

巨无霸：镇江市镇研种业有限公司。早熟。杂交一代。特大果。粗长牛角椒，株型紧凑，果长 22～30 厘米，横径 6 厘米左右；青果绿色，果皮略薄，微辣，果形美观，商品性特佳，膨果速度特快；抗病、抗逆性强。产量高，一般亩产鲜椒可达 6 000 千克，适宜作春、秋保护地和南方露地、高山反季节栽培。

豫艺 301：河南豫艺种业科技发展有限公司。中早熟。植株生长势强。门椒出现在第 10 节，果实膨大速度快，前期产量高且连续坐果能力强。果实粗长牛角形，特大，长 20～25 厘米，横径 4～5 厘米，单椒重 100～160 克，大者可达 250 克。果实顺直美观，果色浓绿，富有光泽。口味微辣，果厚肉，耐贮藏和长途运输。

福湘新秀：国家辣椒新品种技术研究推广中心、湖南省蔬菜研究所育成的极早熟辣椒品种。果实粗牛角形，皮薄，肉脆，植株生长势一般，耐寒。首花节位第 8 节左右，青熟果绿色，生物学成熟果鲜红色，果表皱多。果长 17 厘米左右，果宽 5 厘米左右，果肉厚约 3.5 毫米，单果重 70 克左右，坐果多，抗病能力强。

大果 99：湖南湘研种业有限公司。果实粗牛角形，果长 14.8 厘米，果宽 5.8 厘米，单果重 100 克左右；果皮薄，果实粗大，浅绿色转鲜红色，光泽度好，果表有纵棱及大牛角斑，果实整齐一致，微辣，坐果集中，生长速度快，丰产性好，适应性广。

中椒 6 号：中国农科院蔬菜花卉研究所。株高 45～50 厘米，株幅 50 厘米左右，始花节位第 9～11 节，叶色深，果实粗牛角形、绿色，果长 12 厘米，果粗 4 厘米，果肉厚 0.3～0.4 厘米，单果重

45～62 克。中早熟一代杂交种，北方地区春季露地种植，定植后 30～35 天采收。植株生长势强，分枝多，连续结果能力强，苗期接种鉴定，抗 TMV，耐 CMV，味微辣，宜鲜食。

好农 11：河南红绿辣椒种业有限公司。早中熟。始花节位第 9 节左右，节间短株型紧凑，挂果集中，花冠为白色，柱头和花丝均为紫色，青熟果绿色，老熟果为红色；红果果肉致密硬度高，变软慢、耐贮藏、耐运输，货架期长。果实为粗牛角形，果长 15～17 厘米，粗 5.5～6.0 厘米，单果重 130 克左右，果肩平，头部马嘴形或钝圆形，以 3 个心室为主。果实辣味中等偏轻。感 CMV，抗疮痂病，中抗 TMV、疫病、炭疽病，抗低温能力较强，抗高温能力中等。

苏椒 5 号：江苏省农业科学院蔬菜研究所。株高 50～60 厘米，株幅 50～55 厘米。果实长灯笼形、浅绿色，果面光泽稍有皱褶，果长 9～10 厘米，果肩宽 4.0～4.5 厘米，单果重 25～35 克。早熟微辣型杂交一代种。较耐低温、弱光，抗 TMV，耐 CMV、疫病。

苏椒 17：江苏省农业科学院蔬菜研究所。早熟。植株生长势强，叶绿色，株高 60 厘米左右，株幅 55 厘米左右。嫩果长灯笼形，绿色，微辣，果长 10.3 厘米左右，果肩宽 4.8 厘米左右，果形指数 2.1 左右，果肉厚 0.27 厘米左右，平均单果重 44.2 克。区试田间病害调查，病毒病病情指数 5.7，未发生炭疽病。

苏椒 1614：江苏省农业科学院蔬菜研究所。早熟。始花节位平均第 7.3 节。果实长灯笼形，绿色，平均单果重 79.6 克，果实长 15.6 厘米，果肩宽 5.1 厘米，果肉厚 0.26 厘米，味微辣。高抗 CMV、TMV、炭疽病。抗逆性较强。

豫艺 818：河南豫艺种业科技发展有限公司。杂交种。鲜食型。中早熟。始花节位第 8～9 节，株高 65 厘米，株幅 55 厘米，生长势中强。果实牛角形，绿色，单果重 150 克，果实纵径 25～31 厘米，果肩横径 5.5～6.0 厘米，味微辣。中抗 CMV、TMV、疫病、炭疽病，生长稳健。早春保护地种植，较耐低温、弱光，膨果速度快；秋延大棚种植，较耐热抗病，容易坐果。

沈椒 4 号：辽宁省沈阳市农业科学院。果实长灯笼形，绿色，果长 11 厘米左右，果横径约 6 厘米左右，果肉厚 0.35 厘米，果面略有沟纹，单果重 60 克左右，有辣味。熟性较早，第 9～10 节着生第一花，始花期 94 天。抗 TMV，耐低温性较强。

湘研 15：湖南湘研种业有限公司。中熟。长牛角椒。生长势中等，叶色浓绿；果实长牛角形，果长 17 厘米，果宽 3.5 厘米，肉厚 0.3 厘米；果色浅绿，果面有牛角斑，味辣，肉质细，口感好；耐湿热，抗性好。采收期长，产量高。

兴蔬 215：湖南省蔬菜研究所。中熟。尖椒组合。果实长牛角形，青果绿色，果直光亮，果长 20 厘米，果宽 2.8 厘米左右，单果重 40 克左右；连续坐果能力强，采收期长。抗疫病、炭疽病、病毒病，耐高温干旱。

博辣 5 号：湖南省蔬菜研究所选育。晚熟。株高一般 58 厘米左右，株幅 85 厘米左右，果长 20 厘米左右，横径约 1.4 厘米，单果重约 20 克，果身匀直；果皮深绿色，少皱，果表光亮，红果颜色鲜亮；口感好，食味极佳，耐运输。宜鲜食或酱制加工。抗病抗逆能力强，适应性广。

8819 线椒：中熟。植株生长势强，结果集中，果实簇生，线形多皱。株型紧凑，自然封顶好。株高 70 厘米，株幅 38 厘米，一般鲜果单重 7 克，果长 15 厘米，果茎 1.4 厘米；青果绿色，老熟果深红色，肉厚，辣味较强，皱纹细密，色泽红亮。亩产干椒 300～400 千克。

博辣 7 号：国家辣椒新品种技术研究推广中心、湖南省蔬菜研究所育成的中晚熟辛辣型长线椒。果实细长，羊角形，青果绿色，红果颜色鲜红；果形长直，果表光亮，少皱，果长 22～25 厘米，果宽 1.4～1.6 厘米；辣味浓，口感好，坐果集中，产量高，耐运输，适于鲜食及加工用。

辣天下 23：镇江市镇研种业有限公司。早熟。杂交一代。植株长势旺盛，分枝性强，坐果集中，早期产量突出。椒条长，一般果长 35～50 厘米，横径 1.8 厘米左右，青果绿色，红果鲜艳，味香辣；商品性好，坐果率高，连续挂果能力强，膨果速度快，后期果不易变短。抗病、抗逆性强，产量特高，综合性状特优，适宜春、秋保护地及露地栽培。

陇椒 12：甘肃省农业科学院蔬菜研究所。熟性早。果实羊角形，果色绿，果长 26 厘米，果肩宽 3.4 厘米，果肉厚 0.27 厘米，单果重 67 克，味辣。抗 CMV，中抗 TMV，商品性好。产量 5 000 千克/亩左右，适宜在我国西北地区保护地和露地栽培。

航椒 5 号：天水绿鹏农业科技有限公司、中国科学院遗传与发育生物学研究所、中国空间技术研究院。单株果数 21 个左右，单果重 41.5 克左右；果实羊角形，纵径 30 厘米左右，横径 3.1 厘米左右；果肉厚 0.28 厘米左右，果面光滑，果肩皱，青熟果深绿色，老熟果紫红色，商品性好，味辣。

中椒 209：中国农业科学院蔬菜花卉所。早熟辣椒。一代杂交种。始花至果实青熟期 30 天左右。果实羊角形，果面有皱褶，螺丝状，典型果长 25～28 厘米，果肩宽 4 厘米左右，肉厚 0.25 厘米，单果重 50～60 克，果绿色，味辣，商品性好。适宜露地和保护地栽培。

辛香 8 号：江西农望高科技有限公司。鲜食、加工兼用型早中熟杂交种。始花节位第 10 节左右，植株生长势强，株高 56～67 厘米，开展度 68 厘米×75 厘米，叶色绿。果实线形，中前期成熟果长 22 厘米左右，果横径 1.5～1.7 厘米，果肉厚 0.25 厘米，单果重 18～20 克。青果嫩绿色，熟后红色。抗 CMV、TMV、疫病，中抗炭疽病，高抗青枯病。生育期适宜生长温度 16～32℃，花芽分化和开花结果期适宜温度 20～30℃。耐雨水、低温性一般。

艳椒 425：重庆市农业科学院。中晚熟。从定植到红椒始采 105～125 天。平均单株挂果 140.7 个，平均单果重 4.4 克。果实朝天、单生，小尖椒，青椒绿色，红椒大红色；平均果长 8.92 厘米，果宽 1.08 厘米，果肉厚 0.14 厘米。适宜干制、泡制加工。

红安 6 号：新疆天椒红安农业科技有限责任公司。加工型常规种。石河子地区生育期 130 天左右。矮秧自封顶，株高 60 厘米左右，株幅 20～30 厘米，主侧枝同时结果，坐果集中，果实多簇生，果长 15～16 厘米，青熟果绿色顺直，干果深红色，易晒干。感疫病、细菌性斑点病、CMV，中抗炭疽病、病毒病，耐热性弱，耐冷性中，耐旱性弱。

红安 8 号：新疆天椒红安农业科技有限责任公司。加工型常规种。中早熟。生育期 132 天左右。无限分枝型，株高 70 厘米左右，株幅 20～30 厘米，主枝结果，第一花着生节位第 13～14 节，坐果集中，坐果能力强，发育速度快，果实多簇生；果长 16～18 厘米，粗 1.4～1.5 厘米，单株坐果数 30～40 个；青果绿色，上部略皱，成熟果深红色，色价高，易晒干，果实成品率高。中抗疫病、CMV、TMV，感炭疽病、细菌性斑点病，耐热性中等，耐冷性弱，耐旱性中等。

博辣红牛：湖南省蔬菜研究所。早中熟杂交羊角椒。植株生长势较强，果长 18.4 厘米，果宽 1.6 厘米，肉厚 0.2 厘米；果肩平或斜，果顶尖，果面光亮，果形较顺直，青熟果为浅绿色，生物学成熟果鲜红色，平均单果重 14.9 克。抗病性与抗逆性较强。适于嗜辣地区露地栽培，可鲜食、干制或酱制加工。

遵辣 9 号：遵义市农业科学研究院。果长 5.80 厘米，果宽 1.23 厘米，果柄长 2.97 厘米。平均单株结果 93.80 个，单果鲜重 4.11 克，单果干重 1.01 克。干果色泽深红、果味辛辣，商品性好。

（三）品种创新的主攻方向

1. 不同生态区辣椒品种创新的主攻方向

按照不同生态区的自然特点、生产方式和消费需求，各特色优势产区的品种创新主攻方向如下。

（1）南菜北运基地（广东、海南、广西、福建）

抗逆抗病性强，品质优良，耐贮运鲜食辣（甜）椒品种。

（2）东北生产区（黑龙江、辽宁、吉林）

耐低温、坐果性好、优质鲜食辣（甜）椒品种、优质抗病适于加工辣椒品种。

（3）西北生产区（新疆、陕西、内蒙古、甘肃、山西、宁夏、青海）

优质抗病适于机械采收的干椒品种，耐低温抗病优质鲜食辣（甜）椒品种。

（4）西南生产区（云南、贵州、四川、重庆、西藏）

优质、抗病、色价高的加工品种。

（5）华北生产区（河南、山东、河北、北京、天津）

耐低温、大果、长季节栽培鲜食辣（甜）椒品种，抗逆抗病，优质丰产干椒品种。

（6）华东生产区（江苏、上海、浙江）

耐低温、耐热、大果、优质、高产鲜食辣（甜）椒品种。

（7）华中生产区（湖南、湖北、江西、安徽）

抗逆、抗病、优质、丰产辣椒品种。

2. 下一步育种目标

针对我国辣椒生产种植和国内外辣椒市场消费需求，下一步将以抗病、抗逆、优质、丰产、耐贮运、高商品性、适于机械采收为育种目标，采用抗病抗逆育种技术、细胞育种技术、分子育种技术、品质育种技术、远缘杂交育种技术、雄性不育杂优利用技术，培育适合我国不同辣椒生产区种植需求和国内外辣椒市场消费需求的专用化、特色化辣椒新品种。

（编写人员：王述彬　马艳青　张宝玺　等）

茎 瘤 芥

茎瘤芥（*Brassica juncea* var. *tumida* Tsen et Lee），俗称青菜头、榨菜。系世界三大名腌菜（涪陵榨菜、欧洲酸菜、德国甜酸甘蓝）之一"涪陵榨菜"的原料作物。

一、产业发展情况分析

（一）生产情况

1. 总体情况

中国是世界上唯一生产茎瘤芥的国家。目前全国约有 15 个省份栽培，主要分布在重庆、浙江、四川、湖南、湖北、贵州、安徽、山东、江苏、江西、福建等地；其中，以长江流域的重庆、四川、浙江 3 个省份种植规模最大，榨菜加工也最为集中。2018 年，全国茎瘤芥种植面积约为 320 万亩，平均单产 2 吨，总产量 650 万吨以上，面积和总产量分别比 2017 年增加 6.7％和 12.1％。总体上，茎瘤芥生产呈现种植总面积小幅增加、青菜头平均单产显著提高、青菜头新产区生产规模不断扩大而传统老产区面积逐渐缩小、榨菜加工产业逐步做大做强等特点。

2. 各主产区情况

重庆是茎瘤芥及榨菜生产的发祥地，也是目前国内种植生产及榨菜加工规模最大、最为集中的榨菜主产区。涪陵是我国的"榨菜之乡"，以"涪陵榨菜"为代表的重庆榨菜，早就闻名于世，其产品以独特的风脱水加工工艺和鲜香嫩脆的风味特点超群，卓立于世界酱腌菜行业之首，深受国内外广大消费者喜爱。2018 年在中共重庆市委、市人民政府的强力推动下，在"重庆市现代山地特色高效农业（榨菜）技术体系"的大力支持下，重庆茎瘤芥种植生产和榨菜产业得到了较大的提高，不但种植面积高达 172.3 万亩，比 2017 年的 160 万亩增加了 7.7％，而且茎瘤芥平均单产创造历史最高水平（2.5 吨/亩），茎瘤芥总产量突破 430 万吨，榨菜全产业链综合产值达到了 300 亿元。特别是茎瘤芥作为鲜食蔬菜，也成为冬末初春我国"三北"地区市民的绿色新鲜特色蔬菜。

浙江原为我国茎瘤芥种植生产及榨菜加工的第二大产区，常年栽培面积稳定在 40 万亩左右，年产量 120 万吨左右。但 2018 年，种植生产面积仅有 30 万亩，比 2017 年减少 5 万亩以上，年产总量 100 万吨左右，使得绝大部分榨菜加工企业因原料不足，不得不从重庆、湖南及四川等地长途收购茎瘤芥，这成为限制浙江榨菜产业进一步发展和做大做强的重要因素。

四川原为我国茎瘤芥种植生产及榨菜加工的第三大产区，常年栽培面积稳定在 30 万亩以上，茎瘤芥年产量 60 万吨左右。在 2018 年已发展成为我国茎瘤芥种植生产及榨菜加工的第二大产区，全省种植生产面积在 45 万亩左右，总产量 100 万吨以上，特别是眉山、资阳、遂宁、宜宾、泸州、绵阳等地的种植生产基地，不但面积扩大较为明显，而且平均产量也达到了历史新高，平均每亩 2.3 吨，为全省榨菜及泡（酸）菜加工企业提供了充足的原料，部分茎瘤芥也长途贩运到重庆涪陵，作为涪陵榨菜加工的优质原料。

其他省份在 2018 年种植生产面积、产量也有小幅增加，特别是湖南常德、岳阳，湖北荆州、沙市等地，由于浙江的个别榨菜加工企业搬迁至此，带动了当地种植生产规模不断扩大。仅湖南常德，2018 年茎瘤芥种植生产面积就达 13.5 万亩，比 2017 年净增 4 万亩以上，平均产量也达 2 吨/亩，极大的带动了当地农业产业结构的调整和农民的增收致富。

（二）消费市场

茎瘤芥的主要经济产品是膨大的"瘤状肉质茎"，主要作为榨菜的加工原料。近年来随着人们消费水平提高和对"绿色、无害、新鲜"食品的要求，我国茎瘤芥种植生产的"青菜头"，向鲜食蔬菜及多元化市场方向发展。

据初步估计，2018 年重庆和四川种植生产的茎瘤芥累计有 100 万吨以上被当作鲜食蔬菜进行销售。特别是重庆涪陵和四川郫州的"早市青菜头"，由于收获上市较早（11 月中下旬收获）、新鲜度较高、质地脆嫩等，更是受周边大中城市广大市民的喜爱，"青菜头"已经成为吃重庆火锅的必点之菜。同时，在重庆涪陵区，由于当地党委和人民政府近 10 年的强力推动和坚持不懈的对外宣传，"涪陵青菜头"作为我国"三北"地区冬末初春的时令新鲜蔬菜，已逐步深入人心，"涪陵青菜头"也成为"重庆市蔬菜第一品牌"；"涪陵"作为国家南菜北运基地的雏形，已基本成型。2018 年，涪陵累计外销青菜头（2018 年 12 月至 2019 年 3 月）达 53.66 万吨，销售纯收入达 11.24 亿元。

2018 年，作为中国最传统的也是世界上唯一的酱腌菜产品——榨菜，不但在国内市场持速发力，创造了较好的市场销售价值，而且在海外市场也创造了不小的成绩，除巩固了日本韩国，东南亚及欧美等传统外销区外，还借助"一带一路"销售到中东及广大的非洲地区。据不完全统计，2013 年全国榨菜出口量为 1.88 万吨，2017 年为 2.26 万吨，而 2018 年全国榨菜行业出口量在 2.80 万吨以上，同比 2017 年增加 23.9%。如：国内唯一的一家酱腌菜行业上市公司——重庆市涪陵榨菜集团股份有限公司，2018 年榨菜出口收入为 1 418 万元，同比增长 24.16%；据该公司 2019 年半年报显示，该公司半年榨菜出口收入为 890 万元，同比增长 42.26%。

（三）种业现状

由于茎瘤芥属特殊区域性种植的作物，不但要求特殊的生态气候条件，而且需要市场及人们的消费习惯，特别是需要农产品（青菜头）回收的榨菜精深加工企业作为依托而进行生产布局和基地安排。同时，由于长期是"小春作物"（秋后种植，初春收获），特别是在新引进发展的新区，基本没有引起农民的高度关注，不但品种更新换代周期长，种植生产技术水平低，而且绝大部分的菜农对新品种无需求，基本上是榨菜加工企业拿什么品种或叫种什么品种，农民就种什么品种，导致全国的茎瘤芥种业还处于起步或自由零散分散时期；全国茎瘤芥品种种子商品化率整体很低，即使在茎瘤芥规模化种植及"青菜头"商品化集中度较高的地区，大面积生产所应用的茎瘤芥品种，仍然以常规品种为主，农民的自留种较多，种子商品化率整体不足 50%。

据不完全统计，2018 年国内主要茎瘤芥种子生产企业种子销售量为 8.45 万千克，销售额为 1 173.5万元（表 19 - 1）。

表 19-1　2018 年我国主要企业茎瘤芥种子销售情况统计

地区	公司	销售品种	销售量（万千克）	销售额（万元）	本区域市场占有度（%）
重庆	重庆绿满源农业科技发展有限公司	涪杂系列、永安小叶	2.3	420	30
	重庆三千种业有限公司	永安小叶、华榨 1 号	0.6	120	10
	重庆市涪陵禾广种子公司	永安小叶	0.4	50	6
	重庆科光种苗有限公司	永安小叶、渝丰 14	0.2	30	3
	其他企业	永安小叶、地方品种	3	300	35
	小计		6.5	920	84
四川	四川蜀兴种业有限公司	永安小叶	0.25	20	8
	四川种都高科种业有限公司	永安小叶	0.1	5	4
	四川成都牧马山种子公司	永安小叶、四川榨菜	0.5	2.5	2
	其他企业	永安小叶、地方品种	0.3	30	12
	小计		1.15	57.5	26
浙江	浙江勿忘农集团	浙桐系列、半碎叶	0.1	16	5
	宁波丰登种业有限公司	缩头种、甬榨系列	0.3	80	10
	其他企业	甬榨 1 号、慈选 1 号、地方品种	0.4	100	15
	小计		0.8	196	30
合计			8.45	1 173.5	

重庆地区的种子企业销售量和销售额最大，分别占 76.9% 和 78.4%，除满足本区域生产用种外，还满足四川地区生产用种，重庆的种子企业在四川市场占有率超过 60%，而四川本地的企业市场占有率不足 30%。浙江地区茎瘤芥用种绝大部分来自当地个体户或小种子企业代销，也有菜农自繁自留自用或自由串换。

二、品种登记情况分析

(一) 概况

1. 2018 年登记品种数量

截至 2018 年 12 月 31 日，通过国家非主要农作物品种登记的茎瘤芥品种共有 32 个。其中，杂交品种 7 个，常规品种 25 个。

2. 申请品种登记的单位

品种登记主要由重庆市渝东南农业科学院、宁波市农业科学研究院、青岛胶研种苗有限公司、重庆三千种业有限公司、四川蜀信种业有限公司绵阳福诚高科农业有限公司、绵阳市全兴种业有限公司等 16 个单位申请。其中科研院所 4 个、大学 1 个、相关种子生产经营企业 10 个、个人 1 个。

（二）登记品种亲本、选育方式

1. 常规种

25 个常规品种的亲本基本为当地的地方品种或地方品种变异株，经单株系统选育而成。

2. 杂交种

7 个杂交品种中，甬榨 5 号亲本分别为 09‑05A 和 09‑07，系通过茎瘤芥不育系与父本系配组培育出的茎瘤芥杂交种；涪杂 1 号、涪杂 2 号、涪杂 5 号、涪杂 6 号、涪杂 8 号及青晚 1 号 6 个杂交种，均为重庆市渝东南农业科学院以自育茎瘤芥胞质雄性不育系与优良父本系配组，培育出的各具特色的茎瘤芥杂交种。

（三）登记品种的主要性状表现

1. 熟性表现

32 个登记品种中，极早熟和极晚熟品种最少，分别只有 1 个，中早熟、中熟和中晚熟品种最多，共计 24 个，占登记总数的 75%（不同熟性品种数量分布见图 19‑1）。

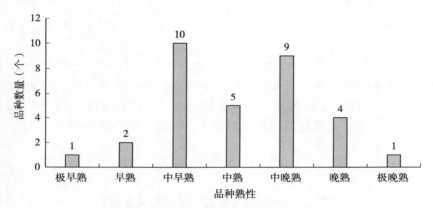

图 19‑1　登记品种不同熟性数量分布图

2. 抗（耐）病表现

32 个品种中，抗病毒病品种有 20 个，占登记品种的 62.5%；抗根肿病的品种有 11 个，占登记品种的 34.4%；抗霜霉病的品种有 16 个，占登记品种的 50.0%。

3. 品质表现

从菜形指数来看，32 个登记品种，其菜形指数在 1.89～1.32，青菜头形状基本上为扁圆形或圆球形，以永安小叶、甬榨 2 号、甬榨 5 号、永安少叶、高科一号、少叶青佳、华榨 1 号、涪杂 8 号、南峰陵阳、达格乐和华榨 2 号等品种的菜形稍优。

从青菜头含水量来看，32 个登记品种中，29 个品种含水量在 91.0%～95.2%。从作榨菜加工原料方面看，以永安小叶、甬榨 2 号、甬榨 5 号、甬榨 1 号、涪杂 5 号、蜀信 2 号和正榨二号稍优；从作鲜食蔬菜看，以涪杂 2 号、涪杂 8 号、小叶绿宝和青晚 1 号较优。

从瘤茎空心率看，32 个登记品种中，28 个青菜头空心率在 0～28.8%，绝大部分在 10% 以内，占登记品种的 87.5％，表明登记的茎瘤芥品种，青菜头品质均较好。

（四）品种登记量少的原因

一是茎瘤芥在我国属区域性种植的特色蔬菜，常年种植面积仅 300 万亩，种植规模小，生产集中度较高。2018 年，全国 3/4 的茎瘤芥主产区集中在川渝和江浙一带（分别是 235 万亩、75 万亩），使得适应生产需求的品种差异性也不大。

二是茎瘤芥种植生产技术水平还较低，菜农对新品种需求不是十分迫切，品种更新换代周期长，使得种子商品化率较低，即使在规模集中度较高的地区，生产用种也是以常规品种为主，农民自留种较多，种子商品化率不足 50％。

三是长期以来，国家对茎瘤芥科研投入不足，从事该项工作的单位及科技人员较少，且研究水平及技术手段也较落后。近年来虽然有一定程度改善，但仍以重庆市渝东南农业科学院、宁波市农业科学研究院、浙江大学农业与生物技术学院、华中农业大学园艺林学学院 4 家科研单位为主，开展茎瘤芥相关新品种培育及育种技术与方法研究。由于各种子生产经营企业投入科研的积极性不高，使得我国新选育的茎瘤芥品种较少，具有完全自主知识产权且在生产上大面积推广应用的更不多。

三、品种创新情况分析

（一）育种新进展

面对新时代、新产业、新要求，从高效农业生产所需要的优良品种出发，2018 年，国内各茎瘤芥育种单位主要开展了以下研究工作。

1. 创制育种新材料

重庆市渝东南农业科学院开展了包括近缘作物远缘杂交、茎瘤芥品种间杂交、后代回交及连续系统选择等，培育出了抗病及抗抽薹性较强、晚熟丰产及株叶性状较好的育种新材料，同时培育出了高抗病毒材料 4 份、高抗根肿病回交 3 代材料 20 余份。湖南省常德市农林科学研究院已初步获得 3 个在当地表现较好的育种材料（品系）。

2. 研究基因组图谱

浙江大学陈利萍教授等，克隆了 6 个茎瘤芥瘤茎膨大相关基因（$BjXTH1$、$BjXTH2$、$BjuB.RBR.b$、$BjuA.RBR.b$、$BjAPY2$ 和 $orf451$），构建了第一张包含 17 个连锁群的榨菜 SSR 遗传图谱，并检测到 4 个控制茎瘤芥茎重的 QTL 位点；浙江大学杨景华教授等，对茎瘤芥自交系 T84－66 进行了基因组图谱的绘制；重庆市渝东南农业科学院研究并建立了茎瘤芥远缘杂交、SSR 分子标记检测等技术，正在进行茎瘤芥全基因组测序，为特异种质材料创新、目的新品种培育及加快品种培育进程提供理论指导。

3. 培育新品种

重庆市渝东南农业科学院已发掘创制了茎瘤芥优质育种新材料 10 余份，并初步培育出具"双低（低空心率、低菜皮百分含量）"性状表现和株叶紧凑，适宜机械化种收杂交新组合（株系）10 余个。宁波市农业科学研究院围绕茎瘤芥杂种优势利用、新品种高抗病毒病和青菜头低空心等目标，初步培育出符合育种要求的茎瘤芥杂交新组合 10 余个，正在进行区域试验和品种（系）比较筛选试验。

（二）品种应用情况

1. 主要品种推广应用情况

2018 年，我国生产上大面积推广应用的茎瘤芥品种仍然为川渝生态型品种和江浙生态型品种。其中，川渝地区是我国青菜头生产的绝对主产区，占总面积的 67.9% 以上；江、浙地区累计种植面积占全国的 25.0% 左右；其他地区如湖南、湖北、贵州、陕西等地茎瘤芥种植生产面积仅占 7.1%。因此，川渝地区仍然是我国茎瘤芥品种推广应用的"主战场"。

（1）重庆茎瘤芥生产区

2018 年生产上大面积推广应用的品种主要有涪杂 2 号、永安小叶、涪杂 5 号、涪杂 8 号、永安传奇、永安少叶、华榨 1 号等。其中，涪杂 2 号推广应用 50 万亩左右，占该区域总面积的 29.1%；永安小叶推广应用 60 万亩以上，约占该区域总面积 34.8%；涪杂 5 号推广应用 12 万亩左右，约占该区域总面积的 6.9%；涪杂 8 号推广应用 2 万亩左右，约占该区域总面积的 1.2%；其他品种（包括地方品种），累计推广应用在 48.3 万亩左右，约占该区域总面积的 28.0%。

（2）四川茎瘤芥生产区

2018 年在生产上大面积推广应用的品种主要有永安小叶、涪杂 2 号、永安传奇、永安少叶、华榨 1 号、蜀信 1 号、蜀信 2 号等。其中，永安小叶，推广应用 20 万亩以上，约占该区域总面积的 44.4%；永安传奇，推广应用 3 万亩左右，约占该区域总面积的 6.7%；永安少叶和华榨 1 号，推广应用 3.5 万亩左右，约占该区域总面积的 7.8%；涪杂 2 号和涪杂 5 号，推广应用 2.0 万亩左右，约占该区域总面积的 4.4%；蜀信 1 号、蜀信 2 号，推广应用 1.5 万亩左右，约占该区域总面积的 3.3%；其他品种（包括地方品种），累计推广应用 15.0 万亩左右，约占该区域总面积的 33.3%。

（3）浙江产区

2018 年生产上大面积推广应用的茎瘤芥品种主要有甬榨系列品种和地方品种半碎叶、全碎叶等。其中，甬榨系列品种推广应用已占总面积的 50% 以上，甬榨 2 号推广面积 15.0 万亩以上，甬榨 5 号推广应用面积 3.0 万亩以上。

（4）湖南、贵州、湖北茎瘤芥产区

2018 年，这 3 个省生产上大面积推广应用的茎瘤芥品种，主要是从重庆购进的常规种永安小叶、永安少叶、华榨 1 号和少量的杂交种（涪杂 2 号和涪杂 5 号）。其中，永安小叶等常规种占当地种植生产面积的 70% 以上，本地的地方品种约占 20%。

（5）江苏、福建、安徽、江西产区

品种基本从浙江购进并进行推广应用。其中，浙江品种特别是浙桐系列和甬榨系列，占该区域总面积的 80% 以上，其他为当地地方品种等。

2. 推广应用的主要品种类型

（1）适宜作鲜食蔬菜栽培用的品种

主要有涪杂 2 号、涪杂 8 号和胶研特选早榨菜。

（2）适宜作榨菜加工优质原料栽培用的品种

主要有永安小叶、涪杂 5 号、涪杂 2 号、青晚 1 号、永安传奇、永安少叶、华榨 1 号、蜀信 1 号、蜀信 2 号、甬榨 2 号、甬榨 5 号和甬榨 4 号等。

（3）抗抽薹且生态适应性较强的品种

主要有涪杂 2 号、涪杂 8 号、华榨 1 号、甬榨 5 号等。

（4）生产上表现抗病（病毒病）力较强的品种

主要有涪杂 5 号、青晚 1 号、甬榨 5 号、甬榨 4 号等。

3. 主栽品种的优缺点及风险提示

（1）永安小叶

具有瘤茎产量高、加工性能好、品质优良等优点，但抗病性较弱，易感病毒病和霜霉病，生态适应性差，早播极易出现先期抽薹。风险提示：不能早播，新区要进行引种适应性鉴定。

（2）涪杂 2 号

早熟，丰产，特别是能在 8 月下旬播种，次年 1 月上、中旬收获且不出现先期抽薹，产量高、品质好，成菜率高，鲜食加工均可。缺点是田间抗（耐）霜霉病能力较差。风险提示：根据当地生态气候及时收获，否则极易出现青菜头皮含量增高和空心率增加。

（3）涪杂 5 号

株型较紧凑，青菜头产量高、较耐病毒病和霜霉病、品质较好、加工成菜率较高。缺点是田间抗霜霉病稍次于涪杂 1 号。风险提示：不能早播，新区先要进行引种适应性鉴定。

（4）涪杂 8 号

株型紧凑，适宜密植，且晚熟抗抽薹力特强，青菜头产量高。缺点是收获期过晚，青菜头皮筋含量较高且菜形变长。风险提示：根据当地生态气候及时收获。

（5）华榨 1 号

晚熟，瘤茎丰产，菜形较好，空心率低，叶片较少，株型较紧凑。缺点是播期弹性较小，田间抗霜霉病能力弱。风险提示：不能早播，新区要进行引种适应性鉴定。

（6）青晚 1 号

晚熟，丰产，特别是中抗霜霉病，耐病毒病能力也较强，株型较紧凑且直立。缺点是菜形指数和皮筋含量比永安小叶和涪杂 2 号稍高。风险提示：不能早播，新区要进行引种适应性鉴定。

（7）甬榨 2 号

株型较紧凑，生长势较强，丰产性较好，中抗病毒病，基部不贴地，加工性能好。缺点是：青菜头表面蜡粉较重且空心率较高。风险提示：根据当地生态气候及时收获。

（8）甬榨 5 号

早中熟，植株较直立且株型紧凑，商品率较高，加工品质好，较耐寒和抗病毒病。缺点是青菜头表面蜡粉较重且空心率较高。风险提示：根据当地生态气候及时收获。

（三）品种创新主攻方向

1. 重庆茎瘤芥生产区

一是解决茎瘤芥提早播种出现先期抽薹率较高的问题，培育出能在 8 月上中旬播种，10 月下旬至 11 月上旬开始收获而不出现先期抽薹，满足早市鲜食青菜头种植生产的需要，进一步促进榨菜产业向多元化方向发展，提高菜农的经济效益。

二是解决当前青菜头或稍晚收获青菜头皮筋含量高、空心率较高等问题，培育出青菜头皮筋含量比对照永安小叶低 20％以上、空心率比对照永安小叶低 10％以上的茎瘤芥新品种，满足榨菜精深加工企业进一步发展和提高社会经济效益的迫切需要。

三是针对该区域茎瘤芥病虫害经常发生特别是病毒病、根肿病危害逐年加重的趋势，下大力气挖掘创新茎瘤芥高抗病遗传种质，进而培育出能在大面积生产上推广应用的抗病新品种，确保该地区榨菜产业的持续健康发展。

四是该产区青菜头种植生产费工费时，比较效益较低，已成为当前乃至今后一个时期青菜头种植生产必须要解决的技术瓶颈，青菜头全程机械化种植生产是未来发展的方向。因此，培育出适宜机播、机栽和机收的茎瘤芥新品种，已成为急待解决的首要攻关任务。

2. 四川茎瘤芥生产区

一是加大力度，尽早培育出适宜该区域土壤、生态、气候及不同栽培目的的丰产、优质、广适茎瘤芥新品种，最大限度地满足该区域榨菜（泡菜）产业原料生产基地，逐步扩大特殊专用品种需要。

二是针对该区域根肿病常年发病较重的客观实际，重点培育出高抗甚至免疫根肿病的茎瘤芥新品种，提高青菜头产量和品质。

3. 浙江茎瘤芥生产区

一是尽快培育出高抗甚至免疫病毒病的茎瘤芥新品种，提高青菜头产量和品质。

二是依据当地的特殊气候条件，加大力度，尽快培育出青菜头表面蜡粉较少甚至无和空心率较低的茎瘤芥新品种，切实解决该区域长期以来，青菜头品质较差和榨菜加工成菜率低等问题。

（编写人员：范永红 等）

西 甜 瓜

一、产业发展情况分析

(一) 生产

1. 播种面积和产量

根据《2018 年中国农村统计年鉴》公布的数据，2017 年全国西瓜播种面积 151.97 万公顷，总产量 6 314.7 万吨，每公顷产量 41.55 吨，比 2016 年播种面积增加 0.46 万公顷，总产量增加 94.1 万吨，增幅 1.51%，每公顷单产提高 0.49 吨。全国甜瓜播种面积 34.88 万公顷，总产量 1 232.6 万吨，每公顷产量 35.34 吨，比 2016 年播种面积增加 0.29 万公顷，总产量增加 45 万吨，增幅为 3.79%，每公顷单产增加 1.00 吨。根据国家西瓜、甜瓜产业技术体系对全国西瓜、甜瓜生产面积产量的不完全统计，2018 年全国西瓜、甜瓜种植面积与 2017 年基本保持一致，产量略有增加，增幅大致在 1%～2%。

2. 主要种植区域

我国西甜瓜种植区域进一步向优势区集中[①]。根据《2018 年中国农村统计年鉴》公布数据，全国 70% 的西瓜来自华东和中南两大产区，2017 年华东七省份（江苏、浙江、安徽、福建、江西、山东、上海）的西瓜产量为 2 050.21 万吨，占全国总产量的 32.47%；中南六省份（河南、湖北、湖南、广东、广西、海南）的西瓜总产量为 2 371.15 万吨，占全国总产量的 37.55%；从省际来看，2017 年河南西瓜产量最大，为 1 447 万吨，占全国总产量的 22.91%。甜瓜以华东、中南、西北三大产区为主，2017 年华东七省份的甜瓜产量为 325.23 万吨，占全国总产量的 26.39%；中南六省份甜瓜产量为 320.98 万吨，占全国的 26.04%；西北地区甜瓜产量为 277.39 万吨；从省际来看，2017 年河南甜瓜产量同样是最高的，为 201.38 万吨。

(二) 市场

1. 市场价格和消费情况

2018 年西甜瓜总体价格水平和消费量均低于上年同期。根据农业农村部信息中心数据测算，2018 年 1—11 月全国西瓜加权平均价格为 3.07 元/千克，比上年同期（3.09 元/千克）下降了

[①] 因 2018 官方统计数据还未公布，且近几年西甜瓜种植面积年际间变化不大，因此用 2017 年西甜瓜区域种植数据说明西甜瓜种植的集中情况。

0.64%。2018 年甜瓜 1—11 月加权平均价格为 4.87 元/千克，比上年同期（5.98 元/千克）下降了 18.56%。西瓜、甜瓜市场交易量存在着明显的季节性，7—8 月西瓜交易量最大，5—8 月为甜瓜交易量的高峰段。2018 年 1—11 月西瓜交易量为 181.94 万吨，比 2017 年同期减少 24.9%；2018 年 1—11 月甜瓜交易量 9.8 万吨，比 2017 年同期减少 14.1%。

2. 进出口贸易情况

2018 年我国西瓜进、出口量增加，甜瓜出口量减少。根据农业农村部信息中心数据测算，2018 年中国西瓜出口数量、金额和进口数量、金额与上年同期比均有所增加。2018 年 1—10 月出口数量 4.26 万吨，比 2017 年同期（3.97 万吨）增加 7.30%，出口金额 3 662.71 万美元，比 2017 年同期（2 959 万美元）增加 23.78%；进口数量 19.29 万吨，比 2017 年同期（16.42 万吨）增加 17.48%，进口金额 3 903.4 万美元，比 2017 年同期（2 747 万美元）增加 42.10%。2018 年甜瓜出口数量、金额均比 2017 年有所减少，2018 年 1—10 月出口数量 4.50 万吨，比 2017 年同期（5.90 万吨）减少 23.73%，出口金额 7 041.33 万美元，比 2017 年同期（9 307.6 万美元）减少 24.35%；2 014—2018 年以来，甜瓜进口数量极少，几乎为零。

（三）种业

当前，我国西瓜、甜瓜种业发展持续推进，科研单位和种子公司选育出大量的优良新品种，且优新品种推广应用不断深化。一是中熟、含糖量高、大红瓤色、硬脆质地、耐裂的椭圆形西瓜品种大量涌现；二是有籽西瓜、中小型瓜种植面积呈逐步上升。据不完全统计，2018 年西瓜种子销售量约为 1 168.4 吨，甜瓜种子销量为 59.6 吨[①]。在西瓜、甜瓜种业发展中要全力打造大型种业骨干龙头企业，充分发挥西北传统制种区和西南新兴种植区优势，改变目前分散、小规模的区域经营模式，发展育繁推一体化经营，鼓励和扶持企业引进和培养掌握良种繁育、栽培、管理等方面的高新技术人才，引进先进的技术和仪器设备，不断进行新品种的开发与推广，更新种子的品种结构，增强新品种的市场竞争力。

未来西瓜、甜瓜育种主要以适于简约化栽培、适应消费多元化的新品种为选育趋势，适于简约化栽培的新品种，特别是适于温室短蔓、自封顶的西瓜、甜瓜品种将进入市场。在抗病育种上，聚合多种抗性的优异材料已成为主要育种目标。利用生物技术、辐射诱变、太空诱变、多倍体育种及基因工程、基因编辑等多种手段进行西瓜、甜瓜种质资源创新。

二、品种登记情况分析

1. 西瓜登记品种特性

2018 年西瓜登记品种 1 216 个，以自主选育的杂交鲜食品种为主。从登记品种育成方式来看，自主选育的品种最多（1 145 个），占 94.2%；合作选育的品种 52 个，占 4.3%；境外引进品种 17 个；其他方式选育品种 2 个。从申请类型看，已销售品种最多（1 061 个），占 87.3%；已审定品种 151 个，占 12.4%；新选育品种仅 4 个。从品种保护看，已授权保护品种仅 14 个，申请并受理保护品种 36 个，96%（1 166 个）的品种均未申请品种保护。从品种类型看，杂交种占 98.6%（1 199 个）；常规种仅 17 个。从品种用途看，98.4%为鲜食品种（1 197 个），籽用品种仅 19 个。

---

① 数据由西瓜、甜瓜产业技术体系 2018 年品种登记调查计算得到。

西瓜登记品种来自于全国 24 个省份，从各省份登记品种数量来看，河南、黑龙江、新疆、安徽、甘肃、山东、河北登记数量最多，累计登记 958 个，占登记总数的 78.8％。其中河南登记数量最多（326 个），占登记总数的 26.8％；其次是黑龙江，登记品种 168 个，占登记总数的 13.8％；位居第三的是新疆，登记品种 131 个，占登记总数的 10.8％。

西瓜登记品种中，有 1 156 个品种对枯萎病具有抗性，部分品种同时对其他病害也具有抗性，其中耐重茬品种 6 个，抗病毒病品种 41 个，抗白粉病品种 28 个，抗炭疽病品种 223 个，抗蔓枯病品种 19 个，抗疫病品种 7 个，抗叶斑病品种 4 个，抗霜霉病品种 4 个，抗细菌性果斑病品种 1 个，抗黑斑病品种 1 个，抗角斑病品种 3 个。

从抗逆性来看，西瓜登记品种主要以耐低温弱光为主。有 807 个品种耐低温，仅 13 个品种耐高温，有 97 个品种耐弱光。

2. 甜瓜登记品种特性

2018 年甜瓜登记品种 770 个，以自主选育的杂交种为主。从育成方式来看，91.7％为自主选育品种（706 个），合作选育品种 42 个，境外引进品种 18 个（引自日本 15 个，引自美国 3 个），其他方式选育品种 4 个。从申请类型看，95.6％为已销售品种（736 个），已审定品种 33 个，新选育品种 1 个。从品种保护方面看，已授权保护品种仅 7 个，申请并受理保护品种 43 个，93.5％品种均未申请品种保护（720 个）。从品种类型看，杂交种 738 个，占比 95.8％；常规种 32 个。

甜瓜登记品种来自于全国 25 个省份，从各省份登记品种数量来看，黑龙江、新疆、河南、山东、天津、甘肃登记数量最多，累计登记 567 个，占登记总数的 73.6％。其中黑龙江登记数量最多（183 个），占登记总数的 23.8％；其次是新疆，登记品种 132 个，占登记总数的 17.1％；位居第三的是河南，登记品种 82 个，占登记总数的 10.6％。

甜瓜登记品种中，有 752 个品种对白粉病具有抗性，部分对白粉病具有抗性的品种同时对其他病症也具有抗性，其中抗霜霉病品种 631 个，抗蔓枯病品种 18 个，抗角斑病品种 6 个，抗病毒病品种 19 个，抗疫病品种 9 个，抗枯萎病品种 45 个，抗叶斑病品种 12 个，抗花叶病毒病品种 5 个，抗细菌性斑点病品种 4 个，抗污点病品种 1 个，抗早衰品种 2 个，抗立枯病品种 2 个。

三、品种创新情况分析

（一）育种新进展

1. 西瓜育成品种

目前国内西瓜品种繁多，主要分为小型和特色型、早熟型、中晚熟型、无籽型 5 大类。

（1）早中熟品种

该类型西瓜品种具有优质、早熟、耐低温弱光、皮色好，提早上市价格高，瓜农效益好等特点，适合早春保护地栽培的西瓜品种是目前我国西瓜的主要栽培类型，这一类型西瓜以京欣类花皮圆瓜为主，其优良代表品种主要有北京市农林科学院蔬菜研究中心的华欣系列、京欣系列以及有京欣血缘同类型的其他品种。

2018 年全国主栽品种以韩国的甜王型为主，目前主流品种有北京市农林科学院蔬菜研究中心培育的京美系列，韩国世农公司的速丽等众多品牌，其产品主要优点是抗裂、高糖、耐运输，供应全国大中城市初夏至盛夏期的消费。新疆农业科学院园艺所培育的早佳在我国长江以南地区有很大的种植面积，并有在全国增长的趋势，该品种也属于早熟花皮圆型，与京欣相比，其主要优势是口感品质更好，糖度高，但抗性与产量稍逊，故目前以美都为主流，其产量、瓤色、储运性均优于早佳。上述品种的主要优点是在早春保护地条件下通过嫁接栽培仍然保持高品质，早熟，皮色好，不易起棱空心，提早上市价格高，瓜农效益好，而且种植面积在逐步扩大到北方。

（2）中晚熟西瓜品种

具有耐裂、高产、抗病、耐贮运等特点，适合全国露地种植与长距离运输，主要供应全国 8—10 月的消费。主推品种仍然是以西农 8 号为主，全国各育种单位也育成了不少在外观皮色与内部瓤色有所改良的品种，如：宁夏的金城 5 号，庆农西瓜研究所育成的庆发 8 号，西域种业的风度以及京欣 6 号等，经过几年的市场竞争，金城 5 号逐渐成为晚熟西瓜的主流品种。在东北地区占主流的中晚熟花皮圆瓜品种东北 182 也被庆红、雷首系列取代。

（3）小型西瓜品种

2018 年国内西瓜主流品种发生了很大的变化，在小型西瓜和特色型西瓜上，以前以日本米可多公司的早春红玉、北京市农林科学院蔬菜研究中心培育的京秀、美国先正达公司的万福来，湖南瓜类研究所培育的红小玉、丰乐公司培育的小天使等不抗裂的小型西瓜为主，但目前已经转变为以日本秋原公司的 L600、日本井田公司的全美 2K，北京市农林科学院蔬菜研究中心的京颖、北京市农业技术推广站的超越梦想等抗裂小型西瓜品种为主。黄肉小型西瓜的优良品种主要有台湾农友公司的小兰、北京市农林科学院蔬菜研究中心的京阑、湖南瓜类研究所的黄小玉与中国农业科学院郑州果树所的金玉玲珑。上述小型西瓜的主要特点是糖度高，口感好，单瓜重 1.5～2.5 千克，皮薄，但耐贮运性差，适合保护地栽培，主产区在北京、上海、武汉、江苏、浙江等地，主要供应大中城市高档消费，及观光采摘。

另外在海南、广西等地大面积种植的中小型西瓜品种台湾农友公司的黑美人，在前几年成为南方地区主体消费品种，但近年来国内外许多单位也培育了产量更高的同类型品种，如瑞士先正达公司的绿裳、日本井田公司的全美 4K、北京市农林科学院蔬菜研究中心的京美 4K，现已占据主要市场。该类型品种的主要特点是极耐贮运，糖度高，瓤色红，剖面好，适合在南方高温季节种植，供应北方冬季市场。

特色型西瓜包括白瓤或黄、橙肉型，黄皮、辐射条纹或斑点型，如北京市农林科学院蔬菜研究中心最新培育的小型无籽西瓜京雅、京雪、京彩 1 号，北京大兴农业科学研究所的航兴 3 号等，上述类型的总体种植面积不大，在西瓜示范园与特殊区域有少量种植，起到丰富品种花色的作用。

（4）无籽西瓜品种

无籽西瓜的成熟期、果实外观、瓤色等多样性进一步丰富，如成功选育早熟小果型无籽西瓜、保护地早中熟中果型无籽西瓜以及露地晚熟大果型无籽西瓜，果实外观有纯黑皮、墨绿皮、浅绿皮、花皮、黄皮等，瓤色有大红、桃红、粉红、柠檬黄等，熟期、果实外观及瓤色的多样性进一步向有籽西瓜看齐。品种的区域适应能力获得进一步提升，在我国西北、东北等高纬度冷凉地区，一批适应性强的无籽西瓜品种选育成功，显著拓宽了我国无籽西瓜栽培的地理区域。

无籽西瓜主要有三大品种：一是台湾农友公司的新一号，是海南、广西等南方省份的西瓜主导品种，主要供应全国冬季的市场消费，并有向全国其他地区扩展的趋势，成为当地夏季和全国冬季消费的主导品种；但 2018 年在山东地区，台湾农友公司的新一号无籽西瓜品种已经被东方正大公司的凯卓立所替代，因为该品种的外观更光滑、皮薄，商品率更高。二是黑密 2 号，是河南、湖北、安徽、河北等无籽西瓜主产区的主导品种，近些年也出现多个改良型的品种，其外观皮色更黑，产量高，在当地的适应性更好，如纽内姆公司的戴妃、津蜜 9 号、洞庭湖 1 号等。三是翠宝 5 号，该品种为"克仑生"外观的绿底宽条纹，坐果性好，较适应南方湿度大的地区栽培。湖南瓜类研究所与广西农业科学院园艺所也培育了不少该类型的优良品种，如：雪峰无籽 304、广西 5 号等。早熟，适合保护地栽培的、高品质京欣外观的无籽西瓜，一直是市场上需求的类型，已有多个育种单位育成了该类型的品种；但在无籽性能、早熟、产量及效益等方面还不能全面满足生产与瓜农的需求，该类型目前还没有主栽的流行品种，值得育种与推广部门加以重视。

在保持品种高品质的前提下，更加注重新品种的抗病性和适合简约化栽培特性，如中国农业科学院郑州果树研究所的冰花无籽含糖量高、口感酥脆、品质上佳，同时该品种抗病性显著强于同类型的主栽花皮无籽西瓜品种，在河南太康、陕西蒲城等无籽西瓜产区反响良好，推广势头强劲。中龙1号无籽田间表现耐重茬、适应性强，自然条件下坐果习性优，能显著减少人工投入，适合简约化栽培。

小型无籽西瓜品种将有可能成为今后几年的研究热点，由先正达公司推出的蜜童与墨童表现出无籽性能好、耐贮运、糖度高等优点，国内已有多个单位的小型无籽西瓜品种进入中试，如北京市农林科学院蔬菜研究中心的京玲、京珑已表现出同样的生产性能。相信未来几年国内特色小型西瓜的生产热点将转入小型无籽西瓜。

近些年随着国内育种单位在小型西瓜育种材料的积累和育种技术的提高以及国产种子价格优势，国内特色小型西瓜品种的主流市场已由国内育种单位所占据，但仿育品种较多，具备创新性的开拓型品种不多，需要在材料的创新上开展更多的工作。

2. 甜瓜育成品种

(1) 薄皮甜瓜品种

主要有青蝶、开甜20、台种新银灰、黄又美、薄绿1号、庆甜2号、甜酥羊角蜜、新青玉、白妞、脆酥1号等。

①青蝶：河南鼎优农业科技有限公司选育。早熟薄皮型杂交种，适宜在河南、安徽、甘肃、河北、湖北、江苏、宁夏、山东、山西、陕西、四川等地区春、秋保护地及露地种植。全生育期65天左右，果实成熟期24天。果实圆苹果形，深灰绿色，偶有青肩纹，外表光亮，整齐一致；肉厚2.5厘米左右，一般单株留果4～6个，以孙蔓结瓜为主；单瓜重350～500克，中心糖含量16.5%左右，边部糖含量13.4%左右，肉厚、脆甜；抗病抗逆性较强，不易早衰，耐低温弱光性较强，贮运性和商品性良好。抗白粉病、霜霉病。

②开甜20：开封市农林科学研究院选育。薄皮型杂交种，适宜在河南春秋季露地及设施栽培。全生育期80～85天，果实成熟期25～30天，长势稳健，易坐果。果实苹果形，果皮白色，熟后稍带晃晕，果肉白色，肉厚2.0厘米，口感酥脆，果实成熟后不落蒂，单瓜重0.3～0.5千克。中心可溶性固形物含量16%，边部可溶性固形物含量12%。感白粉病、霜霉病。

③黄又美：安徽江淮园艺种业股份有限公司选育。薄皮型杂交种，适宜在广东、山东、河南、安徽等省份及相同生态区春秋两季保护地及露地栽培。全生育期93天左右，果实发育期31天左右。植株生长势中等，单蔓整枝，单株可坐果3～4个，多蔓整枝，单株可坐果5～6个，平均单果重0.4千克；果实为梨形，成熟果黄色，果肉白色，肉厚2.1厘米；中心可溶性固形物含量16%，边部可溶性固形物含量11%，肉质脆嫩，味香甜。耐湿、耐热性较强，感白粉病、霜霉病。

(2) 洋香瓜类甜瓜品种

主要有瑞红、赤金、江南脆蜜、东方脆蜜、红玉脆、玉妃、白翡翠等。

①瑞红：河北廊坊市科龙种子有限公司选育。杂交种、厚皮早熟，适宜在河北、山东早春保护地栽培。果实成熟期30～35天。果实圆或高圆形（与栽培环境有关），单瓜重1.2～2.5千克，果皮金黄泛红，果肉白色、肉厚腔小，长势稳健。中心可溶性固形物含量15.8%，边部可溶性固形物含量15.4%。抗病性强，中抗白粉病、霜霉病。耐贮运。

②江南脆蜜：安徽荃银种业科技有限公司选育。厚皮型早中熟杂交种，适宜在浙江春季种植。全生育期约110天，春季栽培果实发育期约42天，植株生长势强。果实椭圆形，白皮有棱沟，平均单果重1.8千克。果肉橙红色，肉厚3.8厘米左右，中心可溶性固形物含量15.8%左右，边部可溶性

固形物含量 11.9% 左右，肉质松脆，多汁爽口，清香。感白粉病，中抗霜霉病。耐贮运，商品性好。

③东方脆蜜：山东鲁蔬种业有限责任公司选育。杂交种，适宜在山东、安徽、浙江、江苏、陕西、河南、河北早春、秋延迟和保护地栽培种植。早熟，果实发育期 38～40 天。株型开展，子蔓结果，最适宜的坐瓜节位为主蔓第 12～15 节侧枝。果实椭圆形、白皮、果实沟较明显，单果重 2.5 千克以上；果肉红色；脆肉型，肉质松脆、细腻多汁，香甜可口。中心可溶性固形物含量 17.0%，边部可溶性固形物含量 13.0%。耐湿性好，抗病性强。抗白粉病、霜霉病。

（3）网纹甜瓜品种

主要有江淮蜜六号、江淮蜜二号、创科蜜 17、天潍 101、厚甜新秀、银露、玉姑等。

①江淮蜜六号：安徽江淮园艺种业股份有限公司选育。厚皮型杂交种，适宜在浙江、安徽、山东等省份及相同生态区春、秋两季保护地栽培。晚熟，网纹，全生育期 115 天左右，果实发育期 43 天。植株生长势强，最佳坐果节位第十节左右，易坐果，单株留果 1 个，平均单果重 2.5 千克。果实呈椭圆形，成熟果灰绿色；果肉橘红色，肉厚 3.5 厘米，中心可溶性固形物含量 16%，边部可溶性固形物含量 11%，脆爽，细脆多汁。耐热性较强。中抗白粉病、霜霉病。

②创科蜜 17：甘肃民勤县瑞丰源种业有限公司和新疆联创种子有限责任公司选育。杂交种，适宜在甘肃民勤、金昌春播种植。厚皮型，早熟，生育期 88 天，坐果后 38 天左右成熟。果实椭圆形，果皮灰绿色、有网纹，单果重 3.2 千克。果肉主色橙红色、肉厚，肉质细腻松脆，清甜多汁。中心可溶性固形物含量 13.8%，边部可溶性固形物含量 10.2%。中抗白粉病、霜霉病。

③厚甜新秀：山东鲁蔬种业有限责任公司选育。杂交种，适宜在山东、安徽、浙江、江苏、陕西、河南、河北越夏、秋延迟和保护地栽培种植。哈密瓜型品种。高档绿肉网纹洋香瓜，生长势强健，生育期约 95 天，果实发育期 45 天左右。果实圆形，中细网纹布满全瓜，单果重 1.6～1.8 千克；果肉浅绿色，肉质酥脆、清香蜜甜、风味口感佳。贮运性好，综合抗性好；中心可溶性固形物含量 18.0%，边部可溶性固形物含量 14.0%。中抗白粉病，抗霜霉病。

（4）哈密瓜类型甜瓜品种

主要有众天 5 号、创科蜜 17、甬甜 5 号、桂蜜 12、西州密 25、海蜜 5 号、甬甜 7 号、红酥手 15017、俊秀等。

①创科蜜 17：甘肃民勤县瑞丰源种业有限公司和新疆联创种子有限责任公司合作选育。杂交种，适宜在甘肃民勤、金昌春播种植。厚皮型，早熟，生育期 88 天，坐果后 38 天左右成熟。果实椭圆形，果皮灰绿色、有网纹，单果重 3.2 千克，果肉主色橙红色、肉厚，肉质细腻松脆，清甜多汁。中心可溶性固形物含量 13.8%，边部可溶性固形物含量 10.2%。中抗白粉病、霜霉病。

②甬甜 5 号：浙江宁波市农业科学研究院和宁波丰登种业科技有限公司合作选育。适宜在浙江、江苏、安徽、山东设施种植，新疆南疆露地种植。厚皮型，全生育期 95～100 天，果实发育期 36～38 天。子蔓结果，最适宜的坐瓜节位为主蔓第 12～15 节侧枝。单果重为 1.6 千克左右，果实椭圆形，果皮为白色，网纹稀细，果肉橙色，脆肉型，口感松脆、细腻。中心可溶性固形物含量 15.2%，边部可溶性固形物含量 13.2%。较抗蔓枯病、白粉病和霜霉病。耐高温性好。

（二）品种应用情况

1. 主要品种推广应用情况[①]

根据现代农业产业技术体系相关部门调查分析，2018 年西瓜种植主要以有籽、中早熟品种为主，种植方式以设施栽培为主。据不完全统计，2018 年登记的西瓜品种推广面积为 240.3 万亩，其中设

---

① 该部分数据均来自于西瓜、甜瓜产业技术体系 2018 年品种登记调查。

施种植面积为141.3万亩，占比为58.8%，露地种植面积为99.0万亩，占比为41.2%。从品种类型来看，2018年登记的早中熟品种推广面积为190.5万亩，占总推广面积的79.3%，其中设施种植面积为121.6万亩，占早中熟品种推广面积的63.8%；从具体品种来看，推广面积较大的早中熟西瓜品种主要为京美、早佳、京欣、蜜宝一号、甜旺1号、蜜宝三号、绿之秀、富友麒麟、农富大果黑丽人、鼎早8424、台农十一、凯旋6号、力禾黑美人等。2018年登记的晚熟西瓜品种主要以露地种植为主，晚熟西瓜品种推广面积为49.8万亩，其中露地种植面积为30.2万亩，占比为60.6%；推广面积较大的晚熟西瓜品种主要有华欣、绿龙688、抗病京欣、荃银红天龙、玉农绿福、天发黑无籽2号、丰乐腾龙、华联五号、科农三五、农优新一号等。2018年登记的有籽西瓜品种推广面积为232.0万亩，占总推广面积的96.5%。

根据现代农业产业技术体系相关部门调查分析，2018年登记的甜瓜品种主要以早中熟、薄皮品种为主，种植方式以设施栽培为主。据不完全统计，2018年登记的甜瓜品种推广面积为71.4万亩，其中设施种植面积为55.8万亩，占比为78.2%；露地种植面积为15.6万亩，占比为21.8%。从生长期来看，2018年登记的早中熟甜瓜种植面积为58.9万亩，占甜瓜种植面积的82.5%；晚熟甜瓜种植面积为12.5万亩，占比为17.5%。从品种类型来看，厚皮甜瓜种植面积为28.8万亩，占比为40.3%，其中种植面积较大的品种主要有江淮蜜7号、蜜丰一号、红佳、众天5号、江淮蜜六号、贮冠、黄金蜜、瑞红、江淮蜜二号等；薄皮甜瓜种植面积为35.0万亩，占比为49.0%，其中种植面积较大的品种主要有青碟、开甜20、台种新银灰、凯胜、黄又美、薄绿1号、庆甜2号、甜酥羊角蜜等；厚薄皮甜瓜种植面积为7.6万亩，占比为10.6%，其中种植面积较大的品种主要有钱隆蜜、黄子金玉、早甜5号、甜翠、鄂甜瓜6号、晶萃一号、香山雪蜜、早甜、兴隆等。

2. 种植风险分析

多数西瓜、甜瓜品种以丰产为主要目标，抗病性较为单一，缺乏抗多种病害的多基因聚合品种。同时，耐低温弱光、耐热、耐盐的品种缺乏，亟需选育抗病耐逆性强的西瓜、甜瓜品种，对抗病性需要有"多区域""多年"的数据作支撑，经过验证后进行推广。如2018年辽宁地区西瓜蔓枯病高发，缺少抗蔓枯病品种。现有西瓜、甜瓜品种对低温弱光等逆境条件的抗性有待提高，在辽宁春季栽培常出现畸形瓜和不易坐瓜等情况。现有西瓜品种在保护地反季节栽培条件下综合抗病能力有待提高，也缺少针对基质栽培的专用西瓜、甜瓜品种。

薄皮和厚薄皮甜瓜主栽品种主要存在抗病性差问题，特别是遇上雨水多和湿度大的年份季节，蔓枯病、白粉病和霜霉病三大主要病害防控难度大，防控效果差，导致采收期短，产量低，种植效益偏低或不稳定。如由于高温高湿气候条件，广西种植的厚皮甜瓜品种要求具有较强的抗病抗逆性，耐高湿高温抗性较差的品种容易发生萎蔫早衰现象，主要病害为蔓枯病、白粉病、霜霉病、病毒病，其中蔓枯病尤为严重，全生育期均发生，防控难度大，后期白粉病和霜霉病也比较多。

（三）品种创新的主攻方向

从整体上来看，西瓜、甜瓜未来发展战略是以"生产省力、产品标准、营养好吃、质量安全"为目标，重点提升西瓜、甜瓜品质，降低成本，确保质量安全，培育出多抗、高品质、满足不同时期上市的西瓜、甜瓜品种。

下一步西瓜育种方向是选育优质多抗适应性强的品种，在育种手段上实现多元化，利用生物技术、辐射诱变、太空诱变、多倍体育种及基因工程、基因编辑等多种手段进行种质资源创新，主要采用分子标记辅助选择和聚合育种方法，通过生物技术育种，聚合炭疽病、白粉病、霜霉病等多种抗性育种材料和优质育种材料，培育兼抗多种病害的优质耐湿西瓜品种。甜瓜生产主要瓶颈是薄皮甜瓜品质口感较差，商品率低，经济效益不好，厚皮甜瓜缺少适宜保护地种植的兼顾早熟性、丰产性、品质好的品种。随着西瓜、甜瓜基因 QTL 定位的结果越来越多，分子标记辅助选择技术也越来越成熟，其应用必将越来越广泛，该过程中基因分型手段将会向多样化、高通量化、低成本化发展。基因编辑技术由于其能定点靶向改变目标基因，并可不含有任何选择标记，具有较好的食品安全性与生态安全性，越来越多的研究人员开始着眼于西瓜、甜瓜基因编辑技术的研究。

1. 选育耐裂、高品质的中果型西瓜品种

西瓜生产主要瓶颈问题是露地西瓜品种耐湿性不强，病虫害发生重。中果型品种需要早熟、高产、外观好，但现有品种受品种、气候、栽培等原因的影响，裂果率高，造成较大的经济损失，严重挫伤了瓜农种植西瓜的积极性。因此，在提高产量的前提下，如何解决西瓜抗病及在逆境下耐裂和品质问题，是今后西瓜育种工作的重点。

2. 选育设施专用小果型、功能型、特殊小型无籽西瓜品种

目前大力发展都市型现代农业，大型城市如北京、上海等，强调农业要发挥生产、生活、生态和示范四大功能，西瓜、甜瓜生产也从单纯的生产向着旅游、观光、采摘等方向发展。目前，都市型农业的迅速发展对西瓜品种有了新的要求，观光采摘园区对特色、高品质品种有很大的需求，急需选育特色、高品质西瓜新品种。不同设施对品种的要求不一样，例如温室生产要求西瓜肉质松脆、耐低温、易坐果等，大棚生产要求肉质稍硬，耐低温和高温、耐贮运等，因此要加强设施专用型小果西瓜品种的选育。

3. 选育适合简约化栽培的西瓜品种

在西瓜育种上，面向简约化栽培、机械化栽培的配套品种还比较少。目前，西瓜产业中，劳动力成本约占 33%，从业人员平均年龄为 47.67 岁，44 岁及以上年龄所占比例高达 66%，劳动力年龄偏大。随着人工成本的不断提高，适合轻简化栽培的新品种将是下一步育种的主攻方向，急需培育西瓜品种既抗多种病害、自封顶、少蔓、短蔓、不用整枝打岔且品质优良的新品种。

4. 选育耐低温弱光、多抗的薄皮甜瓜品种

针对不同区域特点，制定不同的品种创新主攻方向。对于具有连续低温、阴雨、寡照等不利气候特点的地区，最适宜的西瓜品种应该具有优质、能同时抗多种主要病害、抗逆性强、适于轻简化栽培的特质，但目前这样的品种缺乏，应加强优质，抗枯萎病等多种主要病害且适于轻简化栽培的西瓜新品种选育。对于部分以塑料大棚和小拱棚栽培为主的地区，定植前期温度偏低，果实成熟期温度较高，目前创新方向以前期耐低温能力强、低温条件下坐果能力好、畸形果率低、后期不易裂瓜及不易水脱的抗逆品种为主。东北地区甜瓜品种以薄皮型为主，日光温室冬春茬和春茬前期温度低光照弱，所以应以耐低温弱光、低温条件下坐瓜能力强、含糖量高、光皮、耐贮运的绿皮绿肉型、花皮绿肉型薄皮甜瓜为主要创新方向，未来还要对品种的抗病性（霜霉病、细菌性病害抗性）有较高要求。

（编写人员：夏阳　许勇　张海英　吴敬学 等）

2018

果　树

登 记 作 物 品 种 发 展 报 告

苹 果

一、产业发展情况分析

数据显示，目前中国已成为世界最大的苹果生产国和消费国。2017 年，世界苹果总产量 7 600 多万吨，中国达 4 380 万吨，生产和消费规模均占全球 50% 以上，其中西北干旱区苹果栽培面积占全国 2/3。陕西以 1 100 万亩、1 100 万吨成为中国苹果栽培面积最大、产量最高的省份。我国苹果产业在种植面积与产量上已处于瓶颈期，短期内产量已不具备大幅增长的基础。2018 年 "清明" 节前后，全国出现大范围霜冻，苹果主产区均受到严重冻害，产量上有所下降。

（一）生产情况

中国现有苹果栽培面积达 2 920 万亩，其中 70% 以上的苹果园树龄在 20 年以上，苹果园更新改造是未来 10 年苹果产业的首要问题。苹果矮砧现代模式推广应用后，预计有 2 000 万亩苹果园需要更新改造，目前山东、河南、河北、辽宁、山西、陕西等苹果主要产地 90% 的苹果园迫切需要更新。

2018 年度，我国苹果生产仍主要集中在环渤海湾（辽宁、山东、河北等省份）、西北黄土高原（山西、甘肃、陕西、河南等省份）、黄河故道（河南东部、山东西南部、江苏北部和安徽北部）、西南冷凉高地（四川、云南、贵州等省份）、东北寒地小苹果产区以及新疆苹果产区等 6 个产区，其中，环渤海湾、黄土高原、黄河故道、西南冷凉高地产区为 2008 年农业部规划的四大苹果优势主产区。全国总体来看，苹果主产地呈逐渐西移北扩趋势，从山东、山西、河南逐步转移到陕北和甘肃一带。

从主栽品种发展结构上看，富士系苹果发展面积约 2 000 万亩，全国占比约 70%，我国自育品种仅金红、寒富、秦冠 3 个品种发展面积在 100 万亩以上。截至 2018 年，我国共选育登记苹果新品种 110 余个，苹果育种研究核心竞争力仍不足，达不到苹果产业发展的要求，且主栽苹果品种多引自国外。

1. 黄土高原产区

2018 年度，通过对陕西、甘肃、山西、豫西地区的初步调查，该区域近年生产示范推广的新品种 20 余个，小面积试栽新品种 70 个以上，新品种发展逐步趋于多样化，有较明显地域性特征。

2. 渤海湾产区

2018 年度，苹果主栽品种约 60 个，其中富士系占 80%（晚熟富士系占 70%）、嘎拉系 8%，红星系 4%，国光 4%，其他 4%。

3. 黄河故道产区

2018 年度，该产区现有苹果面积 140 万亩。目前富士系、元帅系和嘎拉系品种为该区主要栽培的品种。近年来该产区引进试栽新品种主要以早中熟品种和部分富士类的早熟型芽变居多。

4. 西南冷凉高地产区

2018 年度，通过对四川、云南和西藏各主要苹果产区的调查，本区域近年生产示范推广的新品种约 25 个，小面积试栽的新品种在 20 个以上，新品种发展逐步趋于多样化。

5. 东北寒地产区

该产区是我国抗寒果树的生产区。本产区生产的多是伏秋果，与水果主产区形成熟期互补，能够实现北果南运。在东北寒地 100 万亩苹果生产中，栽培的主要品种有黄太平、金红、K9、龙秋、秋露、紫香、塞北红、龙红、寒富、新苹、新帅、新冠等。

6. 新疆产区

2018 年度，新疆苹果面积稳中有升，产量持续增长，优势区域更加明显，以烟富 6 号、长富 2 号等为代表的富士系列品种已成为南疆苹果的主栽品种，而作为北疆的伊犁河谷苹果主要栽培品种有富士系、首红、寒富、嘎啦、金冠、乔纳金等。

从品种发展结构上看，富士系约发展 2 000 万亩，占总面积 70%，而其他类型、品种均不足 10%。从分布区域来看，1 000 万亩以上苹果园仅分布于陕西，其次是山东和甘肃。2018 年度各品种发展结构及品种分别区域见表 21 - 1、表 21 - 2。

表 21 - 1　苹果品种结构占比分析

发展品种	推广面积（万亩）	占比（%）
富士系	2 032	69.6
元帅系	260	9.0
嘎拉	190	6.5
金红	160	5.4
秦冠	80	2.7
国光	60	2.0
华冠	62	2.1
其他	80	2.7

表 21 - 2　苹果种植面积分布区域统计

推广面积分级（万亩）	分布区域
50	内蒙古、江苏、四川、宁夏、云南
100	新疆
200	山西、辽宁、河南
300	河北
400	山东、甘肃
1 000	陕西

从国内苹果省份产量占比来看，陕西、山东、河南、山西、河北、甘肃位居前六位，合计占全国总产量 83.6%（表 21 - 3）。

表 21 - 3　2017 年苹果产量分布区域统计表

省份	产量（万吨）	占比（%）
全国总计	4 400	100
陕西	1 100	25
山东	980	22.27
河南	440	10
山西	430	9.77
河北	370	8.41
甘肃	360	8.18
辽宁	260	5.91
新疆	140	3.18
宁夏	55	1.25
四川	55	1.25
江苏	50	1.14
贵州	50	1.14
云南	40	0.91
安徽	35	0.80
其他省份	35	0.80

自 2007 年苹果产业技术体系成立以来，我国各育种单位加强了在新品种区域试验及示范推广方面的合作与协作，但与发达国家相比，仍存在较大差距。一是缺乏统一、规范、客观、有序的新品种（系）区试评价技术体系，新品种（系）系统化区试评价技术体系不完善，缺乏统一的评价标准和指标体系。二是良种良法良砧不配套，品种（砧木）不同，特性各异，砧穗组合又会产生新的差异。三是区试评价时间过短、范围过小，每个苹果栽培区域不同年份的气候条件不一致，短时间内很难对苹果的果实品质、贮藏性、抗病性和抗寒能力进行综合评价。四是知识产权保护力度不够，新品种苗木繁育及交易市场混乱，夸大宣传、品种炒作、剽窃改名等问题时有发生。五是新品种示范推广规模化程度不高，目前新品种示范及应用形式主要依托试验站示范基地以及小范围的农户生产试栽，示范规模有限，在一定程度上限制了新品种在短期内转化为经济效益。六是品种多样化程度不够，在成熟期上，晚熟品种比例过大，早熟品种比例过小；在果实色泽上，红色品种比例过大，绿色品种和其他花色品种比例过小；在果实用途上，鲜食品种比例过大，加工或加工鲜食兼用品种比例过小，致使苹果加工业没有稳定的优质原料，加工产品质量难以适应市场需要。

（二）2018 年苹果产业发展趋势

1. 优质苗木繁育推广实现突破

围绕苹果产业"节本、提质、增效"的可持续发展目标，在政府、产业技术体系及业界的共同努力下，大力推进区域适宜性优质大苗的专业化、标准化、规模化、产业化、品牌化栽培模式，健全优质大苗繁育推广体系。优质苗木产业化培育进程加快，苗木生产的工艺技术规程得到规范，产业化经营水平得到提高，为产业可持续发展奠定了良好的苗木基础。

2. 矮砧宽行密植栽培成为新建园主导模式

矮砧宽行密植栽培模式便于果园机械化作业、大幅度降低劳动强度、减少果园用工，同时也极大地改善了果园生态系统、提升了果园经济收益水平。经过近年的技术示范与推广，矮砧宽行密植模式已成为我国新建果园的主导模式，也是我国果树栽培发展的主要方向。

3. "减肥减药"行动推动产业绿色发展

在绿色生态发展理念引导下，苹果业界积极响应农业农村部启动的"减肥减药"专项行动，通过测土配方防控、精准施肥施药，鼓励使用有机肥、生物物理防治等果园综合管理方法，不仅提高了果园生产效率，而且对保障果品质量安全、保护生态环境、提高果农收入也起到极大促进作用。各级政府主导的"三品一标"、标准园建设等，在强调农业生产全过程控制、标准化操作的同时，也更加注重生态环境的保护。

4. 简易水肥一体化技术得到普遍应用

随着整形修剪、促成开花技术以及病虫害综合防治等树上管理技术的普及和提高，肥水管理逐渐成为果园增产增收的瓶颈。作为现代作物生产的重要技术，轻简化、肥水一体化技术既适合我国小规模经营果园的生产需要，又能大幅提高化肥利用率，具有显著的节水、节肥、省工等诸多优良效果，已在苹果主产区得到普遍推广应用。

二、品种登记情况分析

截至 2018 年 12 月，全国登记苹果品种 52 个，从登记品种的类型看，鲜食品种 41 个，砧木品种 8 个，加工品种 2 个，鲜食加工兼用品种 1 个。从品种来源看，芽变选育品种 22 个，杂交选育品种 23 个，从国外引进品种 7 个。芽变品种的来源，多为长富 2 号、烟富 3 号、2001 富士、惠民短枝富士、弘前富士等富士品种的芽变。从品种的抗性看，主要是抗炭疽叶枯病、斑点落叶病和褐斑病，不抗枝干轮纹病的品种。品质评估主要是平均单果重、可溶性固形物、可滴定酸、果实颜色、果实性状和果肉硬度等方面。登记品种的适种区域集中在山东、山西、河南、河北、陕西、甘肃、四川、安徽、新疆、云南等苹果主产区。主要缺陷多描述为不抗苹果枝干轮纹病等。

2018 年国内授权苹果新品种权有三海、紫弘、中砧 1 号、红霞 1 号、芭蕾玉姿、阿尔文娜、普瑞 A2807 个；新品种审定包括赛金、"高川"海棠、"拿斯露"海棠、春雪、高原之火、亚当、印第安夏天 7 个；新品种登记包括众成三号、众成一号、烟富 9、烟富 111 等 31 个。

三、品种创新情况分析

（一）育种新进展

1. 苹果育种单位及成就

目前国内从事苹果新品种选育研究的单位有 20 个，各育种单位持续开展了大量的杂交育种工作，培育了大量的育种材料。近 3 年，我国各育种单位现共保存 730 个组合苹果杂种实生苗后代总量为 38.407 万株（其中砧木组合 139 个，3.63 万株），通过对杂交后代的筛选，目前共决选出苹果优系

150 余个（砧木优系 20 余个）。在育种材料方面，主要杂交亲本为富士系、嘎拉系、秦冠、金冠、寒富、蜜脆、粉红女士等。

2. 育种技术和方法

国内各苹果育种单位和育种攻关协作组的育种目标仍以优质和抗性为主，加快低成本、免套袋、易管理等新品种的培育。随着分子标记技术的发展，分子辅助选择、分子标记辅助育种（MAB）逐步运用到苹果育种之中，通过筛选与目标性状相关的分子标记，能够在苗期对杂交实生苗进行选择，大大缩短了育种的年限，提高育种效率。随着遗传图谱的发展，数量性状的研究进入了一个新的阶段，为解析表型性状提供了一个新的研究途径。以性状基本稳定的功能型苹果株系（品系）为试材，利用现代分子生物学技术，进行品质形成关键基因挖掘与功能鉴定，有助于完善育种方案，实现育种目标。近年来，苹果育种工作进行了区域布局调整，黄土高原产区的育种目标仍会兼顾品种的抗旱性，辽宁省果树科学研究所等单位根据东北地区气候寒冷主要问题需要兼顾品种的抗寒性。

（二）品种应用情况

1. 品种推广应用

通过进一步统计，我国自育品种推广面积约 1 400 万亩，包括大量的富士、嘎拉芽变及砧木品种，除去芽变、砧木品种，我国自育品种推广仅占 730 万亩，约占全国苹果栽培面积的 25%。推广面积达到 50 万亩以上的品种见表 21-4。

表 21-4　我国自育苹果品种推广情况（50 万亩以上）

自育品种	推广面积（万亩）
烟富	498
寒富	248
吉林金红	160
秦冠	80
华冠	62
龙丰	50
塞外红	50
七月鲜	50

2. 品种表现

（1）主要品种群

①片红品种群：代表品种烟富 3 号、天富一号、天富二号、天汪一号、超红星、烟富 8 号、神富 2 号、响富、美乐富士、元富红、烟富 10 号、红将军。

②条纹品种群：代表品种 2001 富士、神富 3 号、长富 2 号、首富 1 号、新首红、秋富 1 号、烟富 6 号。

③短枝品种群：代表品种烟富 6 号、烟富 7 号、神富 6 号、成纪 1 号、天红 2 号。

④早熟品种群：代表品种首富 3 号、嘎啦系、红将军、甘红、华硕、藤木一号、红露、秦阳、莫里斯、信浓红、美八，华硕等。

⑤中熟品种群：代表品种红王将、红星系、金冠、新红星、乔纳金、华冠、蜜脆、玉华早富、红盖露、苹帅、苹艳、苹光、苹锦、中秋王、红将军等。

⑥晚熟品种群：代表品种长富 2 号、烟富 6 号、秋富 1 号、富士、秦冠、粉红女士、国光、天红 2 号、王林等。

此外，用于轻简化栽培（矮砧密植）的品种主要有宫崎短枝、寒富、昌红、王林、天红 2 号、维纳斯黄金、礼泉短枝、蜜脆、富士、嘎啦、秦阳等，其中富士系约占轻简化栽培总面积的 85%。

近年来烟台地区新发展的苹果品种以晚熟红富士为主，约占新发展果园的 90%，主要是脱毒烟富 3 号、烟富 8 号、烟富 10 号、2001 富士等；中熟和早熟品种约占总量的 10%。在晚熟富士中，脱毒烟富 3 号、烟富 8 号、烟富 10 号等片红品种又占总量的 85%，15% 为条纹红的富士品种。中早熟品种主要红将军、皮诺娃、红露、太平洋嘎啦、金都红嘎啦等。

砧木类型和建园方式方面：目前新发展果园仍以乔化栽培为主，约占新发展果园的 75%，矮化中间砧和矮化自根砧果园占 25%。实生砧木主要是八楞海棠、平邑甜茶和烟台沙果等；矮化砧木有 M26 中间砧、SH 中间砧、M9 自根砧和 M9T337 自根砧。

（2）品种推广存在的问题

2018 年度，我国苹果品种推广中发现问题如下。

第一，不同熟期品种比例与结构不合理。各苹果主产区主要栽培品种集中在富士系、嘎拉系和元帅系，而其他品种比例较少，区域特色不明显。在我国苹果生产的两个大省——山东和陕西，富士苹果的栽培面积均超过 70%。在山东烟台，富士的产量和面积都超过 80%。品种单一决定了苹果品种结构不合理、晚熟品种过多、早中熟品种偏少。

第二，主栽的富士苹果品种品系混杂严重。目前，我国已经引进和选育的红富士苹果品系和品种有 70 余个，主要引进的富士系品种为长富 2 号、长富 6 号、岩富 10 号、宫崎短枝、青富 3 号、秋富 1 号、秋富 10 号、早生富士、红将军、2001 富士、乐乐富士、福岛短枝等。我国选育的富士芽变有礼泉短富、惠民短枝、玉华早富、烟富 3 号、烟富 6 号、晋富 1 号、望山红等。由于红富士苹果引种渠道混乱，育种单位多，繁育体系不健全，造成现有果园中各类富士品系混栽严重。

第三，自育苹果品种推广力度不够。目前，我国各苹果主产区主栽品种 85% 以上引自国外，如富士系，元帅系、嘎拉系、乔纳金系、津轻系等。我国自育苹果品种虽数量多，但在生产中所占比例在 15% 以下。寒富、秦冠和华冠成为自育品种中栽培面积最大的 3 个品种。

第四，品种区域化栽培有待加强。由于品种选育成功后缺乏对其栽培生理特性和适宜栽培区域的系统研究，品种的适地适栽仍存在一定问题。如富士苹果分布在除黑龙江、上海、浙江、福建、江西、湖北、湖南、广东、广西、海南外的 21 个省份，虽然是第一大栽培品种，其合理栽培区划依然没有明确。

（三）不同生态区品种创新的主攻方向

1. 不同苹果生态区发展方向

（1）黄土高原产区

对黄土高原苹果主产区的陕西、甘肃、山西及豫西地区的调查显示，该区域近年生产示范推广的新品种有 20 余个，小面积试栽的新品种约 70 个，新品种发展逐步趋于多样化，并有较明显的地域性特征。

从品种来源看，以富士、嘎拉、元帅系等生产主栽品种的优良芽变新品种（系）为主，有 50 余个，杂交选育的新品种 40 余个。从熟期看，以晚熟和中晚熟品种为主，早、中熟品种较少。从果实色泽类型看，以红色品种为主，非红色品种（黄色、绿色）较少。从栽培用途看，以鲜食品种为主，加工用或鲜食加工兼用品种较少。

（2）渤海湾产区

渤海湾地区苹果主栽品种（系）约 60 个，其中富士系占 80%（晚熟富士系占 70%）、嘎拉系 8%、红星系 4%、国光 4%、其他 4%。

（3）黄河古道产区

黄河故道苹果产区包括河南开封以东、江苏徐州以西的黄河故道及分布在故道两岸的河南、山东、安徽、江苏 4 个省份的 10 多个县（市、区），整个产区现有苹果面积 140 万亩。目前富士系、元帅系和嘎拉系品种为该区主要栽培的品种。近年来该区引进试栽新品种主要以早中熟品种和部分富士的早熟型芽变居多。

（4）西南冷凉高地产区

四川、云南和西藏各主要苹果产区的调查显示，该区域近年生产示范推广的新品种有 25 个，小面积试栽的新品种在 20 个以上，新品种发展逐步趋于多样化，并有较明显的区域特征。从品种来源看，主要以富士系和嘎拉系等生产主栽品种的优良芽变新品种（系）为主。从熟期看，主要以 7 月中下旬至 10 月上旬成熟的品种最为集中。从果实色泽类型看，以红色品种为主，非红色品种（黄色、绿色）逐年下降。从栽培用途看，以鲜食品种为主，鲜食加工兼用品种较少，加工专用品种没有。

需要进一步开展砧穗组合的优化研究，针对冷凉高原区海拔高、紫外光强、昼夜温差大，干湿季节分明的气候特点，开展适宜高原气候特征砧穗组合的优化研究。围绕现代栽培模式的发展需要和低纬高原生态条件，重点解决高原地区春旱夏涝，生长季节降雨集中对外观品质产生影响的问题，以利于高原苹果产业的优势发挥。新品种的配套栽培技术体系构建，品种不同，特性各异，一个新品种要在生产中发挥其最大潜能，必须针对冷凉高原区独特生态气候条件，研究其相配套的栽培技术体系作保证。

（5）东北寒地产区

东北寒地苹果产区地处寒温带，包括黑龙江、吉林、内蒙古东部、辽宁北部，是我国抗寒果树的生产区。该区域生产的多是伏秋果，8—9 月成熟，与水果主产区形成熟期互补，能够实现北果南运。在东北寒地 100 万亩苹果生产中，栽培的主要品种有新中国成立前从俄罗斯引入的黄太平；新中国成立后从吉林辽宁引入的金红、K9；近年新选育的龙秋、秋露、紫香、塞北红、龙红，以及从俄罗斯引入的米鲁亚等在部分地区示范，气候条件较好的区域引入寒富、新苹、新帅、新冠。

东北寒地苹果近年提出部分新品种，其早熟品种龙红苹果宜在吉林省吉林市以南、黑龙江东南部的牡丹江及鸡西等地栽培；中熟品种紫香苹果、晚熟品种秋露苹果适宜黑龙江中东部的佳木斯、绥化、哈尔滨等地栽培；晚熟品种塞北红适宜内蒙古的东部地区、吉林南部、黑龙江南部气候条件好的地方栽培。

加强新品种的选育和示范，寒地苹果能够发展关键是选育出了抗寒新品种，途径一是有目的人工选育，筛选抗寒优质苹果品种；二是生产调研，将国内外引入和农家原有的好品种尽快整理、示范、推广。扩大适宜加工品种面积，寒地苹果酸度高，非常适宜加工，小苹果果汁在国内价格一直较高。发展秋露等高酸品种，对促进果品加工业发展非常有利。

（6）新疆产区

新疆苹果生产作为新疆林果产业经济发展的重要组成部分，在新疆经济快速发展过程中占据着重要地位。新疆苹果面积稳中有升，产量持续增长，优势区域更加明显，以烟富 6 号、长富 2 号等为代表的富士系列品种已成为新疆南疆苹果的主栽品种，而作为北疆的伊犁河谷苹果主要栽培品种中富士系占 80%，首红、寒富、嘎啦、金冠、乔纳金等占 20%。乔化果树占总面积的 99.1%，矮化果树占 0.90%。近年来，新疆伊犁哈萨克自治州林业科学研究院通过国家苹果产业技术体系通过开展苹果新品种的选育技术研究，引进苹果新品种、砧木 170 余份，开展了品种（系）区域比较试验，进行综合评价，选育出适合伊犁河谷并予以推广的优良新品种：工藤富士、宫崎短枝富士、西施红、寒富、长富2号、华硕、蜜脆、红盖露等。

2. 发展建议

第一，立足现状，稳步推进，目前新品种的推广以新建果园为主，应立足当地生产实际和主栽品种现状，选准主推品种，本着"先试验、再示范、后推广"的原则，稳步推进，切不可盲目发展，以免造成不必要的损失。

第二，加快自育新品种发展，随着苹果产业全球化进程加快和国外对品种知识产权保护力度不断加大，我国对外引新优品种的推广发展将面临新挑战。加快自育新品种的示范推广将成为我国品种更新的主要方式。为此，加强我国苹果新品种区试网点建设势在必行。

第三，注重区域特色，实现差异化发展。选择发展品种时，各地在明确品种特性的前提下，还应综合分析市场供需变化和当地立地条件，因地制宜，突出品种的区域特色优势。一般情况下，每个局部区域（市级或县、区级）的主推新品种数量不宜超过2~3个。

第四，重视新品种的配套栽培技术研究。一个新品种要在生产中发挥其最大潜能，必须有相配套的栽培技术体系作保证。因此，新品种推广过程中，加强配套栽培技术的研究与示范推广至关重要，这需要栽培研究者和育种研究者的通力合作。

（编写人员：张彩霞　丛佩华　韩晓蕾　等）

柑　橘

一、产业发展情况分析

（一）生产情况

1. 总种植面积

根据《中国农业统计资料》数据，2012—2017 年，我国柑橘种植面积从 237.47 万公顷增长至 268.88 万公顷，年均增长率为 2.52%。2018 年全国各省份柑橘生产情况见表 22-1。2018 年我国柑橘产业规模保持持续增长。据国家柑橘产业技术体系研究室调研数据，2018 年我国柑橘栽培面积 277.90 万公顷，与 2017 年同比增长了 3.35%，是我国栽培面积最大的水果。

表 22-1　2018 年全国主要省份柑橘生产情况

地区	面积（公顷）	产量（吨）
广西	501 413	8 364 900
湖南	342 180	4 472 550
广东	239 194	4 152 372
湖北	254 415	4 390 944
四川	276 654	4 104 500
福建	153 120	3 220 650
江西	264 560	2 880 800
重庆	202 600	2 425 800
浙江	93 500	1 786 900
云南	47 100	612 700
陕西	37 400	510 600
贵州	56 340	28 618
上海	4 200	124 400
海南	6 200	58 700
河南	11 600	47 900
江苏	2 500	32 700
安徽	3 900	22 000
甘肃	200	1 560
西藏	200	670

2. 总产量

根据《中国农业统计资料》数据，2012—2017 年我国柑橘总产量从 3 167.8 万吨增长至 3 904.51 万吨，年均增长率为 4.27％。根据国家柑橘产业技术体系研究室调研数据，2018 年我国柑橘总产量达到 4 138.14 万吨，与 2017 年相比增长了 5.98 ％。

3. 单位面积产量

根据《中国农业统计资料》数据，2012—2017 年单位面积产量从 13.34 吨/公顷增长至 14.33 吨/公顷，年均增长率为 1.44％。根据国家柑橘产业技术体系研究室调研数据，2018 年我国柑橘平均单产达到 14.61 吨/公顷，与 2017 年相比上升了 1.95％。总体表明产业技术进步显著提高了单位面积产量。

（二）市场情况

1. 国内市场的需求变化

2018 年国内柑橘市场需求有以下三个特点。

（1）国内市场总体上鲜果供应大于需求

虽然柑橘鲜果的消费需求有所增加，但柑橘种植面积仍在扩增，各大柑橘产区产量增长明显，鲜果供应充足。在柑橘加工方面，国内橙汁生产供不应求，柑橘罐头等加工产品的消费则比较稳定。

（2）优质柑橘和晚熟柑橘呈现购销两旺的态势

部分地区由于种植规模大幅度扩张，相应的生产技术没有跟上，导致柑橘品质下降，低质低端产区销售较为困难。市场上一些优质的品种和知名品牌，以高品质、高价格引领市场，如褚橙、甘平、红美人和沃柑等品种。晚熟脐橙和晚熟杂柑等品种由于需求比较旺盛，价格仍继续处于高位。传统柑橘品种价格走低或滞销，比如温州蜜柑价格较低，其市场价格高开后逐渐回落稳定；南丰蜜橘供过于求，整体行情较差，滞销严重。脐橙产量受到黄龙病的影响，产量依然没有恢复，供应偏紧，带动脐橙整体价格提升。

（3）国内消费市场逐渐转变为以品质为导向

晚熟柑橘和优质杂柑成为新增长点，优质优价趋势进一步明显，优质高端柑橘供应不足，特早熟品种、特晚熟品种优势更加突出；另外，低质低端柑橘会出现销售缓慢甚至阶段性滞销现象。随着柑橘生产向优势产区集中，现代化生产水平不断提高，出现了一批地域性品牌，主推优质柑橘，打造高端柑橘市场。

2. 国际市场进出口情况

近几年我国柑橘出口量仅占全国总产量的 1％左右，进口量有下降的趋势，但是进口单价在上升。到 2018 年 10 月，我国柑橘出口量达 53.03 万吨，同比增长 15.7％，出口金额 6.19 亿美元，同比增长 16.8％，但是出口单价呈下降趋势；进口总量 38.61 万吨，同比下降 1.2％，进口金额 5.68 亿美元，同比增长 1.8％。我国出口柑橘果品品质不高，质量标准化程度较低，导致价格低，加上销售和运输成本，在国际市场上竞争力较弱，主要以低端廉价果品出口为主。

二、品种登记情况分析

2018 年我国共登记柑橘新品种 24 个，其中甜橙类 11 个、柚类 6 个、宽皮橘类 7 个，登记情况如下。

龙回红脐橙：由赣州市南康区俊萍果业发展有限公司自主选育的柑橘新品种，并于 2018 年完成品种登记，已申请品种保护并授权。该品种为纽荷尔脐橙芽变选种，属甜橙型，用作鲜食。单果重 280～346 克，果肉多汁化渣，风味甜。该品种坐果率高，适宜在江西赣州地区和湖南、重庆脐橙产区种植。

赣南早脐橙：由国家脐橙工程技术研究中心和于都县果茶局选育的柑橘新品种，并于 2018 年完成品种登记，已申请品种保护并授权。该品种为纽荷尔脐橙株变选种，属甜橙型，用作鲜食。平均单果重 290 克，总糖含量 11％左右，总酸含量 0.58％左右，固形物含量 12％左右，维生素 C 含量 48％左右，果肉橙黄色，细嫩化渣，风味甜微酸，较易剥皮。适宜在江西、广西、福建脐橙主产区种植，成熟采收期在 10 月上旬，比纽荷尔脐橙提早 30 天以上成熟。

赣脐 4 号：由国家脐橙工程技术研究中心和龙南秋芬家庭农场、龙南县果业局选育的柑橘新品种，并于 2018 年完成品种登记，已申请品种保护并授权。该品种为纽荷尔脐橙芽变选种，属甜橙型，用作鲜食。平均单果重 230 克，果实近圆球形，果顶稍平，果蒂有 5～7 条放射沟；果皮厚 0.45～0.50 厘米，质地较松，剥皮较容易；果皮橙黄色，果肉黄橙色，囊瓣肾形，10～12 瓣，柔软多汁，细嫩化渣。中心柱较大，半充实。适宜在江西脐橙主产区种植，成熟采收期在 10 月上旬。

锦玉：由麻阳苗族自治县柑橘产业化办公室，安化县无病虫柑橘良种繁殖场和湖南农业大学选育的柑橘新品种，并于 2018 年完成品种登记，未申请品种保护。该品种为普通冰糖橙芽变优株选种，属甜橙型，用作鲜食。平均单果重 190 克，整齐度好。果皮厚 0.4～0.5 厘米，果面光滑囊瓣肾形，平均 10 瓣，中心柱小。适宜在湖南、湖北、云南、广东、广西、四川、重庆等甜橙产区种植。

东江夏橙：由资兴市移民经济技术服务中心选育的柑橘新品种，并于 2018 年完成品种登记，未申请品种保护。该品种为夏橙芽变选种，属甜橙型，用作鲜食。果实圆形，果个均匀，果皮较韧，不宜剥皮，具有独特果香。适宜在湖南、广西、广东等柑橘产区种植。

晚香蜜橙：由花垣县甜蜜蜜农业发展有限公司和湘西土家族苗族自治州柑橘科学研究所选育的柑橘新品种，并于 2018 年完成品种登记，未申请品种保护。该品种是普通冰糖橙晚熟芽变优株，属甜橙型，用作鲜食。该品种树势较强，单果重 114.5 克，果形指数 0.93。果皮厚 0.45 厘米，囊瓣一般 9～12 瓣，种子数平均 2.1 粒，果汁率 37.09％，可食率 73.90％。适宜在湖南甜橙产区种植。

橘湘元：由湖南农业大学和湖南橘湘果业科技有限公司选育的柑橘新品种，并于 2018 年完成品种登记，未申请品种保护。该品种为埃及糖橙芽变，属甜橙型，用作鲜食。果实偏大，果形美观，圆球形，果面黄橙色，果皮偏厚，难剥皮，果面油胞稀，果实无籽或少籽。适宜在湖南、湖北、云南、广东、广西、四川和重庆等甜橙产区栽培。

复兴苹果柚：由常德职业技术学院和湖南宝绿农业发展有限公司选育的柑橘新品种，并于 2018 年完成品种登记，未申请品种保护。该品种是澧县地方品种，属柚型，用作鲜食。果扁圆形，果色金黄，油胞细密，果面光洁，果形指数 0.78，果顶微凹有辐射线，单果重 920～1 400 克，囊瓣肾形，13～14 个，果肉浅黄色、晶莹透亮，果实种子颗数 37～133 粒，果皮厚约 1.78 厘米。适宜在湖南、江西、浙江、四川、福建、云南、广东、广西、重庆等柚类产区种植。

黄金西柚：由常德市农林科学研究院和常德市西柚记果业有限公司选育的柑橘新品种，并于 2018 年完成品种登记，未申请品种保护。该品种是鸡尾葡萄柚中选出的变异优株，属柚型，用作鲜食。果实圆形或扁圆形，整齐度好，果小，单果重 350～550 克，果皮较韧、薄，黄色，囊瓣肾形，整齐，8～11 瓣。适宜在湖南柑橘主产区种植。

水蜜柚：由常德市农林科学研究院和常德果丰农业开发有限公司选育的柑橘新品种，并于 2018 年完成品种登记，未申请品种保护。该品种是桃源县地方品种，属柚型，用作鲜食。果实圆球形或扁圆形，整齐度好，果皮较韧，平均厚度 1.3 厘米，黄色，油胞较密，微凸或平生，海绵层浅粉红色，囊瓣肾形，平均 13 瓣。适宜在湖南柑橘主产区种植。

香水柚： 由常德市农林科学研究院和临澧县农业局、临澧县将军山香水柚种植专业合作社选育的柑橘新品种，并于 2018 年完成品种登记，未申请品种保护。该品种是临澧地方品种，属柚型，用作鲜食。单果重 0.95～1.35 千克，果面淡黄色，可食率 60% 左右，瓢囊 9～13 瓣，囊瓣长肾形，汁囊细长，呈淡黄绿色，汁多，甜度适中，可溶性固形物含量 9.4%～12.5%，酸含量 0.6%，固酸比 23.5～31.25，维生素 C 含量 0.939 1 毫克/毫升，极耐贮藏，果肉清香四溢，清甜脆嫩，汁多化渣。适宜在湖南柑橘主产区种植。

早蜜椪柑： 由湘西土家族苗族自治州柑橘科学研究所和湖南农业大学园艺园林学院选育的柑橘新品种，并于 2018 年完成品种登记，未申请品种保护。该品种是辛女椪柑芽变选育，属宽皮橘型，用作鲜食。该品种树势较强，平均单果重 120 克，果实扁圆形，完熟后果皮橙红色，皮薄光滑，油胞较细，肉质较脆易化渣，果形指数 0.8 左右，可食率 76%，单果种子数 2～4 粒，总糖含量 12.62%，糖酸比 17.47，出汁率 38.46%，成熟期为 11 月上旬。适宜在湖南、浙江、福建和重庆等椪柑产区种植。

黄酮橘： 由湖南省农产品加工研究所和张家界市永定区经济作物管理站选育的柑橘新品种，并于 2018 年完成品种登记，未申请品种保护。该品种是地方品种，属宽皮橘型，用作鲜食。该品种平均单果重 169 克，果实扁圆形，果肉深橙黄，色泽艳丽，风味浓酸甜、化渣，可溶性固形物含量 11%～12%，总糖含量 10.9% 左右，总酸含量 0.69%，维生素 C 含量 22.6%；籽粒量中等偏少。果实耐贮藏，果实 11 月上中旬采收，贮至翌年 3—4 月，口感酸甜适中，汁囊基本无枯水现象。适宜在湖南温州蜜柑主产区栽培。

武陵红： 由常德市农林科学研究院选育的柑橘新品种，并于 2018 年完成品种登记，未申请品种保护。该品种是山下红辐射诱变优株选育，属宽皮橘型，用作鲜食。果实中等大，整齐度好，果形指数 0.75 左右，单果重 72～96 克，果皮色泽橙红色，有光泽，囊瓣肾形，平均 10 瓣。适宜在湖南温州蜜柑主产区栽培。

湘南红一号： 由浏阳市兴乐农业科技开发有限公司选育的柑橘新品种，并于 2018 年完成品种登记，未申请品种保护。该品种是由宫川与爱媛 28 杂交选育，属宽皮橘型，用作鲜食。果实大小 300～400 克，果形呈扁球形，果皮橙红色，比较光滑，囊瓣肾形，平均 10 个，大小一致。果皮柔软，剥皮较容易，果实紧，无浮皮，单性结实能力强。适宜在湖南、湖北、广东、广西、江西、福建、云南、四川和重庆等柑橘产区栽培。

夏红橘柚： 由衢州市农业科学研究院、龙游县金秋果树研究中心、龙游县夏红种植场合作选育品种。橘柚型，鲜食。树势强健，成年树高 214～325 厘米，冠径 225～372 厘米。萌芽期 3 月上旬，春梢长 17.3 厘米。叶色浓绿肥厚，新梢枝条，叶片色泽微红，叶翼较大，树势强的树叶片长 11.9 厘米，宽 5.3 厘米；枝条萌芽率高，成枝力强，无刺。始花期 4 月 25 日左右，盛花期 5 月 1 日左右，终花期 5 月 6 日左右。果实扁圆形，成熟期 11 月中旬。采收时果面黄绿色，贮藏 1 个月后果面变为橙红色，有光泽，外观漂亮。单果重 298～327 克。11 月中旬采收时果实可滴定酸含量为 2.17%，贮藏前期果实可滴定酸含量下降较慢，到翌年 5 月和 6 月迅速下降，贮藏至翌年 5 月可滴定酸含量可降至 1%。采收时果实可溶性固形物含量 11.2%～12.0%，贮藏期间变化不大，至翌年 3 月 11 日可溶性固形物含量为 11.2%；至 4 月 13 日可溶性固形物含量为 11.0%。维生素 C 含量高，为 0.323 0～0.596 7 毫克/克成年结果树年平均产量达到 111.435 吨/公顷。抗冻性较强，能耐－7℃以上的低温。抗溃疡病、衰退病，对疮痂病也有较强的抗性。抗旱性强于温州蜜柑、柚类。适宜在浙江柑橘产区种植。

阿香 2 号蜜橘： 由湖南阿香茶果食品有限公司选育。鲜食宽皮橘型。树势强，枝梢较直立，成年结果树，一年抽发春、夏、秋 3 次梢，叶片长椭圆形或狭长披针形，质厚，叶片尖端缺口显，基部楔形。花小，单生，白色。果实小，扁圆形，纵径 37 毫米，横径 53.3 毫米，单果重 57.3 克。果形指数 0.69，果面橙黄色或橙色，光滑，亮泽，无核至少核，可食率 71.16%，可溶性固形物含量 14.2%，可滴定酸含量 0.005 5 克/毫升，固酸比 25.82，出汁率 56.11%，维生素 C 含量 0.141 5 毫克/毫升，还原糖含量 0.044 4 克/毫升，转化糖含量 13.32 克/毫升，蔗糖含量 0.084 4 克/毫升，总糖含量 0.128 8 克/毫升。耐溃疡病，耐衰退病，抗寒性和抗旱性均强。适宜在湖南宽皮柑橘产区，春、秋 2 季带土栽植。

崀丰脐橙：湖南农业大学，新宁县农业农村局选育。鲜食甜橙型。树冠半圆形，树势中等偏强，树姿开张，梢短而密，无刺或少刺，大枝粗长，萌芽力强，枝梢丛生，抽梢量大，6 年生冠径 1.15 米，13 年生树叶幕厚度 1.7 米。果实圆形，果形指数 0.99～1.02，单果重 202～250 克。闭脐多，占 70% 以上，果皮厚度 0.42～0.46 厘米，果皮橙红或深橙色，囊瓣肾形，10～12 瓣，果实中心柱中大，半充实。果实成熟期晚，耐藏性长。可溶性固形物含量 12.52%，可滴定酸含量 1.0%，平均单果重 220 克，维生素 C 含量 0.544 毫克/毫升。耐溃疡病、衰退病，同脐橙的抗病性相类似，抗寒性强，抗旱性强。适宜在湖南、湖北、江西、广西、广东、福建、云南、四川、重庆等脐橙产区种植，春、夏、秋 3 季带土栽培。

长叶香橙：中国农业科学院柑橘研究所、重庆市江津区银丰园艺场选育。甜橙型，鲜食、加工兼用。树势强，树姿开张，树冠呈自然圆头形。叶色浓绿，叶片狭长，披针形，叶形指数 2.8。平均单果重 170 克，果实圆球形，果形指数 0.98。完熟后果皮橙黄色，光滑，油胞稀疏。果肉细嫩化渣，风味浓郁。可食率 73.5%，出汁率 57.9%。少核，平均每果种子数 3.2 粒。12 月中下旬成熟，果实耐贮藏。可留树保鲜时间长，采收期可延迟到翌年 4 月上中旬。丰产性强。可溶性固形物含量 13.1%，可滴定酸含量 0.82%。感溃疡病，耐衰退病，在正常生产管理条件下未观察到其他重要病害的敏感性，抗寒性和抗旱性中等。适宜在重庆、广西、云南、四川、贵州等海拔 700 米以下地区种植，春、秋季节带土种植。

青秋脐橙：中国农业科学院柑橘研究所选育。甜橙型，鲜食。树势中庸，树冠圆头形，结果后逐渐开张。叶片椭圆形，渐尖，叶片长 7.8 厘米，宽 3.1 厘米，叶形指数 2.52；叶色浓绿。平均单果重 270 克，果实卵圆形或长椭圆形，纵径 9.56 厘米，横径 8.07 厘米，果形指数 1.18。果顶圆，98% 以上为闭脐。成熟后果皮橙红色，果面较光滑。皮厚 0.59 厘米，剥皮难度中等。中心柱充实，次生果小，无核。果肉脆嫩化渣，风味浓郁，有香气。出汁率 55.5%，可食率 70.8% 左右。10 月中下旬成熟。自然坐果率高，丰产性强。可溶性固形物含量 12.9%，可滴定酸含量 0.67%。感溃疡病，耐衰退病，在正常生产管理条件下未观察到其他重要病虫害的敏感性，抗寒性和抗旱性中等。适宜在重庆、湖南、四川、贵州等海拔 500 米以下地区种植，春、秋季节带土种植。

黔阳红心柚：湖南农业大学、洪江市农业农村局、湖南橘湘果业科技有限公司、洪江市柑橘研究所选育。柚型，加工用。树势强，树姿直立，枝梢密度中，枝条硬度中，节间长度偏长，果肉红色，还原糖含量 2.4%，总糖含量 9.8%，较化渣。种子 0～70 粒，部分果实种子严重退化，自花授粉果实无核，耐贮性好，成熟期早。可溶性固形物含量 13.51%，可滴定酸含量 1.22%，平均单果重 1 108 克，维生素 C 含量 0.708 1 毫克/毫升。感溃疡病、衰退病，抗寒性强，抗旱性强。适宜在湖南柚子产区春、夏、秋 3 季带土栽培。

中柑所 5 号：中国农业科学院柑橘研究所曹立选育。宽皮橘型，鲜食。树姿直立，树形开张，树势中庸。枝梢粗度中等，叶间距短，枝刺短而少，随树龄增大而退化。春梢叶片卵圆形，叶色墨绿色。果实高扁球形，油胞小而凸起，果基平或微凹，放射性沟纹不明显，果顶平或微凹，无印圈。果面蜡质层明显，果皮亮度好。9 月下旬着色，10 月下旬成熟。成熟果实果皮橙色，剥皮难易程度中等，芳香味浓。果肉橙黄色，囊瓣大小整齐，无核或少核。果汁中多，果肉极细嫩化渣。平均单果重 54 克，果实大小不均匀，成熟期着色不整齐，适宜分批采收。单性结实能力强，极丰产。果实耐贮，但运输性能较差。自花授粉不亲和，异花授粉种子数量增加。可溶性固形物含量 11.2%，可滴定酸含量 0.36%。抗溃疡病，耐衰退病，感褐斑病，抗寒性中等，抗旱性强。适宜在广西、广东、云南、浙江、福建、江西、贵州、湖南、四川、重庆、上海等地种植。

大浦 5 号：1997 年底中国柑橘研究所从日本佐贺县引进品种。宽皮橘型，鲜食。树势较强，结果早，丰产稳产。平均单果重 115 克，果实扁圆形，果形指数 0.78～0.80，完熟后果皮橙红色，光滑，味浓化渣。糖含量 8.5% 左右，酸含量 0.57% 左右，可溶性固形物含量 10.14% 左右。9 月中旬成熟。耐溃疡病、衰退病，抗寒性和抗旱性均强。适宜在湖南、福建等宽皮柑橘产区春、夏、秋 3 季带土栽培。

锦红：国家柑橘改良中心长沙分中心、湖南麻阳苗族自治县农业农村局、湖南省农业委员会经济作物处选育。甜橙型，鲜食。红皮型冰糖橙，树势较强，树冠呈自然圆头形，枝梢中等长，较密，有短刺，萌芽力强，抽梢量大。叶片为单身复叶，叶片叶缘呈波浪状，叶表面光滑并具光泽，叶全缘，油胞小，幼叶淡绿。花白色，花粉囊呈浅酪黄色，花粉败育率高。果实少核或无核，圆形或者扁圆形。单果重 150～200 克，整齐度高。果皮韧，厚度 0.40～0.45 厘米，色泽橙红，有光泽，油胞细密，平生。萼片 4～5 片，中等大。果基平，果顶平。囊瓣肾形，9～11 瓣，中心柱小。果实 12 月中下旬成熟。可溶性固形物含量 14.5%，可滴定酸含量 0.53%，维生素 C 含量 0.553 3 毫克/毫升。感溃疡病、衰退病，抗寒性强，抗旱性强。适宜在湖南、湖北、云南、广东、广西、四川和重庆等甜橙产区春、夏、秋 3 季带土栽培。

三、品种创新情况分析

（一）育种新进展

柑橘育种目标主要是无核、早/晚熟和优质，定向杂交育种和田间选种，推动柑橘新品种的不断涌现。由于珠心胚干扰和童期较长的原因，柑橘杂交育种周期需要 15～20 年，因此，目前我国柑橘育种主要依赖芽变选种和实生选种，从果园和农家资源中发掘新品种成为我国自主选育品种的主体。另外，新品种区试评价的开展，有效促进了人们对品种与生态互作的了解，进一步认识到适地适栽的重要性，使引种更加科学。品种发展趋势更注重品质、外观、易剥皮、具有功能性，更强调产业化和品牌化，以利于市场接受。

2018 年，由重庆市农业科学院果树研究所培育的甜橙新品种云贵橙，通过了专家田间鉴定。该品种遗传性状稳定，综合性状优良，树势强健，成枝力强，叶片披针形，叶缘浅波状；果实近圆形，果皮光滑，橙黄色，平均单果重 146 克；果实无核性状明显，平均种子数 0.94 粒，品种降酸早，当年 10 月底便可食用；肉质脆嫩化渣，油胞中等密度，可溶性固形物含量 12%，橙香浓郁；丰产稳产，经田间测产，3 年生高换树平均单株产量 25 千克，每亩栽 42 株，折合每亩产 1 050 千克，适宜在长江流域海拔 400 米以下、年平均温度 18℃ 以上地区种植。

中国农业科学院柑橘研究所从珠心系选种获得了晚熟塔罗科新系血橙，成熟期 2—3 月，有香气，丰产性好，富含花青素等，目前在进一步推广。

四川省种子管理站鉴定的新品种蜀新柠檬、育种新材料红美橙和星柠檬经芽变或实生变异选育而成，来源清楚，遗传性状稳定。蜀新柠檬果大、果形美观匀称，果汁率特高，丰产性强，具有鲜食加工兼用品种特性；红美橙果肉和白皮层呈红色，色泽变异独特，纯甜质优，种子单胚率较高，兼具栽培和育种利用价值；星柠檬果形变异，特色突出，兼具商业栽培和园林观赏价值。

（二）品种应用情况

1. 面积

2018年柑橘种植面积和产量仍在缓慢增长。全国柑橘种植面积达到277.90万公顷，占全国水果种植面积的20%；产量达4 138.14万吨，约占全国水果总产量的20%。其中，广西柑橘种植面积增加到752.12万亩。

从各省份的柑橘生产情况看，2018年湖南产区的温州蜜柑、椪柑、甜橙和柚在市场上有一定的竞争力；广西的沃柑、砂糖橘、茂谷柑和金秋砂糖橘的种植面积和产量大增；江西由于受病害影响，面积和产量略有降低，但赣南脐橙、新余蜜橘和井冈山柚仍有市场优势；广东的温州蜜柑、蜜橘等品种面积萎缩，砂糖橘、贡柑等中熟品种以及晚熟柑橘种植面积增加；湖北以特早熟、早熟温州蜜柑和脐橙栽培为主，晚熟脐橙面积增大；四川的柑橘种植面积稳步增长；福建以琯溪蜜柚和芦柑生产为主，种植面积略下降；重庆、四川、浙江大力发展晚熟脐橙、杂柑、柠檬等，种植面积增加；云南由于地理优势，柑橘产业发展较快，种植面积和产量均增长较快。

2. 表现

（1）主要品种群

我国主要推广的品种群包括温州蜜柑、脐橙、椪柑和蜜柚。我国柑橘品种结构中，宽皮橘种植面积约占67%，甜橙约占18%，柚及柠檬种植比例约为6%，其他柑橘属水果占9%。其中宽皮柑橘主栽类型有温州蜜柑、椪柑、砂糖橘、南丰蜜橘等。

温州蜜柑早结丰产性好、适应性强、抗寒、耐贮藏，有特早熟（大分、国庆1号、宫本等）、早熟（宫川、兴津）、中熟（尾张等）品种系列。宽皮柑橘主产区分布在浙江、湖南、湖北、四川等地。湖北、湖南两个温州蜜柑主产区大幅增产，浙江温州蜜柑产量与往年基本持平。

砂糖橘是近年来我国发展速度最快、品质最优的宽皮柑橘品种，主产广东、广西。砂糖橘果肉细嫩，汁多味浓甜，品质好，但不耐寒，贮藏性稍差，成熟期比较集中。不过由于近几年砂糖橘的高价效应导致种植面积迅速扩张，产量倍增，导致销售价格降幅较大，短时间内造成供大于求。

椪柑由于食用品质优良，特别是无核、大果系品种的市场认可度高，种植面积持续增加，成为我国宽皮柑橘中仅次于温州蜜柑的第二大宽皮柑橘品种，主产湖北、湖南、浙江等地。

沃柑属于晚熟品种，汁多味浓，细嫩化渣，但种子较多，以广东、广西区域为主。近几年发展非常快，但需要一定的种植技术，天气不好时，保花保果不易。2018年广西沃柑产量有增长趋势。

此外，随着柑橘产业的发展，不断涌现新的优质品种，以高质、高价引领市场，如褚橙、大雅柑、红美人、不知火等。在优新品种中，晚熟品种有晚熟脐橙、杂柑等，种植地区由重庆到广西和四川。其中杂柑类品种占据近年柑橘新种植面积的80%以上的比例。市场上高端特优柑橘品种受到追捧，其中爱媛28（红美人）是当前热推品种，爱媛28是通过南香和天草的杂交得到的早熟优质丰产品种，果大、皮薄、果肉细嫩化渣、种子少、品质优。

（2）品种在2018年生产中出现的缺陷

甜橙面积受黄龙病影响而大量缩减。2018年全国最大的脐橙产区江西赣州减产30%左右，市场上脐橙供应明显偏紧。柚类稳步发展，但品种单一化趋势明显，主栽品种是沙田柚和琯溪蜜柚，琯溪蜜柚果肉酸甜适中，无核，早结丰产，较易剥皮，贮藏性不及沙田柚，容易出现粒化现象；沙田柚果肉脆嫩甜，种子较多，对溃疡病较敏感，囊瓣不易分离。柠檬品种主要是四川安岳柠檬和云南瑞丽柠檬，由于病害影响和盲目扩种，产量供过于求，柠檬质量参差不齐。温州蜜柑受天气和供过于求的市场影响，价格走低，出现滞销。沃柑在冷凉地区果实偏小，过热地区果实大且皮粗。伦晚脐橙风味浓，价格稳中有升，冬季低温易导致失水粒化。沃柑种植发展太快，种植面积和产量的增加导致价格下降。杂柑中爱媛 28 果面易发生褐斑病，产生黑斑点。总体上，柑橘生产中，选栽品种缺乏科学规划，管理相对较粗放，配套技术不够完善，导致果实品质良莠不齐。

（三）不同生态区品种创新的主攻方向

总体上，我国柑橘果品周年供应的均衡度不高，熟期比较集中的问题依旧突出，尤其柚果和晚熟宽皮橘品种严重短缺，部分老产区品种较单一，需要进一步研发和培育新品种。另外，由于柑橘产业扩张速度过快，无病毒苗木和栽培技术跟不上，导致病害危害影响较大，影响柑橘产业的病害主要是黄龙病。

针对以上问题，今后不同生态区品种创新的主攻方向如下。

长江上中游柑橘带：属于自然灾害相对较多地区，部分地区土地不够肥沃，土壤呈碱性，存在季节性干旱，部分地区光照不够。该生态区域品种创新的主攻方向是加强选育早（晚）熟品种和耐碱性、耐缺铁的砧木品种。

赣南-湘南柑橘带：黄龙病危害严重，柑橘品种比较单一，单产有待提高。该生态区域品种创新的主攻方向是加强抗病性品种选育，尤其是抗、耐黄龙病品种的选育，同时丰富品种的多样性，筛选适合当地发展的优良品种，替代老旧品种。

浙-闽-粤柑橘带：经济发展和城市化迅速，土地资源越来越少。该生态区域品种创新的主攻方向是发展优质鲜食柑橘品种，主打高端市场，加强适应设施栽培的新品种选育。

鄂西-湘西柑橘带：山地果园较多，品种主要集中于中熟，部分地区存在冻害威胁。该生态区品种创新的主攻方向是选育多熟期的新品种，加强耐寒性品种选育，筛选的品种需适应轻简化栽培。

西江柑橘带：柑橘黄龙病威胁依然存在，机械化水平低，面积扩张迅速。该生态区品种创新的主攻方向是选育多熟期的新品种，加强抗病性品种选育，筛选的品种应适应轻简化栽培。

南丰蜜橘基地、岭南晚熟宽皮橘基地、云南特早熟柑橘基地、丹江库区北缘柑橘基地和四川柠檬基地是我国五大柑橘特色基地。这五大柑橘特色基地，应继续发挥其特色品种的优势，选育更加优质的新品种，丰富熟期或品种多样性，提高品质，打造品牌。

（编写人员：伊华林　祁春节　等）

香 蕉

一、产业发展情况分析

（一）生产情况

中国香蕉主产区主要集中在广东、广西、云南、海南、福建和台湾等省份，贵州、四川、重庆、西藏等地也有少量种植。

2018年我国香蕉种植面积、收获面积和年总产量，由于受到2015—2017年3年行情偏弱，病虫害尤其是枯萎病蔓延等影响，较2017年整体表现为下降趋势，种植面积、收获面积和产量分别为504万亩、463万亩和1088万吨，同比下降幅度分别为12.1%、13.0%、15.6%；单产2.35吨/亩，相比2017年下降2.9%，主要受枯萎病影响造成单产减产。近两年贵州香蕉种植面积增速较快，2017年贵州香蕉收获面积达4.12万亩，产量达7.8万吨，分别比1997—2016年平均水平涨幅75.56%和828.57%。2018年贵州香蕉收获面积为5.26万亩，产量为10.0万吨，同比2017年上升幅度为27.7%和28.2%。

表23-1 2018年全国及主要区域香蕉收获面积总产量和单产的变化情况

产区	收获面积（万亩）			总产量（万吨）			单产（吨/亩）		
	2017年	2018年	增减幅度（%）	2017年	2018年	增减幅度（%）	2017年	2018年	增减幅度（%）
全国	532.24	463	−13.0	1 289.19	1 088	−15.6	2.42	2.35	−2.9
广东	180.5	150	−16.9	505.3	405	−19.9	2.8	2.7	−3.6
广西	139.1	110	−20.9	324.43	253	−22.0	2.33	2.3	−1.3
云南	116.29	115	−1.1	222.9	217	−2.6	1.92	1.89	−1.6
福建	39.71	30	−24.5	98.61	72	−27.0	2.48	2.4	−3.2
海南	50.42	50	−0.8	127.17	126	−0.9	2.52	2.52	0.0
其他	6.12	8	30.7	10.78	15	39.1	1.76	1.88	6.8

资料来源：2017年数据来源于农业农村部南亚办统计数据，2018年数据来源于国家香蕉产业技术体系。

（二）市场

2017年国内香蕉消费量1 571.93万吨，其中国产蕉1 287.61万吨，净进口102.32万吨（不包括边贸进口部分），边贸进口182万吨。2018年国内香蕉消费量1 435.46万吨，其中国产蕉1 086.0万吨，净进口154.46万吨（不包括边贸进口部分），边贸进口195万吨，同比2017年国产蕉下降幅度为15.6%，净进口增加50.9%，边贸进口增加7.1%。在国内香蕉面积和产量总体萎缩的情况下，香蕉进口量同比增长幅度大，2018 年中国香蕉海关进口量为 154.46 万吨，同比增长 48.6%；2018 年中国香蕉海关进口金额为 8.97 亿美元，同比增长 54.8%，如果加上从东盟部分国家——老挝、缅甸、越南等的边贸进口量，则香蕉进口量总计约 349.5 万吨，占国内香蕉消费量的 24%。

2017 年中国人均香蕉消费量达 11.32 千克，2018 年为 10.29 千克，同比 2017 年下降 9.1%。虽然近些年中国香蕉平均消费量增速远远高于世界水平，但与世界平均水平相比仍然存在较大差距，2017 年中国香蕉平均消费水平仅为世界平均水平的 59.39%，中国香蕉消费市场还有很大潜力。

随着世界经济增长和人均收入水平的提高，香蕉消费也逐年增长，1998 年世界人均香蕉消费量 10.84 千克，2017 年达到 15.07 千克，年平均增长率为 1.75%。世界香蕉消费主要集中在印度、中国、印度尼西亚、巴西、安哥拉、坦桑尼亚、菲律宾、美国、越南、哥伦比亚等，前 10 个国家香蕉消费总量占世界总量近 70%。印度香蕉消费几乎占世界的 1/4，是世界上最大的消费国家。目前，多米尼加、厄瓜多尔、秘鲁、哥伦比亚、墨西哥有机香蕉很受欧洲、美国和日本消费者喜爱，2018 年比利时有机香蕉消费增长 14%～20%。

亚洲香蕉产量虽然占比较大，2017 年占世界香蕉总产量的 54.18%，但亚洲市场人均消费量却低于把香蕉当作主食的非洲市场，印度和中国的人均香蕉消费量分别为 29 千克、10 千克。非洲国家，如卢旺达、安哥拉、坦桑尼亚人均年香蕉消费方面均处于领先地位，分别为 252 千克、154 千克、67 千克。据英国的市场研究公司 IndexBox 的国际香蕉业趋势报告显示，2017—2025 年香蕉消费量预计平均每年将增加 2.0%。到 2025 年，预计香蕉的市场容量将达到 1.36 亿吨。

近几年，国内外香蕉消费需求朝着品种多样化和高质量方向发展，如目前世界上甜蕉（越南贡蕉）、龙芽蕉等优稀品种十分畅销，价格比一般香蕉高 1 倍以上。近年台蕉以质优味美畅销日本市场，价格比菲律宾蕉高 50% 以上。特色蕉受到国内消费者的喜爱，特色蕉是相对于传统香芽蕉而言的，主要有粉蕉、贡蕉（皇帝蕉）、大蕉等。2018 年，香芽蕉种植面积约 86%，粉蕉约 12%，贡蕉和大蕉分别为 1%（2017 年香牙蕉、粉蕉、贡蕉和大蕉的占比分别为 90%、8%、1%、1%）。相对于香蕉行情而言，粉蕉价格稳定且较高。

（三）种业

1. 香蕉种业发展特点

种苗是农业生产的基础，是高产、优质、高效农业的重要保证，在香蕉生产中，有 90% 以上的香蕉种植需要繁育组培苗。国外 20 世纪 60 年代就开始了香蕉快繁技术的研究，70 年代利用香蕉茎尖培养获得成功。我国香蕉快繁技术的实际应用是在 80 年代中后期。香蕉快繁技术对香蕉生产尤其是对国内近 30 年香蕉生产迅猛发展起了十分关键的作用，香蕉快繁技术的应用使短时间内以良种大面积替换淘汰原有品种得以实现，使大规模商品化香蕉生产成为可能。同时，由于香蕉的高度不育性、生产上工厂化大规模的无性繁殖、种苗培育技术的滞后及其引起的种质性状退化与抗逆性降低，造成香蕉新品种更新速度慢、病虫害传播速度快、产量降低等现实问题。我国近 30 年香蕉产业发展的实践证明，种苗的好坏直接影响香蕉的生产和效益。随着香蕉产业的不断发展壮大，香蕉种苗产业对香蕉产业的发展起到了极大的推动作用。

在种苗市场方面，中国香蕉种苗市场经过 20 余年的洗礼与淘汰，已逐步趋于成熟，各大种苗供应企业基本上都形成了相对固定的客户圈。我国香蕉种植面积近年来基本维持在 40 万公顷左右，由于病虫害的威胁、香蕉生产效益的驱动及地方政策等多重影响，每年香蕉更新及新开垦面积在 5 万～10 万公顷，即需求香蕉种苗在 1 亿～2 亿株，我国每年香蕉种苗生产也基本维持在这个水平。

2. 香蕉种业发展存在的优缺点

（1）香蕉组培苗主要优点

第一，种苗整齐，繁育速度快，供苗量大。确定选用的香蕉良种，就可以应用组培技术进行大规模生产，短期内提供大量高度、叶片、粗细一致的优质种苗，形成商品市场。

第二，生长快，长势齐，成熟一致，蕉果品质好，采收期短，便于管理，商品化程度高。

第三，品种纯正，能保持亲本的优良性状。

第四，组培苗经过脱毒处理和严格的检测鉴定，培育出来的均是无病毒的种苗。

第五，便于远距离运输和优良新品种的迅速推广。

（2）香蕉组培苗存在的缺点

第一，苗期较嫩弱，抗性差，易感花叶心腐病及受其他病虫危害，遇不良天气种植易伤苗或死苗。

第二，组培过程易产生变异，而且大部分变异在定植时仍难辨认出来。

第三，易通过二级育苗传播流行性病虫害。

二、品种登记情况分析

1. 品种登记基本情况

国内大面积种植的香蕉品种有 20 个左右，然而做香蕉品种登记的较少。截至 2018 年 12 月 20 日，香蕉仅登记了 3 个品种，均为广东申请登记的品种，其中广粉 1 号粉蕉、大丰 1 号为广东省农业科学院果树研究所登记的品种，东蕉 1 号为东莞市香蕉蔬菜研究所登记的品种。

2. 登记品种主要特性

广粉 1 号粉蕉、大丰 1 号的蔗糖含量分别为 9.00% 和 9.87%，东蕉 1 号的蔗糖含量为 2.34%；广粉 1 号粉蕉高感枯萎病，感软腐病、煤烟病；大丰 1 号感 4 号生理小种枯萎病，感香蕉叶斑病、黑星病；东蕉 1 号中抗枯萎病，中感香蕉象甲。适宜种植区域均集中在广东。

3. 登记品种生产推广情况

当前我国香芽蕉种植面积约 90%，粉蕉约 8%，贡蕉和大蕉分别为 1%。香芽蕉种类繁多，包括巴西、威廉斯、8818、桂蕉系列、南天黄、宝岛蕉系列等，我国香蕉的新垦植区主要集中在广西、云南产区，主推品种如巴西蕉、威廉斯、宝岛蕉、桂蕉系列还未获得登记。

三、品种创新情况分析

（一）育种新进展

当前，香蕉选育种方向主要集中在抗枯萎病、耐寒、耐旱、耐贮运、品质优等性状品种。以下是部分正在研发和选育的香蕉品种信息。

1. 热科 1 号

亲本为农科 1 号，自育（田间变异），比亲本矮，早熟，产量 20 千克/株，品质优，中抗枯萎病。

未进行品种保护，已登记。

2. 热科 2 号

亲本为巴西蕉，自育（田间变异），产量 30 千克/株，品质优，中抗枯萎病。已进行品种保护，未登记。

3. 热科 3 号

亲本为巴西蕉，自育（田间变异），产量 22 千克/株，品质一般，高抗枯萎病。未进行品种保护，已登记。

4. 热科 4 号

亲本为 GCTCV - 105，自育（田间变异），产量 25～30 千克/株，品质优，中抗枯萎病，未进行品种保护，已登记。

5. 热贡 1 号

亲本为海南本地小米蕉，自育（化学诱变育种），产量 10～15 千克/株，品质优，高抗香蕉枯萎病 1 号、4 号生理小种。正在申请品种保护，登记中。

（二）品种应用情况

1. 主要品种推广应用情况

按品种类型划分，香蕉栽培主导品种包括香芽蕉、粉蕉、小米蕉、特色蕉等。

按用途种类分，香蕉主要分为鲜食蕉和煮食两大类，我国基本上仅生产鲜食类香蕉。

按是否耐贮运分，需要保鲜包装的香蕉品种，主要是香芽蕉类（如巴西、威廉斯、南天黄等）及皇帝蕉等品种；不需要包装处理品种，主要是粉蕉类品种，采取成串运输等方式。

2. 主要品种种植面积

当前，香芽蕉种植面积约 90%，粉蕉约 8%，贡蕉和大蕉分别为 1%。香芽蕉种类繁多，包括巴西、威廉斯、8818、桂蕉系列、南天黄、宝岛蕉系列等，是世界香蕉出口市场的主力军，其中在 2010 年前，巴西、威廉斯等香蕉品种占据了整个香蕉市场的绝大部分。但之后由于香蕉枯萎病的爆发和蔓延，一些抗病品种如宝岛蕉、南天黄等的市场占比逐步上升。2017 年国家香蕉产业技术体系研发中心数据显示，香牙蕉中桂蕉 6 号（威廉斯 B6）占比 41%、巴西蕉 29%、桂蕉 1 号（特威）19%、天宝高蕉 5%、南天黄 3%、宝岛蕉 1%、其他（农科 1 号、漳蕉 8 号、威廉斯 8818、红研 1 号、红研 2 号、中蕉系列等）2%。总体看来，抗病香蕉品种的农艺性状（如品质、催熟技术等）与巴西等品种有一定差异，在一些地方推广速度较慢。2018 年，抗枯萎病品种种植面积占总面积的比例约 9%，随着抗病品种的配套栽培管理技术、采收催熟技术和保鲜技术等的成熟和完善，未来抗病品种的种植面积还会进一步提高。

为抵抗枯萎病，香蕉体系和业界先后培育出南天黄、宝岛蕉、中蕉系列、桂蕉 9 号和农科 1 号等抗枯萎病品种，同时在各产地进行推广种植。海南地区以种植南天黄和宝岛蕉为主；广西地区以种植桂蕉系列为主，其中桂蕉 9 号是桂蕉系列中抗病性较好的品种；广东省内的抗枯萎病品种较多，其中南天黄的种植区域较广；云南种植的抗枯萎病品种主要是南天黄。

特色蕉是相对于传统香芽蕉而言的，主要有粉蕉、贡蕉（皇帝蕉）、大蕉、过山香等，占蕉类总种植面积的 10% 左右。近几年，大众品类的香芽蕉市场价格低迷，亏损严重，而小品类的特色蕉基本保持盈利，甚至成为我国高档水果市场的热销品。随着经济发展和国民收入增长，我国消费者的消费格局已经发生了变化，以往满足消费者最基本需求的产品，越来越难以满足日益变化的多样化的消费需求，价格已经不是购买决策的主要因素，需要更具营养价值和更有特色的产品。为适应供给侧结构性改革，有效满足消费者多样化消费需求，增加收益，种植户将会适当提高特色蕉种植比重。主栽品种种植面积及区域如下：

（1）巴西品种

主要种植区域为海南、广东、云南等产区，种植面积（含宿根苗）在 150 万亩以上。

（2）威廉斯（包括 8818、桂蕉等）

主要种植区域为广西、云南等地，种植面积（含宿根苗）在 200 万亩以上。

（3）抗病品种（包括宝岛、南天黄等）

主要种植区域为海南、广东、云南等产区，此类品种近年增长较快，种植面积在 80 万亩左右。

（4）其他品种（如粉蕉、皇帝蕉等）

主要种植区域为海南、广东、云南、广西、福建、贵州等产区，种植面积在 60 万亩左右。

3. 主栽品种的特点

（1）巴西

选育单位：中国热带农业科学院热带生物技术研究所等，1989 年从澳大利亚引进，再进行创新选育。

亲本血缘、类型：香芽蕉，基因型为 AAA。

产量、抗性、优缺点等综合表现：假茎高 250～330 厘米，秆较粗，叶片较细长直立，果轴果穗较长，梳距大，梳形、果形较好。果指长 19.5～23.0 厘米，果数中等，株产 18.5～34.5 千克。果实总糖含量 18.0%～21.0%，香味浓，品质中上。该品种株产较高，果指较整齐长大，耐瘦瘠、抗寒性较好，经济性状优良，收购价较高。主要缺陷是对香蕉枯萎病 4 号小种高感，抗风力较弱。

（2）威廉斯

选育单位：1985 年从澳大利亚引入的中秆香蕉品种。

亲本血缘、类型：香芽蕉，基因型为 AAA。

产量、抗性、优缺点等综合表现：假茎高 235～300 厘米，秆较细，茎形比 4.7，青绿色，叶较直立，叶形比 2.5。果穗果轴较长，梳距大，果数较少，梳形整齐，果指长 19.0～22.5 厘米，指形较直，排列紧贴。株产 17.0～32.5 千克，果实总糖含量 18.0%～21.0%，香味较浓。该品种抗风力较差，易感花叶心腐病、叶斑病、香蕉枯萎病等，抗寒力中等。

（3）南天黄

选育单位：广东省农业科学院果树研究所。

亲本血缘、类型：香芽蕉，基因型为 AAA。

产量、抗性、优缺点等综合表现：株高 250～300 厘米，在海南南部种植生育期为 300 天，在广东和云南种植，生育期有时达 400 天，宿根期 250～320 天。假茎黄绿色，黑褐斑少，粗壮，上下均一，假茎内色为黄绿或淡粉红。单株产 20～35 千克，最高可达 40 千克。果皮厚 0.23 厘米，催熟期较巴西蕉长 0.5～1.0 天，货架期长 1～2 天，较不易脱把，不易裂果。果实总糖含量 24%，果肉质结实细滑，香甜，在枯萎病 4 号小种重病区发病率 4%～18%。

（4）桂蕉 6 号

选育单位：广西植物组培苗有限公司。

亲本血缘、类型：香芽蕉，基因型为 AAA。

产量、抗性、优缺点等综合表现：采用无病毒组培苗进行种植，生育期为 300～420 天，每亩种植 120～130 株，单株果穗重 20～38 千克，每亩产量 2 400～4 500 千克，全生育期约 12 个月，9—12 月收获。组培苗第一代假茎高 2.2～2.6 米，假茎基部围径 75～95 厘米，假茎中部围径 48～65 厘米，茎形比为 3.7～4.3。每穗果梳 7～14 梳，每梳果指 16～32 个，每穗果实重 20～30 千克，每亩产量 2 400～3 500 千克。果穗梳形整齐美观，稳产高产，品质优良，适应性强。该品种抗风力中等，不耐霜冻，易感香蕉花叶心腐病、香蕉束顶病及由 4 号小种引起的香蕉菌枯萎病。

以上品种在生产中出现的缺陷：巴西蕉、威廉斯等品种在老产区易感香蕉枯萎病；南天黄、宝岛蕉等抗病品种在一些地方某一段时间内易出现香蕉果指"跳把"及催熟等问题。

（三）不同生态区品种创新的主攻方向

以香蕉产业为基础，以信息引导市场，根据不同产区规律，制定科学的育种策略，研究和推广抗病、高产、质优的香蕉新品种。

香蕉是高投入、高风险产业，各个产区自然灾害不尽相同，如海南、广东较易受南海台风的影响；广西、福建及广东北部地区较易受低温寒流影响；云南部分产区 5—9 月雨水较多，病虫害难以控制。目前各香蕉产区存在的最大共性问题还是香蕉枯萎病的危害。同时，海南、广东等沿海产区面临台风威胁；广西产区偶尔也会受低温霜冻的影响；云南产区局部地区香蕉跳甲危害较严重等。

（1）绿色发展对品种提出的要求

选育抗逆性强、品质优的品种。同时大力加强对香蕉品种的标准化生产建设，推广节水节肥技术、废弃物资源化利用技术、土壤修复治理技术等。

（2）特色产业发展对品种提出的要求

加快选育具有抗病性强、熟期配套、耐贮运等特性的香蕉品种，强化资源保护，加强香蕉健康种苗繁育基地建设。

香蕉传统杂交育种困难，仅有少数几个国家开展了香蕉杂交育种研究（包括巴西、喀麦隆、科特迪瓦、危地马拉、洪都拉斯、印度、尼日利亚和乌干达等）。开展香蕉杂交种历史最长的是洪都拉斯农业研究基金会（FHIA），其研究开始主要集中在生食蕉方面，后期也开展了大蕉的杂交育种，育成了少量几个品种，主要用于当地市场，很少出口贸易。现今，用于商业化种植的香蕉品种绝大多数仍然为体细胞突变选育而来。现代生物育种技术发展非常迅速，我国香蕉生物技术育种水平也几乎与世界水平同步。纵观我国香蕉产业发展历史可以清楚地看出，香蕉产业的建立与发展在很大程度上得益于我们大量引进境外种质资源并加以利用。在我国经济社会发展的新形势下，未来香蕉产业将朝着不断满足人民日益增长的对香蕉产品的需求方向发展，其特点集中体现在产品多元化、品质优良化、消费安全化等方面。因此，香蕉育种工作应采用传统与现代生物技术相结合的方法来培育香蕉新品种。以种质资源创新并带动相关加工业发展，达到促进香蕉产业发展，引领我国香蕉产业发展未来的目的。

（编写人员：王甲水　李敬阳　王芳 等）

梨

梨世界性的果树，全球共有 76 个国家和地区从事梨树的商业生产。梨果因其脆嫩多汁、酸甜适口，有的品种还具有特殊香气，具有"百果之宗"美誉。同时梨还具有适应性强、品种类型丰富、果实成熟期跨度大、梨树进入结果期早、栽培容易、丰产性好、经济寿命长等优点，在农业产业结构调整和供给侧结构性改革中越来越得到重视。近年来梨鲜果价格稳中有升，经济效益较好，也是产业精准扶贫中的重要树种。

一、产业发展情况分析

（一）梨生产概况

1. 国际梨生产概况

根据美国农业部的评估数据，2018 年度全球梨产量为 1 943 万吨，排名前 10 位的梨生产国或地区分别是：中国（1 310 万吨）、欧盟（252.5 万吨）、美国（66.7 万吨）、阿根廷（60 万吨）、土耳其（45.0 万吨）、南非（41.0 万吨）、印度（34.0 万吨）、日本（27.8 万吨）、智利（25.2 万吨）、韩国（21.4 万吨）。其中中国的产量占世界总产量的 67.42%，仍为第一大梨生产国（图 24-1）。

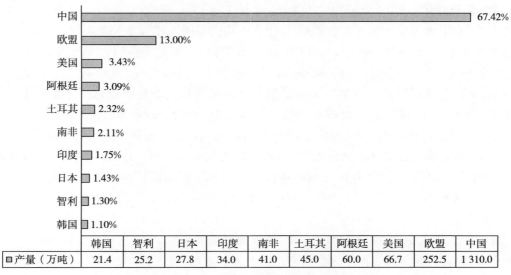

	韩国	智利	日本	印度	南非	土耳其	阿根廷	美国	欧盟	中国
产量（万吨）	21.4	25.2	27.8	34.0	41.0	45.0	60.0	66.7	252.5	1 310.0

图 24-1　2018 年世界梨产量 Top10

注：数据来源美国农业部。

　　美国农业部预计 2018 年全球梨产量比 2017 年的 2 251.6 万吨下降了约 14%，下降的主要原因是由于中国河北和山东等主产区梨花期遭遇冻害，导致梨产量将从 2017 年的 1 641 万吨，减少到 2018 年的 1 310 万吨，减产 331 万吨。

　　我国梨生产面积及产量均居世界第一，但单位面积产量较低。据联合国粮农组织数据显示，2017 年世界梨平均单产为 999.8 千克/亩，我国梨单产为 1 151 千克/亩，仅名列第 25 位，排在前 10 的国家分别是：黑山共和国、斯洛文尼亚、瑞士、新西兰、阿根廷、美国、智利、南非、芬兰、伊朗（图 24 - 2）。

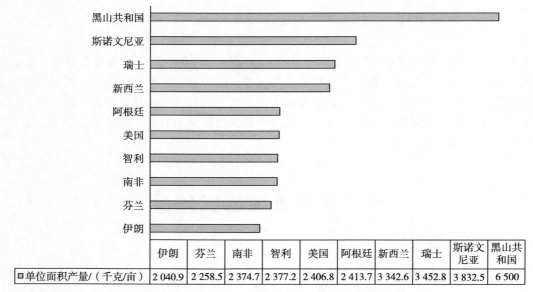

	伊朗	芬兰	南非	智利	美国	阿根廷	新西兰	瑞士	斯诺文尼亚	黑山共和国
单位面积产量/（千克/亩）	2 040.9	2 258.5	2 374.7	2 377.2	2 406.8	2 413.7	3 342.6	3 452.8	3 832.5	6 500

图 24 - 2　2017 年世界梨单位面积产量 Top10

注：数据来源 FAO。

2. 国内梨生产概况

（1）栽培面积变化

　　根据《中国统计年鉴》（2018）的数据，2017 年我国果园面积为 1 113.6 万公顷，比 2016 年的 1 090.3 万公顷增加了 2.14%。其中，2017 年梨种植面积 92.1 万公顷（占当年全国水果总面积的 8.3%），为柑橘（243.6 万公顷）和苹果（194.7 万公顷）之后的种植面积第三大水果，但相较于 2016 年的 92.9 万公顷下降了 0.86%。大部分梨产区种植面积没有显著变化。少部分地区如河北兴隆、山西隰县等地，由于省力化栽培技术的推广、新品种的替换、政府对品牌的宣传等促使当地梨园种植面积增加。梨果种植面积变化较大的县（区）有：河北兴隆梨园种植面积增加约 1 万亩，较上年增加 31.93%；河北魏县新增种植面积近 10 万亩，增长比例达到 98.29%；山西隰县新增面积 2 万亩，增长比例达到 10%。也有些地区受到产业调整和销售下降影响种植面积有所减少，如山东阳新和冠县种植面积分别减少 2.65 万亩、0.70 万亩，减少比例分别为 19.49% 和 7.81%。

（2）产量变化

　　根据国家统计局最新发布的年度数据，2018 年我国梨产量为 1 607.8 万吨，较 2017 年的 1 641.0 万吨下降了 2.0%，产量下降主要原因是由于中国河北、安徽、陕西、山东等主产区梨花期遭遇雨雪天气导致花朵大面积凋谢，影响了坐果率，果实膨大期又遭遇冰雹，但减产幅度远小于美国农业部的估计。

除西藏、青海、海南3地无产量统计外，其余地区都具有一定规模的梨生产能力。分区域看，我国梨产量主要集中在华北（27.6%）、华东（23.2%）、华中和华南（13.5%）等地区。2017年我国河北、安徽、新疆、河南、辽宁、陕西、山东七大产区产量超过百万吨，此外四川、山西、江苏、云南四省份年产量在50万吨以上。产量排名前10的省份分别为：河北（20.9%）、安徽（7.6%）、新疆（7.5%）、河南（7.4%）、辽宁（7.1%）、陕西（6.4%）、山东（6.3%）、四川（5.6%）、山西（5.3%）、江苏（4.8%），河北仍是我国第一大梨生产区（图24-3）。

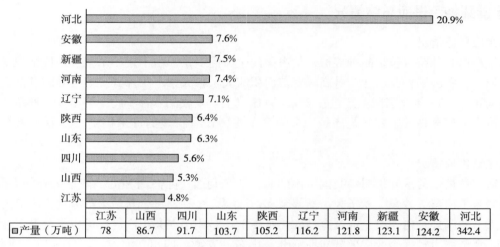

	江苏	山西	四川	山东	陕西	辽宁	河南	新疆	安徽	河北
产量（万吨）	78	86.7	91.7	103.7	105.2	116.2	121.8	123.1	124.2	342.4

图24-3　2017年我国梨产量 Top10

注：数据来源国家统计局。

（二）梨贸易概况

1. 国际梨贸易概况

联合国贸易数据库统计显示，2016—2017年世界梨主产国的鲜梨出口额前五名的国家（扣除中国）分别是荷兰、阿根廷、比利时、南非、意大利。其中荷兰、南非鲜梨出口量和品质均有所提高；阿根廷的鲜梨出口在数量和品质上都有所下降；比利时出口量虽然在下降，但由于出口价格提升更多使得出口额增长13%；意大利的出口量下降较多，但由于出口价格有所增长，出口总额下降不多。

2017年鲜梨进口额排名前五的国家分别是德国、俄罗斯、荷兰、巴西、英国。其中德国、俄罗斯、巴西鲜梨进口量较2016年有所提升，荷兰进口量稳定，英国进口量有所下降，但上述国家鲜梨进口品质均呈现上升趋势。

总体来看，发达国家的鲜梨进、出口以中高档梨果为主，而发展中国家的鲜梨进、出口则主要是中低档梨果。

2. 我国梨贸易概况

海关统计数据显示，2018年我国全年鲜梨、加工梨、梨汁和梨罐头的进、出口均有不同程度的下降，这可能是受到中美贸易摩擦的影响。2018年鲜梨出口量、出口额分别为41.50万吨、44 629万美元，同比2017年分别下降20%、18%，这与2018年梨主要出口品种产区下降有一定关系；梨罐头出口量、出口额分别为4.69万吨、4 277万美元，同比各下降10%；梨汁出口量、出口额分别为3.30万吨、3 545万美元，同比分别下降28%、20%；加工梨出口量、出口额为36吨、76万美元，同比分别下降52%、27%。

2018 年鲜梨进口量和进口额分别为 5 217 吨、917 万美元，同比 2017 年分别下降 31%、26%；梨罐头进口量、进口额分别为 16.2 吨、4.2 万美元，同比下降 83%、69%；梨汁进口量、进口额分别为 101 吨、22.5 万美元，同比增长 33%、140%；加工梨进口量、进口额分别为 149 吨、15.3 万美元，同比增长 130%、108%。

（三）种业

1. 全国梨种苗供应总体情况

（1）供应总体情况

我国生产用梨种苗（包括品种接穗）均由国内生产商提供。由于近年来梨鲜果价格稳中有升，种苗需求量较大。我国梨种苗产业产量高，育苗面积较大，各大梨产区都有规模不等的育苗企业及育苗农户。据估算，2018 年全国梨苗产量在 3 000 万株以上，采收砧木种子约 3 万千克，穗条 600 万根左右。国内苗木生产存在的主要问题还是大多数育苗主体没有自建的母采穗圃，接穗来源不稳定且不可靠。

（2）区域供应情况

梨是适应性最强的落叶果树，我国由南到北，从东到西，除海南和港、澳地区外均有梨树栽培，栽培品种涵盖了白梨、砂梨、秋子梨、新疆梨和西洋梨 5 个种，每个栽培区都有规模不等的种苗繁育企业或个人。我国梨种苗生产企业及育苗农户基本上还是集中在梨主产区，但也有分布专业育果苗的县或村镇。育苗能力较强企业主要分布在河北、山东、安徽、四川、河南、浙江等地。河北、山东、浙江等地有专业育果苗的村镇，育苗基地很集中，成为全国梨苗的重要产地。主要梨种苗繁育基地有河北的昌黎（年产 400 余万株）、深州（年产 400 余万株），河南的武陟（年产 500 余万株）、武钢（年产 400 余万株）、鲁山（年产 200 余万株）、南阳（年产 100 余万株）、平顶山（年产 100 余万株），浙江的嵊州（年产 80 万～100 万株），四川苍溪（年产 100 余万株），山西的永济（年产 200 余万株）、祁县（年产 100 余万株），安徽砀山（年产 100 余万株）。在河北、河南等地初步形成了"政府政策支持—优新接穗品种与种苗生产技术研制—育苗企业与大户带动—土地流转联合经营—农民高度参与"的梨良种繁育模式。由于梨树种苗没有强制性质量标准，各地种苗的繁殖方法与质量差异较大，部分科研单位也进入了种苗供应市场。

（3）良种繁育基地的技术支撑

依托国家梨产业技术体系，围绕北京、河北、湖北和辽宁等梨种苗主产地建成梨种苗标准化繁育示范基地和无病毒原原种保存圃十余处，累计培养专业技术人员 500 人以上。近年来，河北、河南等地涌现出一些有一定规模的梨种苗生产企业，繁育基地面积超过 200 亩。国家梨产业技术体系通过与其建立战略合作关系，在优新品种、无病毒新材料和育苗新技术的试验、示范和推广等方面取得一些成效，并通过辐射带动周边乡镇，向区域性优质特色产业集中化发展。目前我国梨种苗生产基本满足产业对砧木和良种苗木产量的需求，并基本实现新疆、黑龙江、云南和福建等较偏远梨产区梨种苗的持续供应，繁育苗木的品种在白梨、砂梨、秋子梨和西洋梨等系统均有涉及，能够基本保证新植果园建设。

2. 市场销售情况

专业梨育苗企业的数量极少且生产规模也小，由于梨育苗企业生产规模均较小，年产量一般不足 10 万株，个体育苗户年出圃苗量在 5 万株以下。没有形成种苗的订单生产，苗木销售主要靠不固定的客户，苗木销售的随意性很大。种苗以统货销售为主，分级、包装后销售的比例很低，优质优价基本没有得到体现。我国主要产区的苗木生产成本因规模、管理水平而有较大差异。近年来梨苗生产成本 1~2 元/株（接穗自给情况下，灾害天气除外），市场销售价格（批发价）在 2.5~5.0 元/株，新品种（系）的价格往往较高，市场销售价格（批发价）在 5~10 元/株，甚至更高。2018 年苗木销售情况也很好，等级以上苗木基本售罄。主要特点是新品种与老品种苗木价格差进一步拉大，原有的主栽品种的苗木价格低，就品种价格一般是老品种的 2 倍以上，高的达到 5 倍。但不同地区苗价差异很大。总体上是湖北、安徽、浙江等地苗价较低，上海、江苏等地苗价较高。

二、品种登记情况分析

（一）品种登记基本情况

截至 2018 年底，在中国种业大数据平台上共登记梨品种 21 个，其中 2017 年登记 6 个，2018 年登记 15 个。

在 21 个登记品种中有 18 个品种申请者为国内农业科研机构、大学，其中有 2 个分别从澳大利亚和法国引入的西洋梨品种盘克汉姆与阿巴特；有 1 个品种申请者为公司；另有 2 个地方品种的申请者为政府机构；有 6 个登记品种同时获得了植物新品种保护授权；仅有 2 个登记品种得到转化应用，取得相应生产经营许可。

21 个登记品种中除盘克汉姆与阿巴特这 2 个国外引进的品种外，其余 19 个皆是自主选育的品种，其中有 12 个是通过有性杂交的方式选育获得，另有 3 个品种通过实生选种获得、2 个品种通过芽变选种获得、2 个品种通过地方品种优选获得。19 个自主选育品种的亲本共涉及 23 份资源，其中有 9 份源自国外资源（占 39.1%，其中有 7 份为源自日本、韩国的砂梨，其余 2 份为源自欧洲的西洋梨）、有 14 份源自国内自主育成品种或传统地方资源（占 60.9%）。

（二）登记品种主要特性

登记品种中以砂梨类型最多，有 12 个，具有果肉白色，不易褐变，果肉细嫩、脆，石细胞少，汁多，味甜，适口性好等特点，适宜在长江流域及以南的砂梨产区栽培。

西洋梨品种有 3 个，分别是滨香、盘克汉姆和阿巴特，具有肉质细腻，易溶于口，汁液极多，石细胞极少，酸甜适度，具有浓郁果香，品质优等特点，适宜在辽宁、山东的胶东等环渤海湾西洋梨栽培区栽培。

1 个秋子梨与西洋梨种间杂种龙园洋红梨，具有早果丰产稳产、外观美、肉质细软、汁液多、风味甜、有香气、品质上的特点，适宜适宜在黑龙江的牡丹江、鸡西等地和吉林、辽宁、内蒙古等较寒冷地区栽培。

1 个秋子梨与库尔勒香梨 4 倍体芽变系杂交选育的华香酥，为现有登记品种中唯一一个 3 倍体品种，具有成枝力强、丰产性和抗逆性优良、果实品质好等特点，适宜在辽宁南部、河北等次寒冷地区栽培。

1 个白梨品种金冠酥系我国主栽传统品种砀山酥梨的大果型芽变，具有果大、外观美、风味好、肉质细、石细胞少、耐贮藏、丰产性好的特点，适宜在黄河故道山西、河北、安徽等传统白梨产区栽培。

1 个白梨地方品种与砂梨的种间杂交种玉晶，具有外形美观、石细胞少、质地细腻、味道甘甜，且耐贮藏等优良特性，适宜在山东南部白梨、砂梨产区栽培。

在果树控产提质的市场背景下，19 个登记品种的产量均可达到规模化生产的需求，在各自适宜生态区内栽培，目前尚未发现明显的品种缺陷。

（三）登记品种生产上推广情况

以上品种的栽培面积均不大，如华香酥属于新选育品种，没有生产面积。以上品种中，苏翠1号的栽培面积最大，栽培面积已有1万亩左右。近两年来，该品种在长江流域发展较快，主要集中在江苏。由于具有成熟早，品质优的特点，是一个较有潜力的品种。目前为止，以上19个登记品种在生产上未出现产量、品质、抗性等严重问题（表24-1）。

表 24-1　截至 2018 年底在中国种业大数据平台上登记的梨品种

序号	登记年份	品种名称	父本	母本	育种方法	选育方式	品种类别	申请者	生产经营许可	品种权	品种推广
1	2017	早生新水	/	新水	实生选种	自育	砂梨	上海市农业科学院	有	/	/
2	2017	夏露	西子绿	新高	有性杂交	自育	砂梨	南京农业大学	/	/	/
3	2017	金冠酥	/	砀山酥梨	芽变选种	自育	白梨	山西省农业科学院生物技术研究中心 山西省农业科学院果树研究所 山西省农业科学院农业资源与经济研究所	/	/	/
4	2017	滨香	李克特	三季梨	有性杂交	自育	西洋梨	大连市农业科学研究院	/	/	/
5	2017	苏翠1号	翠冠	华酥	有性杂交	自育	其他	江苏省农业科学院果树研究所	/	有	/
6	2017	龙园洋红梨	乔玛	56-5-20	有性杂交	自育	其他	黑龙江省农业科学院园艺分院	/	/	/
7	2018	华香酥	南果梨	沙01	有性杂交	自育	其他	中国农业科学院果树研究所	/	/	/
8	2018	沪晶梨18	早生新水	八幸	有性杂交	自育	砂梨	上海市农业科学院	/	/	/
9	2018	沪晶梨67	早生新水	八幸	有性杂交	自育	砂梨	上海市农业科学院	/	/	/
10	2018	苏翠2号	翠冠	西子绿	有性杂交	自育	砂梨	江苏省农业科学院果树研究所	/	有	/
11	2018	玉晶	长把梨	大果水晶	有性杂交	自育	其他	山东省烟台市农业科学研究院	/	/	/
12	2018	盘克汉姆	/	/	国外引种	国外引进	西洋梨	山东省烟台市农业科学研究院	/	/	/
13	2018	阿巴特	/	/	国外引种	国外引进	西洋梨	山东省烟台市农业科学研究院	/	/	/
14	2018	金晶		丰水	实生选种	自育	砂梨	湖北省农业科学院果树茶叶研究所	/	有	/
15	2018	金蜜	二宫白	华梨2号	有性杂交	自育	砂梨	湖北省农业科学院果树茶叶研究所	有	有	/
16	2018	金丰梨	丰水	金水1号	有性杂交	自育	砂梨	湖北省农业科学院果树茶叶研究所	/	/	/
17	2018	金昱梨	/	安农1号	实生选种	自育	砂梨	湖北省农业科学院果树茶叶研究所	/	/	/

（续）

序号	登记年份	品种名称	父本	母本	育种方法	选育方式	品种类别	申请者	生产经营许可	品种权	品种推广
18	2018	金鑫	怀化香水	金水1号	有性杂交	自育	砂梨	湖北省农业科学院果树茶叶研究所	/	有	/
19	2018	龙花	/	黄花	芽变选种	自育	砂梨	宜昌龙花梨业有限公司	/	有	/
20	2018	保靖阳冬梨	/	/	地方品种优选	自育	其他	保靖县特色产业服务站　湘西土家族苗族自治州柑桔科学研究所	/	/	/
21	2018	茨满梨	/	/	地方品种优选	自育	其他	云南省丽江市古城区种子管理站	/	/	/

注：灰色填充的单元格内为源自国外的资源。

三、品种创新情况分析

（一）育种新进展

近年来，品质优异、外观美、抗性强、丰产稳产、耐储运是育种的主要目标，2018 年各主要育种单位还是坚持这一目标。其中，外观美的红皮梨选育成为工作重点之一，多家单位开展了相关研究并已取得初步成效，2018 年 1 个红皮梨品种获得国家植物新品种权。2018 年，我国育成梨新品种 16 个（本年度正式发表论文或通过国家品种登记，表 24-2），其中杂交育成 9 个，芽变选育 3 个，实生选育 2 个。按熟期分早熟 8 个，中熟 4 个，晚熟 4 个。除此之外，获得国家植物新品种保护授权的梨品种 4 个。育种方法以杂交育种为主，少数单位开展分子辅助选择育种。

表 24-2　2018 年育成的梨新品种

品种	选育单位	成熟期	育种途径	品种特性及审定（登记）年份
华香酥	中国农业科学院果树研究	9月中旬	沙 01 和南果梨杂交选育	果实为倒卵形，果实大小 182 克，可溶性固形物含量 13.54%，无果锈，果肉为白色，果肉口感疏松，果肉质地细，汁液多。果实外观和内质评价上等。2018 年登记，登记编号为 GPD 梨（2018）210005
单花梨	吉林省农业科学院果树研究所	9月上中旬	延边大香水的芽变	果实卵圆形，果皮绿色，近成熟时逐渐变为黄色，中等厚，有光泽，果点小而稀，萼片宿存；果肉淡黄色，肉质稍粗，汁多，果心中等，石细胞中等，味甜酸，有淡淡香气；可溶性固形物含量 14.1%。2016 年审定
早红玉	中国农业科学院郑州果树所	8月上旬	新世纪与红香酥杂交选育	果实圆形，无棱沟，果形端正，平均单果重 256 克，果皮底色绿黄，阳面有红晕；无果锈，果点中大，75%果实萼片自然脱落，汁液多，石细胞少，风味纯正，可溶性固形物 12.8%。2017 年审定

（续）

品种	选育单位	成熟期	育种途径	品种特性及审定（登记）年份
彩云红	云南省农业科学院园艺作物研究所	8月下旬	新西兰引入	果肉脆爽多汁、纯甜无涩味。果心小，果肉白色，可食率95％以上。完成生理落果后萼端即出现红晕，着色面积大，耐贮运，可溶性固形物含量13.8％，品质上等。2015年审定
金蜜	湖北省农业科学院果树茶叶研究所	7月中下旬	华梨2号与二宫白杂交选育	果形端正，果皮绿色，成熟后黄绿色，果面平滑，无锈斑，外观美，萼片脱落，果肉白色，肉质细果肉较紧密，汁液多，石细胞少，果心中大，风味甜，品质上。2018年登记，编号为GPD梨（2018）420010
金鑫	湖北省农业科学院果树茶叶研究所	8月中旬	金水1号与怀化香水杂交选育	果大，单果重289克，果实形状近圆形，果皮绿色；可溶性固形物含量11.5％，外观美，品质优，丰产性好。2018年登记，编号为GPD梨（2018）420013
金晶	湖北省农业科学院果树茶叶研究所	7月底至8月初	丰水实生选育	果实扁圆形，果形端正，平均单果重292克。果皮褐色，果面光滑，无果锈。果点浅、皮薄、果肉白色，肉质细嫩，汁液多，果心小，5个心室。外观美，品质优。可溶性固形含量10.6％。2018年登记，编号为GPD梨（2018）420009
玉香	湖北省农业科学院果树茶叶研究所	7月中下旬	伏梨与金水酥杂交选育	平均单果重205克，果实近圆形，果皮深绿色，果面平滑，果点少，果实不去皮硬度6.50千克/厘米²，可溶性固形物含量13.5％。2015年审定，2016年获得新品种权
金丰梨	湖北省农业科学院果树茶叶研究所	8月中下旬	金水1号与丰水杂交选育	果大，平均单果重320克，果形端正。果皮黄褐色，果面平滑，无锈斑，外观美。果梗基部无膨大，萼片脱落。果肉白色，肉质细，汁液多，石细胞少，果心中大，风味甜，品质优，果实可溶性固形含量11.37％。2018年登记，编号为GPD梨（2018）420011
金昱梨	湖北省农业科学院果树茶叶研究所	8月上旬	安农1号实生	果形端正，长圆形，果皮绿色，成熟后黄绿色，果面平滑，外观美，萼片脱落，果肉白色，肉质细、疏松，汁液多，石细胞少，果心中大，风味甘甜，可溶性固形物含量11.8％～13.8％，品质上等。2018年登记，编号为GPD梨（2018）420012

（续）

品种	选育单位	成熟期	育种途径	品种特性及审定（登记）年份
金香梨	湖北省农业科学院果树茶叶研究所	8月上旬	金水1号与库尔勒香杂交选育	果实扁圆形，平均单果重286克，近梗洼处稍膨大。果面较平滑、蜡质少，果点少，皮薄；果皮底色为绿色，完熟时黄绿色。果肉白色，肉质极细嫩松脆，可溶性固形物含量12.8%耐贮性弱。2015审定
冀翠	河北省农林科学院石家庄果树研究所	9月上旬	黄冠与金花杂交选育	果实近圆形，果面绿黄色，光洁，果点小而密，果皮较薄；果肉白色，肉质细、松脆，风味酸甜适口，汁液丰富，果心小，石细胞及残渣少；平均单果重310克，可溶性固形物含量12.5%。2016年审定
龙花	湖北省枝江市白洋镇林业工作站/湖北省枝江市畜牧兽医局	8月上旬	黄花梨变异	果实圆形或圆锥形，褐色，中等偏大，平均单果重230克，果点大、密，果皮较厚。萼片脱落，少量宿存，外观中等，与黄花梨相同。果肉乳白色，肉质细脆多汁，浓甜爽口，石细胞少，果心中小。2018年登记，编号为GPD梨（2018）420014
砀山香酥	安徽农业大学园艺学院	9月上中旬	不详，地方品种	平均单果重350.5克，果实近圆形，果形指数0.98，可溶性固形物含量12.0%，可溶性糖含量10.33%。2017年审定
桂梨1号	广西特色作物研究院	6月下旬	翠冠芽变	单果重246.0克。果实近圆形，果面平滑，果点疏，果皮底色绿色，果锈中等。果心直径2.79厘米，中等大小。果肉白色、质细、酥脆、汁多、味甜、石细胞少，可溶性固形物含量11.0%。2016年审定
晚玉	河北省农林科学院昌黎果树研究所	9月末至10月初	蜜梨与砀山酥梨杂交选育	果实近圆形，平均单果重344.13克；果面光滑，底色黄色，锈少，萼片脱落，果点不明显；果皮较厚，果肉白色，质地松脆，果汁多，酸甜适度，微香，石细胞少，果心极小，可溶性固形物含量13.63%。2015年审定

（二）品种应用情况

目前生产上使用的第一大主栽品种仍为传统地方品种砀山酥梨，传统品种应用较多的还有鸭梨、库尔勒香梨、南果梨、苹果梨等。此外，新中国成立后新育成的品种也逐渐得到广泛使用，其中应用较广泛的品种有：1969年中国农业科学院果树研究所育成的早酥、1974年浙江农业大学育成的黄花、1996年河北省农林科学院石家庄果树研究所育成的黄冠、1999年浙江省农业科学院育成的翠冠、2003年中国农业科学院郑州果树所育成的中梨1号、2003年山西省农业科学院育成的玉露香、2011

年浙江省农业科学院育成的翠玉等为代表的优良品种 130 余个。

以上这些新品种的大面积推广，使得早熟、中熟、晚熟品种结构趋向合理，形成了以优良地方品种和自主育成的梨新品种为主，引进品种为辅的良好品种结构。梨鲜果采收期延长了近两个月，结合贮藏保鲜，梨鲜果已实现了周年供应。

1. 品种应用面积变化情况

(1) 全国主要品种推广面积变化分析

梨属于多年生树种，品种更新较慢，且我国没有开展单个品种面积的统计。据行业专家的估算，近 10 年来早熟品种的面积逐年增加，从占面积不足 7.0%上升到现在的 20.0%左右。主要栽培品种有：翠冠梨约占 7.0%、早酥占 4.0%，中梨 1 号（绿宝石）约占 3.0%、翠玉占 1.5%、若光占 1.0%，其他品种约占 3.5%。黄冠梨的育成与推广促成了中熟品种的结构调整，中熟梨品种比例由 10 年前的 23.0%上升到现在的 27.0%。其主要品种有：黄冠梨占 8.0%、黄金梨占 4.0%、圆黄占 4.0%、丰水梨占 3.0%、黄花梨占 2.5%、新梨 7 号占 1.0%，其他品种约占 4.5%。早、中熟品种的大幅增加，压缩了晚熟梨的比例。晚熟品种主要有：砀山酥梨占 16.0%、鸭梨占 12.0%、库尔勒香梨占 5.0%、南果梨占 5.0%，苹果梨占 4.0%、玉露香占 2.0%、红香酥占 2.0%、金花梨占 2.0%、雪花梨占 1%、苍溪雪梨占 1.0%，其他品种占 2.0%。

(2) 各省份主要品种的推广面积占比分析

南方省份以早熟梨为主，北方及西部产区以中晚熟品种为主。早熟梨翠冠主要分布在长江流域及以南地区。黄冠、砀山酥梨、鸭梨、库尔勒香梨、南果梨、苹果梨等主要分布在黄河流域及以北地区。如在浙江翠冠推广面积占 65%左右，福建翠冠占 45%以上，黄冠占河北的 35%以上，库尔勒香梨在新疆占 70%以上，南果梨在辽宁占 75%左右。

2018 年，在南方各省以推广翠玉、翠冠、苏翠一号等品种为主，北方主要推广玉露香、黄冠等，新品种的占比逐年提高。

2. 主要应用品种及风险点

(1) 主要应用的品种

目前生产上推广面积在 10 万亩以上品种有 21 个，分别是砀山酥梨、鸭梨、黄冠、翠冠、南果梨，库尔勒香梨、苹果梨、早酥、玉露香、中梨 1 号、翠玉、黄金、圆黄、丰水、黄花、新梨 7 号，红香酥、金花梨、雪花梨、若光、苍溪雪梨。

(2) 主栽品种（代表性品种）的特点

砀山酥梨：目前仍为我国第一大主栽品种，该品种适应性极广，对土壤气候条件要求不严，耐瘠薄，产量高、品质优。

黄冠：河北省农林科学院石家庄果树研究所以雪花梨为母本，新世纪为父本育成。该品种具有果实外观美、品质中上、丰产、稳产、耐贮运、比鸭梨成熟早等诸多优点，近年来在北方产区快速发展。

翠冠：浙江省农业科学院园艺研究所以幸水×（杭青×新世纪）杂交选育而成。主要特点是早熟，品质上等、丰产、稳产。

(3) 品种在 2018 年生产中出现的缺陷

目前玉露香梨以其良好的品质受到了市场追捧，在山西、陕西、河北、河南等地推广面积较大，但是僵芽（死花芽）现象严重，产量受到很大影响。该品种在有些地区出现一年生枝条上的花芽，松散枯死现象，造成枝条光秃，产量受损。尤其在生长势强旺的树上，表现更为明显。各地在推广应用该品种前一定要进行适应性试验。

部分地区的黄冠梨出现果面花斑病，翠冠梨出现早期落叶病，库尔勒香梨出现顶腐病和干枯病。

（三）品种创新主攻方向

1. 生产上存在的主要瓶颈和障碍

2018 年梨产业维持平稳发展势头，有些地区将梨列为产业脱贫的优先树种。尤其是河北等主产区受到较恶劣的气象因素的影响，导致产地下降较大，果农及销售商获得了较好的效益。尤其是优质新品种，销售价格显著提升，加之销售形式多元化，线上销售量显著增加，农户直销与专业销售公司取得了非常好的效益。但是目前我国梨产业仍面临劳动力短缺、主栽品种老化、栽培模式老旧及过度依赖化肥农药等发展瓶颈问题，成为梨农及相关农业企业取得高效益的障碍。围绕果实品质、抗性、易形成适合机械化管理树形、耐贮运等性状，开展品种创新及配套技术开发，实现梨产业可持续发展。

2. 优质梨品种的主要指标

未来优质梨品种的主要指标是早、中、晚成熟期配套的优质（含外观品质）、稳产、抗性强（容易栽培）、耐贮运。因此，下一阶段品种创新主攻方向是：劳动力节约型（免套袋、免疏花疏果）、多元化（红皮、红肉、熟期配套）、高抗（抗病、抗虫、肥料利用率高）。

3. 采用的主要育种方法

随着人民生活水平的提高，消费者与生产者对梨鲜果品质的要求也越来越高。我国南方消费者喜欢脆肉型的砂梨、白梨，而北方及西部地区则更喜欢风味浓的甜酸型、软肉型秋子梨、西洋梨。不同的生态区还将以优质高效作为品种选育的主攻方向，同时兼顾产量。梨育种方法仍将以杂交育种为主，为加快育种进程，提高育种效率，利用分子标记辅助育种技术，开展苗期鉴定筛选，减少大田杂种苗的种植数量与面积。

（编写人员：张绍铃 施泽彬 等）

葡　　萄

葡萄是世界上分布范围最广、产业链最长和产品贸易额最大的果树之一，在世界水果生产中占有重要地位。葡萄用途广，除鲜食外，还可加工成葡萄酒、葡萄汁、葡萄干、果酱、罐头等多种制品，对加工剩余的种子和皮渣还可提炼单宁和高级食用油及化工原料。近年来，随着市场需求量的增长和农村产业结构的调整，葡萄生产发展极为迅速，全国许多地方都把发展优质葡萄生产作为一项调整农村产业结构、促进农民脱贫致富、推进农业产业化的主要途径。

一、产业发展情况分析

（一）生产情况

2015年以来，我国葡萄种植面积整体上稍有下降，向优势产区集中。2017年，我国葡萄栽培总面积为70.33万公顷，居世界第二位（仅次于西班牙），面积比2016年下降1.29%；2017年国内葡萄产量达1 308.3万吨，比2016年增加45.35万吨，自2010年后一直位居世界葡萄产量的第一位。

目前，我国葡萄非适宜生态区和适宜生态区内非适宜品种的栽培面积大量减少，而优势生态区及经济效益较高地区的栽培面积稳定增加，葡萄生产由数量效益型向质量效益型转变，逐步形成了葡萄的优势产业带。如环渤海湾葡萄产业带、西北及黄土高原葡萄产业带、黄河故道葡萄产业带、长三角南方葡萄产业带、东北及西南特色葡萄产业带等优势产业带或产业群。

从全国生产布局来看，新疆葡萄种植面积一直居首位，面积占全国的18.4%，比重略有所下降，其次是河北、陕西、山东、云南，这5个产区的栽培面积约占全国的45.8%，但比重均呈现下降趋势。由于设施避雨栽培技术的推广，南方产区葡萄栽培面积迅速增加，南方葡萄已成为我国现代葡萄产业发展的一个重点；从2017年产量上看，新疆地区葡萄产量为249.27万吨，占我国葡萄总产量的19.05%；其次是云南、河北、山东，这4个省份的产量约占全国葡萄产量的45.65%，比2016年比重（47.20%）有所下降。

（二）市场情况

中国海关统计资讯网数据表明，2018年，我国鲜食葡萄进口量大于出口量。进口量为22.13万吨，与2017年同期相比降低了0.8%；出口量为21.49万吨，比2017年同期增加了1.99%；进口额为55 623.0万美元，比2017年同期降低了0.02%；出口额54 166.7万美元，比2017年同期降低了0.49%。2018年1—10月，出口单价为2.52美元/千克，比2017年同期降低了2.44%；进口葡萄单价为2.51美元/千克，比2017年同期增加0.78%。我国主要出口市场是泰国、越南、印度尼西亚、马来西亚、孟加拉国；进口市场有智利、澳大利亚、秘鲁、南非、美国等。

　　我国葡萄酒贸易以进口为主，进口贸易显著增长，仍为世界前五位的主要葡萄酒进口国之一；葡萄酒出口量和出口额均有显著下降。2018 年 1—10 月，葡萄酒的进口量为 56 941.8 万升，比 2017 年同期降低了 3.59%，进口额为 235 048.8 万美元，比 2017 年同期增加了 9.09%；出口量为 569.6 万升，出口额为 33 526.2 万美元，比 2017 年同期下降了 20.39% 和 4.47%；2018 年 1—10 月，葡萄酒进口单价和出口单价均有上升，出口单价上升了 20%。进口葡萄酒主要来自法国、澳大利亚、智利、西班牙、意大利、美国，主要是鲜葡萄酿造的酒且装在 ≤2 升的容器中。

　　鲜食葡萄价格两极分化明显、产能过剩成为新态。从局部看，一个县或一个区域葡萄面积几十万亩，亩产约 2 500 千克，成熟期集中在 1 个月左右，生产过剩成为葡萄产业的新常态。同时，早熟、设施、观光和品牌优质葡萄销售火爆，价格高，优质葡萄供给不足成为突出矛盾。

　　葡萄酒产业挑战和机遇并存。中国是目前世界葡萄酒消费增长最快的国家，人均葡萄酒消费量排名已跻身全球前 20 强。随着国家经济发展和人民生活水平的提高，葡萄酒正在逐渐融入普通消费者的生活，葡萄酒占饮料酒比例不断上升，质量稳步提高，产品向高端化、多样化方向发展，经济效益不断增长；法国、智利等国葡萄酒成本低，正在大量的进入中国市场，国内的葡萄酒产业面临巨大的挑战。

二、品种登记情况分析

　　2018 年 1 月 18 日，辽宁省盐碱地利用研究所选育的着色香作为首个葡萄登记品种进行了公示。截至 2018 年年底，共有 30 个葡萄新品种进行了登记。与其他大田作物、蔬菜品种相比，葡萄登记品种相对较少，随着《非主要农作物品种登记办法》的进一步实施和育种者对品种的重视，登记的葡萄新品种会进一步增加。

　　按照申请人类型分析表明，在登记授权的 30 个品种中，科研单位的申请量占绝对优势，共计 25 个，占 83.33%，其次是高校，申请了 3 个，占 10%，合作社和个人各申请了 1 个，缺少公司或企业作为申请人的登记品种。进一步分析表明，中国农业科学院郑州果树研究所作为国家级研究所，申请数量最多，达 14 个，接近一半；其次是山东省江北葡萄研究所和辽宁省盐碱地利用研究所，申请数量分别为 6 个和 2 个，由此可见，国内农业科研单位是我国葡萄登记品种创新与选育的主要科技力量。

　　按照品种用途分析表明，登记的品种包含了鲜食、酿酒和砧木等类型，其中，鲜食葡萄品种最多，为 25 个，占 83.33%，砧木品种 3 个，占 10%，酿酒品种 2 个，与我国作为鲜食葡萄大国的国情地位基本一致。

　　按照省份分析表明，登记的 30 个品种，主要分布在河南、山东、辽宁、江苏、陕西 5 个省份，其中，河南申请的最多，为 16 个，占 53.33%，山东申请了 7 个，占 23.33%，辽宁申请了 4 个，其次为江苏和陕西，分别申请了 2 个和 1 个，可见，葡萄登记申请人以北方居多。

　　按照申请类型分析表明，在登记的 30 个品种中，以已审定或推广的老品种居多，共 22 个，占 73.33%，新选育的品种 8 个（玉珍香、玉波一号、玉波黄地球、玉波二号、紫地球、短枝玉玫瑰、凌砧 1 号和春香无核），占 26.67%。同时，国内育成的品种占绝对优势，共 28 个，占 93.33%，国外引进的葡萄品种 2 个，占 6.67%，由此可见，目前登记的葡萄品种以国内育成的老品种为主。

　　进一步的系谱分析表明，在登记的 30 个葡萄品种中，有 25 个品种由常规杂交育成，3 个品种为芽变选育，可见常规杂交育种仍为目前我国葡萄新品种选育的主要方法。巨峰、玫瑰香和红地球为我国葡萄新品种选育的重要亲本。

三、品种创新情况分析

(一) 育种新进展

培育适合本国自然气候条件的优质品种一直是各国葡萄育种的目标，各国均加大了葡萄品种的选育工作，培育出了大量的新品种，目前全世界登记在册的葡萄品种就有 16 000 多个，其中大粒、优质、抗病、无核、适应不同生态区等为当今世界鲜食葡萄品种选育的共同目标。

美国、加拿大、以色列、阿根廷、日本是葡萄新品种培育的主要国家。美国东北部和加拿大葡萄育种目标是无核、大粒、玫瑰香味、质优、抗寒等，培育的 Kandiyohi、Petite Jewel、Trollhaugen、Jupiter、Neptune、Somerset Seedless、Blanc Seedless 等均为无核品种，可抗－38～－20℃的低温。美国葡萄主产区加利福尼亚州的育种目标主要为无核、大粒、玫瑰香味、对赤霉素敏感等，IFG 公司培育的长形无核品种甜蜜蓝宝石受到葡萄种植者的普遍关注。美国东南部主要培育圆叶葡萄品种，近年培育的品种主要有 Southern Jewel、Delicious、Majesty 等。日本培育的品种主要为欧美杂种，3 倍体或 4 倍体，果粒大，具有草莓香味，抗性强。以色列和阿根廷葡萄育种目标为欧亚种无核品种。

国内从事葡萄育种的单位主要有：北京农林科学院、山西农业科学院、河北农林科学院、辽宁农业科学院、广西农业科学院、上海农业科学院、甘肃农业科学院、浙江农业科学院、江苏农业科学院、中国科学院植物所、新疆葡萄瓜果开发研究中心、新疆石河子葡萄研究所、沈阳市林业果树科学研究所、大连市农业科学院、中国农业科学院郑州果树所、中国农业科学院果树研究所、中国农业科学院特产所、河北科技师范学院、张家港市神园葡萄科技有限公司、湖南农业大学、南京农业大学、西北农林科技大学、沈阳农业大学等。育种目标主要为大粒、无核、玫瑰香味等。近年来，我国在葡萄新品种的培育上取得了可喜的成绩，培育出了很多品种和品系，2000 年以来，育成品种 162 个，但育成新品种的生产利用率较低，推广发展速度较慢。

(二) 品种应用情况

1. 主要品种推广应用情况

黑龙江和吉林以中、早熟品种和抗寒品种为主，设施栽培主要有茉莉香、夏黑、碧香无核、寒香蜜、无核白鸡心及晚熟品种红地球等，露地鲜食主栽品种为蜜汁、着色香、京亚、布朗无核、火星无核、金星无核、87‑1 等，其中，蜜汁、着色香和京亚等早熟、抗逆性强品种为主栽鲜食品种。酿酒主栽品种主要有威代尔、双红、双庆、双优、左优红、雪兰红、北冰红、公酿一号等。

辽宁葡萄栽培以鲜食为主，在鲜食品种中巨峰约占 66%，红地球约占 5% 左右，无核白鸡心、京亚、玫瑰香等品种占 15%，其他鲜食品种占 14% 左右，威代尔占酿酒葡萄面积 60% 以上，山葡萄品种中双红、双优面积减小，左优红、北冰红品种面积增加。

在北京，红地球约为 2 万亩，巨峰近 1 万亩，玫瑰香几千亩。受观光采摘园区面积扩大的影响，品种出现多样化趋势，巨峰葡萄栽培面积逐年降低，酿酒葡萄以赤霞珠、霞多丽为主。

在天津，玫瑰香占总栽培面积的一半左右，巨峰占总面积的 10.5%、红地球占 9.3%、乍娜占 5.6%、赤霞珠占 4.2%、夏黑 1.7%。

河北鲜食品种主要有巨峰（50.28 万亩）、白牛奶（15 万亩）、龙眼（10.2 万亩）、红地球（9 万亩）、藤稔（4.2 万亩）、维多利亚（3.7 万亩）、夏黑（1.7 万亩）、玫瑰香（1 万亩）、京亚（0.16 万亩）等；加工品种主要有赤霞珠（20.9 万亩）、蛇龙珠（6.2 万亩）。

山西产区鲜食葡萄主栽品种为巨峰、红地球、维多利亚、克瑞森无核、龙眼、夏黑、户太 8 号、玫瑰香、无核白鸡心、早黑宝等；酿酒葡萄主栽品种为赤霞珠、品丽珠、梅露辄、霞多丽等；其他品种如京亚、黑奥林、摩尔多瓦、里扎马特、黑巴拉多、巨星、秋红、红巴拉多、秋红宝、巨玫瑰、金星无核、西拉、蛇龙珠、贵人香、威代尔等均有少量栽培。巨峰、红地球、维多利亚等葡萄品种栽培面积占葡萄栽培总面积的 60% 以上。2016 年新增面积较多的品种有户太 8 号、克瑞森无核、夏黑、早黑宝等，红地球葡萄栽培面积逐年减少，巨峰葡萄栽培面积稳中有增，红巴拉多等着色不佳的红色品种快速淘汰，城市周边无核翠宝、玫瑰香等品种有加快发展的趋势。酿酒葡萄以赤霞珠、梅露辄、品丽珠、霞多丽等品种为主，其中以赤霞珠面积最大，约占酿酒葡萄总面积的 40%。

山东巨峰面积为 11 万亩，红地球面积约为 6.5 万亩，玫瑰香面积约为 6.5 万亩，泽香、宝石无核、藤稔、克瑞森无核等有少量栽培；赤霞珠面积约为 7 万亩，蛇龙珠、霞多丽、贵人香等有少量栽培。

河南红地球、巨峰和夏黑的种植面积约占全省葡萄种植面积的 80%，而 8611 在商丘的种植面积约占当地面积的一半，主要采用温棚模式栽培。

陕西主要栽培品种有巨峰、户太 8 号、红地球、京亚、夏黑、赤霞珠、蛇龙珠、佳丽酿、贵人香等。

贺兰山东麓葡萄产业发展以酿酒葡萄种植为主，酿酒葡萄种植面积占葡萄总面积的 87% 以上，主要栽培品种为赤霞珠、蛇龙珠、品丽珠、美乐、西拉、黑比诺、霞多丽、贵人香，其中红色酿酒品种占酿酒葡萄面积的 90% 以上，红色品种中又以赤霞珠为主，占酿酒葡萄面积的 75% 以上。鲜食葡萄栽培品种为红地球、乍娜、大青、里扎马特、奥古斯特、维多利亚、无核白鸡心、玫瑰香等。

宁夏露地鲜食品种以晚熟红地球为主栽品种，占鲜食葡萄的 70% 以上。

甘肃鲜食葡萄主栽品种为红地球、巨峰和无核白，占鲜食葡萄栽培总面积的 95% 上；酿酒葡萄主栽品种为赤霞珠、梅麓辄、黑比诺等，占栽培总面积的 85.00%。

在新疆，无核白约 53.9 万亩，红地球约 33.2 万亩，木纳格约为 25.1 万亩，无核白鸡心约 10.8 万亩，和田红约 7.3 万亩，酿酒葡萄约 56 万亩。

四川的巨峰、夏黑栽培面积分别为 31 万亩和 2.5 万亩，红地球主栽培面积约 2 万亩。

湖北巨峰和藤稔仍占全省总面积的 70% 以上，夏黑近年发展很快，有少量红地球、尼加拉、京亚、阳光玫瑰、无核白鸡心、维多利亚等。

湖南主栽品种为巨峰（14.8 万亩）、红地球（29.7 万亩）、维多利亚（2.0 万亩）、红宝石无核（0.6 万亩）、温可（0.5 万亩）、夏黑（1.2 万亩）。

安徽鲜食葡萄主要栽培品种有巨峰、夏黑、藤稔、醉金香、巨玫瑰、京亚等，部分为阳光玫瑰、金手指、美人指、红地球、无核白鸡心等。2015 年全省新增近 4 万亩，主要为夏黑和阳光玫瑰，其次为巨玫瑰、醉金香等具有香味的品种。江苏地区葡萄早熟品种是夏黑，中熟品种有巨峰、巨玫瑰、醉金香、金手指、甬优 1 号，晚熟品种有白罗莎里奥、美人指、魏可、阳光玫瑰。欧美杂种作为主栽品种的格局没有改变，藤稔面积持续萎缩，美人指和巨峰面积保持不变，夏黑、巨玫瑰、醉金香、甬优 1 号、阳光玫瑰等发展较快，白罗莎里奥、魏可等栽培面积也在增加，阳光玫瑰葡萄的种植扩大最为显著。

浙江巨峰栽培面积 13 万亩，藤稔面积 8 万亩，红地球面积 4.9 万亩左右，醉金香面积 3.11 万亩，鄞红面积 2.9 万亩，夏黑面积 2.66 万亩，红富士面积 1.72 万亩，美人指面积 1.4 万亩，阳光玫瑰的面积增加较快，现已有 3 000 亩面积。

上海以巨峰、夏黑、醉金香、巨玫瑰等欧美杂种品种为主，一些省工型品种申丰、申玉、申华、阳光玫瑰等栽培面积有所上升，巨峰、藤稔、红富士逐年减少。福建巨峰面积约占全省栽培面积的 79.0%，红地球约 0.57 万亩，夏黑葡萄栽培面积继续增加（0.63 万亩），京亚 2 830 亩与上年面积近似保持稳定，刺葡萄 3 000 亩。

云南主要品种为红地球、夏黑、阳光玫瑰、无核白鸡心、克伦生、水晶。红地球占 56%，较上年有所下降，夏黑占 36%，面积增加较快，其他品种占 8%，其中阳光玫瑰发展面积逐步增加，面积在 5 000 亩以上；酿酒品种为赤霞珠、蛇龙珠、白羽、梅麓辄、烟 73 等品种。

广西主要栽培品种有巨峰、夏黑、阳光玫瑰、温克、美人指、红地球、维多利亚和野生毛葡萄。全广西巨峰等欧美杂种占总种植面积的 45% 左右，红地球、温克等欧亚种葡萄占总种植面积的 30% 左右，毛葡萄占总面积的 25% 左右。

目前，国内推广的鲜食葡萄品种主要包括：阳光玫瑰、夏黑、早夏无核（夏黑芽变）、巨玫瑰、碧香无核、金手指、红地球等。其他品种少量推广。酿酒品种比较稳定，以赤霞珠、品丽珠、蛇龙珠、梅鹿辄、霞多丽、雷司令等占推广面积的绝大多数，其他品种有少量推广。砧木品种以常见的 SO4、5BB、贝达嫁接苗为主，国内选育的多抗砧木新品种抗砧 3 号和抗砧 5 号有少量推广。制干品种主要集中在新疆维吾尔自治区范围内，基本上以无核白为主，其他有少量的新疆当地的农家品种推广。

2. 病虫害等灾害对品种提出的挑战

根瘤蚜原产北美洲东部，现已经分布于世界 40 多个国家和地区。葡萄园一旦发生根瘤蚜，危害极其严重，甚至全园毁灭，曾经给欧洲的葡萄产业带来了毁灭性的打击，已列为国内、外主要检验检疫对象。我国自 2005 年在上海发现根瘤蚜危害以来，目前在陕西、广西、湖南、辽宁等地均发现根瘤蚜危害，并有进一步蔓延的趋势。使用抗性砧木嫁接栽培品种是有效经济抵抗葡萄根瘤蚜的方法之一，目前世界部分国家已开始选育葡萄抗逆性强的砧木，法国、德国的砧木嫁接葡萄占其葡萄总种植量的 95% 以上，欧洲及美洲各国的葡萄生产上基本都采用无病毒砧木。而我国多数葡萄苗木使用扦插苗，自身不抗根瘤蚜，一旦发生根瘤蚜危害，很容易扩散，根瘤蚜防控形势严峻。应尽快执行植物检疫措施，严禁疫区带根苗外运，同时加快葡萄根瘤蚜的防控技术研发，引进抗根瘤蚜砧木品种，结合我国主栽品种特点，筛选最适宜我国的砧木品种。

3. 绿色发展或特色产业发展对品种提出的要求

（1）绿色发展对品种提出的要求

随着生活水平的不断提高，人们对优质安全鲜食葡萄的需求更为迫切，国内葡萄产业已从数量转入质量竞争阶段，市场竞争更趋激烈。目前各地葡萄露天种植规模较大，夏季高温多雨病害严重，使用农药频繁，安全隐患风险大。葡萄园长期大量使用化肥，土壤酸化、盐渍化等风险加剧，品质不良等问题已经出现，相当部分葡萄产区出现葡萄种植效益下降。葡萄产业面临严峻挑战，迫切需要提升葡萄品种竞争力，开展抗性好、品质优的葡萄新品种选育与配套技术研究，创新葡萄绿色发展新技术，促进葡萄健康、高效、可持续发展。

（2）特色产业发展对品种提出的要求

葡萄既可鲜食又可加工酿酒，产业链长，能有效带动一、二、三产业融合发展，葡萄产业已经成为许多地方的特色名片，如新疆吐鲁番、山东蓬莱、吉林通化等。葡萄品种繁多，国内不同的区域在长期的引种栽培过程中，逐渐形成了当地的特色和优势品种，尤其是鲜食和制干品种，而酿酒品种目前基本上都是欧洲品种赤霞珠和霞多丽等为主，造成了国内很多酒厂酿出的葡萄酒同质化，缺乏特色；我国是葡萄属植物的原产地之一，如何利用我国特色的葡萄野生资源选育出适合酿造我国本土风味的酿酒葡萄品种，也是今后研究的方向之一。

4. 种子市场和农产品市场需求相比存在的差距

由于葡萄种植效益好，加上地方政府的支持和推动，近年来，产业发展迅速。2016 年，我国葡萄产量 1 308.3 万吨，平均每人每年 10 千克，部分地区已经出现葡萄过饱和现象，但由于品种单一，成熟期集中上市，卖果难现象屡见不鲜。

在南方新兴产区，葡萄效益显著，许多企业开始跟风大规模投资葡萄产业，规模上百甚至上千亩，但由于土地租金、人工成本、栽培技术等环节跟不上，造成极大损失，教训惨痛。

5. 国外品种市场占有情况

目前，主要推广的鲜食葡萄品种巨峰、夏黑、阳光玫瑰、红地球均为国外选育，鲜食葡萄市场占有率 80％以上，尤其是近年来，阳光玫瑰发展势头猛进；国内品种巨玫瑰、户太 8 号等品种也占据一定的市场。酿酒品种基本上以欧洲古老品种为主，如赤霞珠、品丽珠、梅鹿辄、霞多丽等，市场占有率 95％以上，此外，我国原产的山葡萄、刺葡萄和毛葡萄在当地也有一定的栽培面积。

随着国内对知识产权保护力度的加大，已经有一些国外的葡萄苗木大公司开始在中国进行葡萄新品种生产布局，寻找国内合作者，申报品种权保护，合作育苗，开展品种登记推广。国外企业进入国内市场的主要方式是寻求国内代理商，与国内合作者联合推广。

（三）不同生态区品种创新的主攻方向

葡萄育种的主要目标是提高品质和抗性，但这两个指标的基因常常连锁难以打破，采用传统的杂交育种方式，在导入野生种抗性基因的同时，也将其低劣的果实品质性状遗传给后代。转基因技术可以避免这一点，将某个优良基因直接转化到一个选择好的栽培品种中而不降低其商品特性。

果树上应用较多的有根癌农杆菌-Ti 质粒法、聚乙二醇（PEG）法和基因枪法 3 种转导方法。目前，葡萄基因组测序工作已经完成，随着生物技术的快速发展，越来越多的有益基因会被导入，但在转化技术以及方法的优化，转基因植株的生态安全性评价，果品安全等方面还需要进一步的研究。

基因编辑是近年来发展起来的对基因组进行精确修饰的一种技术，可实现特定 DNA 碱基或片段的敲除、外源 DNA 片段的敲入等，是农作物基因功能研究和遗传改良的重要辅助工具。近年来，CRISPR/Cas9 系统已成功用于水稻、小麦、大豆、玉米等农作物基因敲除，在柑橘、苹果等果树中也有成功应用。然而，该技术在葡萄中鲜有报道。相信随着 CRISPR/Cas9 等新型基因编辑技术的迅猛发展，在葡萄学研究领域，可以实现定向育种，培育出高产、抗逆的葡萄新品种将会成为现实。

（编写人员：姜建福 穆维松 刘崇怀 等）

桃

一、产业发展情况分析

（一）生产情况

1. 桃主产省份种植面积变动分析

2003—2018 年我国桃种植总面积共增加了 36.19 万公顷，上升幅度为 65.14％，除河北、山东、福建外，其他主产省份种植面积均有增加。从种植面积增加绝对值来看，种植面积增加最高的 6 个省份分别是安徽、贵州、山西、四川、湖北、云南，与基期相比分别增加了 6 万公顷、5.4 万公顷、4.6 万公顷、3.92 万公顷、2.97 万公顷和 2.84 万公顷；从面积增长率来看，面积增长率最高的 6 个省份分别是山西、贵州、安徽、广西、云南、四川，与基期相比分别增加了 528.74％、482.14％、394.74％、177.78％、168.05％、136.59％。

2. 桃主产省份产量变动分析

2003—2018 年我国桃总产量共增加了 999.19 万吨，上升幅度为 170.85％，各主产省份总产量均有增加。从总产量增加绝对值来看，总产量增加最高的 6 个省份分别是安徽、山东、山西、河北、河南、四川，与基期相比分别增加了 134.92 万吨、132.35 万吨、129.71 万吨、96.02 万吨、89.52 万吨、88.09 万吨；从总产量增长率来看，产量增长率最高的 6 个省份分别是山西、安徽、云南、贵州、广西、四川，与基期相比分别增加了 1260.54％、804.53％、766.39％、516.57％、384.76％、326.50％。

（二）市场情况

1. 世界桃产业生产及贸易情况

据美国农业部近期发布的报告显示，2018—2019 年世界桃和油桃总产量预计下降 130 万吨，降至 1 990 万吨。因为恶劣天气条件影响了桃主要生产地区中国和欧盟的产量，全球桃类贸易因供应减少而收缩。

2. 国内桃产业发展动态及贸易需求

2018 年，由于低温袭击了我国北方大部分鲜桃产区，我国桃产量减少 80 万吨，降至 1 350 万吨，加上鲜果价格整体偏高，导致 2019 年鲜桃和油桃的价格明显升高。以山东省为例，早季油桃品种的产地收购价达到了每千克 8 元，同比增幅在 30％左右。

在中国，鲜桃和油桃的销售卖点主要集中在果品特殊的颜色及口感。比如以往多用来制作水果罐头的黄桃目前已越来越多地用于鲜食。蟠桃也是市场的新宠。在国产鲜桃和油桃的下市期，同类进口产品则在中国一、二线城市拥有不错的销售热度。

中国是桃生产大国，对于鲜桃和油桃的进口量较低，尽管如此，随着越来越多的国家获得产品对华准入资质，我国桃进口量也出现逐年增长的明显趋势。进口高峰主要集中在1—4月，主要进口国有智利和澳大利亚，达2万吨。

出口方面，随着哈萨克斯坦和俄罗斯的需求增长，2018年中国的桃出口量已增加到10.5万吨，相比2017年的9.6万吨，同比增长9.4%。

二、品种登记情况分析

1. 品种登记总体情况

截至2018年12月20日，全国登记的桃品种49个，登记数量排在前两位的分别是中国农业科学院郑州果树研究所与江苏省农业科学院果树研究所，品种数分别为29个与10个，两个单位的总数占登记数量的79.59%，剩下10个品种分别来自研究所、大学、农技中心等；从数量上来看，传统的、研究实力较强的单位申请登记较多。桃树育种周期较长，育种方式多为杂交选育，我国目前申请者多是以单位为依托，真正个人育种较少，这点与国外相反，国外多是以私人育种公司为主，公立单位育种占少数。

2. 登记品种主要特性

(1) 登记品种以鲜食品种为主

有36个鲜食品种（占比73.5%），观赏桃有13个（占比26.5%），可见观赏桃也有一定的市场需求。整体看，已登记的品种都在某个病害方面有一定的抗性，但没有出现高抗的品种，从这点来看，抗病育种需要加强。

(2) 登记品种的风味品质较好

登记品种的可溶性固形物含量大于12%有33个，占鲜食的91.67%。果实单果重均达到中型或大型的标准，这点与生产需求一致。从果肉颜色来看，黄肉品种有26个（占72%），白肉品种有10个，可见目前市场上黄肉较受消费者欢迎。另外，蟠桃品种有7个，目前蟠桃虽然较少，但市场潜力较大。

(3) 登记品种的局限性

登记品种的适宜推广区域有一定的局限，品种适生区为南方的品种在北方较少种植，有可能是存在抗寒性不够的问题。

3. 登记品种生产推广情况

已进行登记的品种中，在生产上有较大面积的品种有：霞脆、中油蟠5号、中油蟠9号、中蟠桃11、中蟠桃10号、中农金辉等。从主栽品种的特性来看，优质、广适、耐运、丰产是这些品种的典型特征，且黄肉的品种要优于白肉的品种；一些有地方特色的品种如穆阳水蜜桃等，在小产区有一定的市场。由于桃新品种更新相对较快，每年均有一定的新品种推出，个别老品种如存在品质或产量不稳定问题的，将会逐渐被市场淘汰。

三、品种创新情况分析

（一）育种新进展

2018 年新增桃品种 22 个。从果实类型分，普通桃有 14 个，油桃 5 个，蟠桃 2 个，油蟠桃 1 个。从选育方式分，通过杂交选育获得品种 9 个，实生选种 4 个，芽变 5 个，偶然发现 1 个，3 个不详。从果肉颜色分，白肉 17 个，黄肉 4 个，红肉 1 个。从成熟期分，早熟品种 7 个，中熟品种 5 个，晚熟桃 10 个。从果核黏离性分，半离核 4 个，离核为 6 个，黏核 9 个，3 个不详。2018 年共有 11 个品种获得植物新品种权，其中：普通桃 6 个，油桃 2 个，蟠桃 1 个，红肉桃 1 个，窄叶桃 1 个（表 26-1）。

表 26-1 2018 年查阅到桃品种情况

类型	果肉颜色			成熟期			核黏离				合计
	白肉	黄肉	红肉	早熟	中熟	晚熟	半离	离	黏	不详	
桃	13	1		3	2	9	1	5	6	2	14
油桃	3	2		2	2	1	1	1	2	1	5
蟠桃		1	1	1	1		2				2
油蟠桃	1			1					1		1
合计	17	4	1	7	5	10	4	6	9	3	22

（二）品种应用情况

1. 主要品种推广应用情况及风险预警

（1）品种推广情况

目前，我国总计桃品种约有 1 000 个，依成熟期可分为极早熟、早熟、中熟、晚熟、极晚熟 5 类。依果肉色泽可分为黄肉桃和白肉桃；依用途可分为鲜食、加工、兼用品种、观赏桃等；依果实特征可分为普通桃、油桃、蟠桃 3 大类型。多年来的品种选育工作，已经形成了瑞光系列、瑞蟠系列、中油系列以及朝霞、早美、早红露、春蜜、春美、美硕等新品种。生产中白肉普通桃占主导地位，约占 75%，鲜食黄肉桃走向市场，市场迅猛发展，蟠桃的市场看好。

从生产布局看，传统上的两大桃产区面积占到 85% 以上：一是长江流域桃区，包括上海、江苏、安徽南部，浙江、江西以及湖南北部、湖北大部、成都平原、汉中盆地，是我国南方桃（水蜜桃）分布最多的地方，成熟期集中在每年的 5—7 月；二是华北平原桃区，包括北京、天津、河北大部、辽南、山东、山西、河南大部、江苏和安徽北部等地，以北方桃品种为主。成熟期集中在每年的 7—8 月。种植面积最大的分别是山东、河南、河北，占到 40% 左右。近几年随着种植结构调整，一些新区发展较快，如山西南部、河南中部、山东南部、安徽北部、江苏北部等为主的黄河中下游地区，面积迅速扩大，形成以早中熟桃、油桃为主的产区。目前已形成以华北产区、黄河流域产区、长江流域产区三大产区为主，东北地区设施栽培和华南亚热带产区为补充的产业格局。从产业分布看，我国 31 个省级行政区域中，有 29 个从事桃的商业化生产，其余 3 个省份（海南、内蒙古和黑龙江）中，海南因缺乏桃休眠所需的低温而不能生产，内蒙古和黑龙江因冬季严寒而不能露地生产，但也有少量的温室栽培。桃产量居前十位的省份有山东、河北、河南、湖北、辽宁、陕西、江苏、北京、四川、浙江，但近几年，随着种植业结构调整，安徽和湖南等地也呈迅猛发展之势。

从成熟期和品种结构看，传统上我国桃果实成熟应市的高峰期是 6—8 月，但近年来随着品种改良和生产的发展，特别是设施栽培的发展，鲜桃供应期大大延长，每年 4—11 月均有国产鲜桃销售。在品种方面，目前生产上 80％的桃品种都是我国自育品种，我国自主知识产权的品种已在 90％以上。近几年，高品质的黄肉鲜食桃、油桃、蟠桃成为发展的新宠。

（2）风险预警

首先是桃树害虫。2018 年，主要害虫种类发生与危害程度稍有变化，常发并且在大多产区比较严重且需要针对性重点防治的主要是蚜虫、梨小食心虫；桃蛀螟、桃小食心虫、潜叶蛾等发生较为普遍，危害中等，可以兼治；个别产区桑白蚧和红颈天牛等发生危害较重，需要防治。与 2017 年相比，桃园橘小实蝇几乎在所有产区都有发生，危害日趋严重，特别是对中晚熟桃具有毁灭性的威胁，将已经成为桃产业最大的危险性害虫。

其次是梅雨、极端天气等自然灾害。3—4 月各地容易出现大风低温天气，此时正值花期，造成许多花尚未开放便凋谢，坐果率低。5—6 月的梅雨季节，导致早熟桃大量落果、腐烂，果实品质下降、市场销量减少。春秋旱灾对桃生产也造成较大的影响。以及难以预测的极端天气灾害，如暴雪、冰雹等，对露天桃和设施桃的生产均会产生重大损失，由于该类灾害难预测，往往造成的损失十分严重。

2. 各区域主导品种、面积、品种的突出优点及缺点

我国桃园面积居前 10 位的省份依次为：山东、河北、河南、湖北、江苏、福建、陕西、浙江、湖南，其面积总和占全国总面积的 67.3％。桃产量前 10 位的省份依次是：山东、河北、河南、湖北、辽宁、四川、江苏、北京、浙江、陕西，其产量总和占全国总产量的 76.7％。

2018 年湖北桃园面积产量呈平稳增加趋势，总面积在 102 万亩，较上一年度面积增加 1 万～2 万亩，总产量约 82 万吨。2018 年冬季低温量足、花期天气好，坐果好，但 5—6 月果实生长成熟早熟桃出现持续阴雨天气，春美、春雪等早熟桃品种因病害造成减产 20％～40％，而 6 月中下旬以后成熟的中晚熟桃品种，受晴热少雨天气有利气候影响，产量提高、价格稳定，种植效益较去年上涨二成以上。因此，2018 年总体趋势是总产量和去年基本持平，早熟桃平均价格下降 20％，造成全年减收、减产，较去年减少 20％左右。近年来选育了一批早晚熟品系在产区中试，有较好的表现，市场均价在 10 元/千克，具有较好的市场前景。油蟠桃等高甜特色桃品种风味甜、口感好，深受市场消费者的偏爱，尤其受采摘欢迎。风险：4—6 月雨水较多，早熟桃落果、腐烂严重，商品果率低，蚜虫、桑白蚧、梨网春、梨小食心虫、红颈天牛等虫害较常年危害普遍。

山东作为国内最大的桃树种植省份，新技术的应用、新的经营模式也在逐步形成发展。2018 年品种方面主要研发进展有：一批优质高效益的优良桃树品种被引入种植，如霞脆、华玉、瑞蟠 21、中油桃 8 号、瑞油蟠系列、金霞油蟠、春美、锦香、锦绣、锦花、锦硕等。山东是我国第一大桃生产省份，据《山东统计年鉴 2017》数据显示，2016 年山东桃总产量为 293.58 万吨，约占全国总产量的 20.97％；栽培面积为 113 053 公顷。2016 年山东桃总面积和总产量约占全省果品总面积和总产量的 16.98％和 17.31％，在果品生产中仅次于苹果，是山东第二大果品产业。

贵州由于受果实成熟期持续降雨影响，早熟桃普遍表现为果实可固含量低、口感差；晚熟品种果实品质较早熟品种有很大的提升，但更容易遭橘小实蝇的危害。油桃除风味淡以外还存在裂果现象，蟠桃整体品质较高但果个偏小。风险：贵州桃产业发展中常见的病害包括危害叶片的缩叶病、桃锈病，危害果实的褐腐病、炭疽病、疮痂病、白粉病，危害枝干的流胶病、桃灰皮膏病、木腐病等。常见的虫害包括危害果实的橘小实蝇；危害叶片的蚜虫、潜叶蛾；危害茎干的桑白蚧、梨小食心虫、红颈天牛等。桃缩叶病在贵州发生较为普遍。很多桃园海拔较高，从叶片展叶至 5 月，长期气温徘徊在

15～20℃之间，有利于缩叶病的发生，影响正常叶片生长及光合作用，并最终影响了树势和产量。

河北是我国桃果主要生产省份之一。近年来面积和产量增长较快，2007年分别达到了141.9万亩和137万吨，占全国的13.6%和15.1%，居全国第二位。2017年河北省桃总面积144.5万亩，总产量209.4万吨，栽培面积稍有下降，总产量明显提高。河北省2018年与前2年相比，发展的桃树品种主要包括黄肉桃、油桃和蟠桃。这主要是受到桃价格的影响。近两年，黄肉桃、油桃和蟠桃的价格明显高于普通桃。例如，晋州市四杰农场的油桃，价格多为6.0～12.0元/千克，而一般品种为4.5元/千克左右，蟠桃的价格也在6.0～8.0元/千克。鲜食黄肉桃价格高于普通白肉桃。离核桃高于黏核桃。从成熟期上讲，发展的中、晚熟桃多于早熟桃。但是，今年极晚熟桃产量增加，加之果实裂果等，价格开始下降。风险：梨小食心虫、蚜虫、红蜘蛛和绿盲蝽、红颈天牛与桃小蠹虫。

江苏桃产区在种植结构上基本还是苏北桃产区以早、中熟桃品种为主，江苏南部桃产区以中晚熟品种为主，各地间稍有差异。各类桃品种中，毛桃所占比例最大，估计在70%以上，且比例还在上升，油桃占全省桃栽培面积的30%左右，主要集中在江苏北部和江苏中部桃产区，占全省油桃栽培的60%以上。加工黄桃占10%左右的栽培面积；蟠桃面积还呈增加的趋势，但所占比例极小，主要是在观光采摘园种植。从果肉颜色来看，白肉桃仍占主导地位，近年来黄肉鲜食桃在各产区新增面积中占较大比例，鲜食黄桃的栽培面积有进一步增加的趋势，目前全省加工黄桃的栽培面积在10万亩左右。风险：一季度江苏南部的梨小食心虫发生量较往年高；早熟桃炭疽病和褐腐病较往年偏重，全年度的梨小食心虫、蚜虫、炭疽病发生较往年严重，8月上旬以后的晚熟桃，多地受到橘小实蝇的危害。

广西桃栽培品种以中油13、中油5号、郑油1－3、曙光、春美等早熟品种为主，早熟桃面积占全省面积75%左右。天津水蜜桃、皮球桃、红不软、脆蜜桃等中、晚熟品种，栽培区域主要集中在桂林灵川、全州、灌阳，面积约占全省总面积25%，主要集中在7—8月。风险：桂林高温多雨，果园空气湿度较大，桃细菌性穿孔病常大面积爆发，导致提前大量落叶，果实裂果严重，果农猝不及防，造成较大损失。

陕西通过国家桃产业技术体系平台，从国内各育种单位引进桃、油桃、蟠桃、油蟠桃和加工桃品种58个；经区试观察鉴定，初选出12个于在陕西栽植生产的填补替代品种：霞脆、锦园、锦香、霞晖5号、霞晖8号、郑州5号，共6个普通桃；夏至早红、瑞光美玉2个油桃；黄金密蟠桃、中农蟠10号、玉霞蟠桃，共3个蟠桃品种，金霞油蟠桃1个油蟠桃品种，已经分别在5个示范县的10个示范园中展示推广。

甘肃2018年桃栽培面积25.7万亩，较2017年增长0.1万亩。受春季低温冻害的影响，产量18万吨，较2017年减少12万吨，全省平均减产40%；产值7.2亿元，较2017年减少1.45亿元，减少16.8%。普通桃占总栽培面积的98%以上，油桃少量栽培占总栽培面积的2%以下，蟠桃零星栽培。近两年油桃和蟠桃面积增加较快。甘肃桃产区以普通桃白肉为主，黄肉桃近年开始发展，面积逐步增加。风险：存在梨小食心虫、蚜虫、桃小食心虫、桃蛀螟、桃潜叶蛾、苹小卷叶蛾、红颈天牛等虫害。

2018年浙江桃面积、产量和产值同步增加。全省桃栽培面积约47万亩，总产量49.6万吨左右，总产值约27.56亿元。与去年相比，今年浙江桃栽培面积、产量和产值分别增加了约1.95%、19.26%和29.89%。浙江通过自主选育与引进筛选相结合的方法，重点发展优质品种、地方特色品种和稀缺品种，以构建高品质、多种类和长熟期的品种结构，克服普通桃偏多，鲜食桃偏多和8月以前成熟的早、中熟品种偏多的"三多"现象，重点突破"好的不多、多的不好"的被动局面。并利用东溪小仙等抗流胶病种质和新玉等玉露升级品种资源，分别构建了其杂交后代，并筛选出一些候选品种。在引进筛选方面，引种了"十三五"桃区试品种及品系28个，包括油桃、普通桃、蟠桃和油蟠桃等系列品种。

河南桃栽培面积约 112 万亩，年产量 132 万吨，总产值 60 亿元。目前生产上早熟∶中熟∶晚熟＝7∶2∶1，过于集中在 6 月上市。现阶段农民逐渐偏向于中晚熟品种。油桃∶毛桃∶蟠桃＝3∶6∶1，毛桃以白肉为主，黄肉桃的比例在迅速增加。油桃以黄肉为主，蟠桃面积也处于上升趋势。消费者一般更接受毛桃。油桃普遍在销量上不如普通桃。黄肉毛桃售价较高。在河南范围内，油桃面积不大，主要以本地内销为主。

云南 2018 年桃种植面积估算 68 万亩左右，产量 83 万吨左右，较 2017 年桃种植面积 58 万亩有大幅增长。2018 年云南桃产业主栽品种以早熟油桃、春雪、鹰嘴桃和晚熟冬桃为主，总体趋势保持不变，早熟、晚熟、极晚熟桃栽培面积增长迅速。泸西、文山等地的早熟油桃 2018 年价格与去年减少 10％～50％。开远鹰嘴桃 2018 年售价较 2017 年的售价基本持平略有上涨，增加 3％～4％。宾川冬桃售价增加 2％，全年连续性的阴雨天气较多，光照不足，早中熟桃果品质量有下降，存在卖桃困难。

北京是我国重要的桃生产基地，2018 年北京桃面积 31 万亩，总产量约 3.9 亿千克，总产值达 16.7 亿元，与上一年基本持平。平均价格区间 1～30 元/千克。面积基本稳定，受冬季低温和晚霜危害的影响，总产量下降，价格总体上升 0.5 元，油桃、蟠桃价格较好，农户收益与 2017 年相比不降反升。据北京市园林绿化局统计数据显示，平谷区桃栽培面积最大，为 19.78 万亩，占北京的 63.2％。面积呈下降趋势，产量 2.9 亿千克，占 74.4％，面积和产量占比呈上升趋势。栽培面积依次为大兴区 36 918.45 亩、通州区 20 112.75 亩、昌平区 15 014.70 亩、顺义区 10 876.65 亩、房山区 10 684.35 亩、海淀区 8 798.55 亩、怀柔区 6 087.45 亩、密云区 3 520.95 亩、延庆区 1 426.20 亩、门头沟区 816.90 亩、丰台区 772.35 亩、石景山区 16.65 亩、朝阳区 0 亩。桃树开始进入大面积更新期。北京桃栽培品种主要有普通桃、油桃、蟠桃和黄肉加工桃四大类型。以鲜食桃为主，加工桃为辅；普通桃（含蟠桃）约占 90％，油桃约占 10％；以中晚熟品种为主，早、中、晚熟品种比例分别为 16％、56％和 28％。其中，油桃品种主要是早、中熟品种，缺乏晚熟品种，晚熟油桃瑞光 39 和瑞蟠 21 已经开始大力发展。油桃和蟠桃品种呈上升的趋势，加工黄桃面积下降趋势。各示范县在品种类型结构上有一定差异，平谷区品种类型最丰富，油桃、蟠桃比例也较高。风险：桃小食心虫、桃蛀螟、苹小卷叶蛾、桃潜叶蛾等发生较轻。但 2018 年橘小实蝇在个别桃园危害严重，从 8 月中旬开始，桃果实开始出现危害症状，采用果实蝇饵剂和药剂防治效果不理想。

（三）不同生态区品种创新的主攻方向

1. 生产上存在的主要瓶颈和障碍

第一，品种老化，结构不合理，出现阶段性过剩现象。部分地区种植比例严重失调，早熟品种过多，造成同类型的桃果在成熟期大量累积，造成价低难销。

第二，桃果实品质问题。由于品种选择不当、管理技术手段落后或者不科学的生产操作导致果实品质低下，造成价格低下甚至是销售难。

第三，自然灾害问题。各地自然灾害频发，包括花期低温、冰雹、大风、暴雨、日灼等，由此造成一部分的减产。

第四，病虫害影响较大。缩叶病、褐腐病、炭疽病、疮痂病、细菌穿孔病等病害在多地发生，且情况较为严重，造成部分桃园减产甚至绝收。在虫害方面，橘小实蝇则是最大的威胁。

2. 下一步育种方向

在桃新品种选育方面，目前我国有江苏省农业科学院园艺研究所、中国农业科学院郑州果树研究所、北京市农林科学院林业果树研究所等 21 个科研教学单位从事桃育种研究。目前在美国私人育种公司开始崛起并迅速壮大，未来我国在进行新品种培育时可借鉴美国的做法，鼓励私人公司参与到品种的培育中。我国桃新品种育种，民间主要采用实生选种、芽变选种等形式，很多地方桃品种都是实生选种而来的，如肥城桃、深州蜜桃、白花水蜜等，日川白凤、红博桃和安农水蜜则分别是白凤和砂子早生的芽变选出的品种。杂交育种是目前获得桃新品种的重要方法，因此科研单位主要用这种方法进行育种。此外，还有辐照育种和转基因育种。

各指标中，功能性品种选育方面，富含花青素的红肉桃品种和富含类胡萝卜素的黄肉桃品种应是未来培育品种的目标之一。安全方面，提倡培育对生产者、消费者和环境安全，因此抗性品种培育成为未来的主要育种目标；果实品质方面，应注重对耐贮运性品种的培育。此外，有关桃树树形的研究、高光效种质的利用应成为育种的重要研究内容，所以柱型种质、半矮化种质、狭叶桃种质应是未来育种方向。

（编写人员：姜全　俞明亮　陈超　等）

茶　　树

茶树具有适应性强、活性成分含量高等特点，可以在饮品、食品、日用品、保健品、医药等多领域应用。近年来茶树品种尤其是白化、紫化等叶色特异品种发展较快，初加工产品和深加工产品经济效益高，在农业产业结构调整和供给侧改革中发挥越来越大的作用。茶树被国家、许多地方政府列入产业扶贫载体，在"一带一路"、精准扶贫、乡村振兴中具有重要地位。

一、产业发展情况分析

2018 年，全国茶园总面积 4 348 万亩，同比增长 1.73%，可能与部分区域茶园面积进行调减有关，增加的均为无性系茶园，可采摘茶园面积 3 505 万亩，同比增长 3.31%。全年干毛茶总产量达到 264 万吨，同比增长 7.608%；茶叶产业已成为全国茶叶优势区域产业扶贫、区域经济发展、乡村振兴的主导产业之一。

绿茶产量产值稳步增长，仍占主导地位，红茶市场进一步扩大，多茶类优势推进茶产业不断发展。2018 年绿茶产量占比为 63%，同比增长 9.22%，红茶产量占比为 13%，同比增长 9.56%，乌龙茶产量占比 9%，同比下降 3.21%，普洱茶及其他黑茶产量占比 14%，同比上升 10.48% 与 1.10%，白茶同比增长 48.97%。

2018 年我国茶叶出口量为 36.47 万吨，出口额 17.38 亿美元，同比增长分别为 2.7% 与 7.7%。但各地区销量并不平衡，其中 41% 产区销量上升，49% 产区与上年持平，10% 产区下滑 10%。高端礼品茶的销量也有 21% 产区持续下滑，高者达 10% 以上。绿茶批发市场检测数据显示，龙井茶的交易价格与 2017 年持平，交易额达 46.43 亿元，浙南茶叶市场交易平均价格略低于 2017 年，交易量和交易额均稍有增加，分别为 7.91 万吨和 57.90 亿元。

同时，茶旅融合发展迅速。区域内茶产业发展正处于转型升级的关键时期，茶产业与一、二、三产业不断融合，茶旅融合理念不断深入，打造"茶旅结合"，增强旅游对茶产业的带动作用越来越受到各级政府的重视。

二、品种登记情况分析

1. 亲本来源和选育方式

茶树自交亲和率低，目前多是杂交育种或系统选种，根据最新茶树品种登记系统已完成签收和公告的 30 余个登记品种信息统计分析，直接亲本均来自国内茶树资源的群体种。2018 年自主选育的品种 6 个，合作选育的品种 2 个，无境外引进的品种。

2. 品种类型分析

已登记的 8 个品种均为无性系，灌木型或小乔木型，中叶类，其中叶色绿色的品种 7 个，紫色（高花青素型）品种 1 个。从适制性来讲，均适制两种以上茶类，其中 4 个适制红、绿、乌龙茶 3 种茶类。6 个为乌龙茶常用品种。

3. 品质表现

已登记的 8 个品种均为优质茶树品种，适制的茶类均香高味醇，有些品种具有特殊的韵味，如铁观音的"观音韵"，产量高。

4. 抗性分析

已登记的 8 个品种中，毛蟹、本山、黄旦、铁观音、梅占、大叶乌龙的抗旱性较强，对茶橙瘿螨抗性强，但对轮斑病、圆赤星病、云纹枯病、红锈藻病等抗性弱，本山、黄旦、铁观音对小绿叶蝉抗性较强。紫嫣和川茶 6 号抗寒性较强，抗病虫性一般。具体信息（来源于登记品种公告）如下。

毛蟹：亲本来源于当地品种，由安溪县人民政府选育。适制乌龙茶、绿茶、红茶。叶色深绿，芽叶淡绿色，生育力强，发芽密。茶多酚含量 14.7%，氨基酸含量 4.2%，咖啡碱含量 3.2%，水浸出物 48.2%。制作乌龙茶香清高，味醇和；制作红、绿茶，毫色显露，香高味厚。平均叶蝉虫量比值为 0.87～1.20，小绿叶蝉的抗性中等；平均螨量比值为 0.1，对茶橙瘿螨的抗性强；有轮斑病、圆赤星病、云纹枯病及较严重红锈藻病。抗寒性较强，抗旱性强。注意：芽梢肥壮，节间较短，持嫩性较差，应及时采摘，适度留叶。

本山：亲本来源于当地品种，由安溪县人民政府选育。中生种。叶色绿，芽叶淡绿带紫红色，生育力较强，持嫩性较强。适制绿茶、乌龙茶。茶多酚含量 14.5%，氨基酸含量 4.1%，咖啡碱含量 3.4%，水浸出物 48.7%。制作乌龙茶条索紧结，枝骨细色泽褐绿润，香气浓郁高长，似桂花香，滋味醇厚鲜爽，品质优者有"观音韵"，近似铁观音的香味特征。平均叶蝉虫量比值为 0.80～0.92，小绿叶蝉的抗性较强；平均螨量比值为 0.05，对茶橙瘿螨的抗性强；有红锈藻病、芽枯病、赤叶斑病。抗旱性强，抗寒性较强。注意：嫩梢易粗老，应及时采摘。

黄旦：亲本来源于当地品种，由安溪县人民政府选育。早生种，适制乌龙茶、红茶、绿茶。叶色黄绿，芽叶生育力强，茸毛较少，发芽密，持嫩性较强。茶多酚含量 16.2%，氨基酸含量 3.5%，咖啡碱含量 3.6%，水浸出物 48.0%。制作乌龙茶香气馥郁芬芳，俗称"透天香"滋味醇厚甘爽；制作红茶、绿茶，条索紧细，香浓郁味醇厚，是制作特种绿茶和工夫红茶的优质原料。平均叶蝉虫量比值为 0.56～0.82，小绿叶蝉的抗性较强；平均螨量比值为 0.13，对茶橙瘿螨的抗性强；有轮斑病、云纹叶枯病、圆赤星病。抗旱、抗寒性较强。

铁观音：亲本来源于当地品种，由安溪县人民政府选育。晚生种，适制乌龙茶、绿茶。叶色深绿，芽叶绿带紫红色，茸毛较少，芽叶生育力较强，发芽较稀，持嫩性较强。茶多酚含量 17.4%，氨基酸含量 4.7%，咖啡碱含量 3.7%，水浸出物 51%。制乌龙茶，条索圆紧重实，色泽褐绿润，香气馥郁幽长，滋味醇厚回甘，具独特香气，俗称"观音韵"。平均叶蝉虫量比值为 0.78～0.89，小绿叶蝉的抗性较强；平均螨量比值为 0.74，对茶橙瘿螨的抗性较强；有赤叶斑病、圆赤星病。抗寒性、抗旱性较强。注意：幼龄茶树种植管理过程注意水肥控制、农艺性状调控；春季萌发期中偏迟。

梅占：亲本来源于当地品种，由安溪县人民政府选育。中生种，适制乌龙茶、绿茶、红茶。叶色深绿，芽叶绿色，茸毛较少，生育力强，发芽密，持嫩性较强。茶多酚含量 16.5%，氨基酸含量 4.1%，咖啡碱含量 3.9%，水浸出物 51.7%。制红茶，香气高似兰花香，味厚；制炒青绿茶，香气高锐，滋味浓厚；制青茶，香味独特。平均叶蝉虫量比值为 0.75～1.57，小绿叶蝉的抗性较弱；平均螨量比值为 0.09，对茶橙瘿螨的抗性强；有轮斑病、红锈藻病、圆赤星病。抗寒性、抗旱性较强。注意：春季萌发期中偏迟。

大叶乌龙：亲本来源于当地品种，由安溪县人民政府选育。中生种，适制乌龙茶、红茶、绿茶。叶色深绿，芽叶绿色、茸毛少、生育力较强，持嫩性较强。茶多酚含量 17.5%，氨基酸含量 4.2%，咖啡碱含量 3.4%，水浸出物 48.3%。制作乌龙茶，色泽乌绿润，香气高，似栀子花香，滋味清醇甘鲜。平均叶蝉虫量比值为 0.81～1.02，中抗小绿叶蝉；平均螨量比值为 0.09，对茶橙瘿螨的抗性强；有轮斑病及较严重的圆赤星病。抗旱性强，抗寒性较强。注意：干旱季节嫩梢易受螨类为害，应及时防治；芽叶生育力较强，持嫩性较强，宜分批及时采摘。

紫嫣：亲本为四川中小叶群体种，由四川农业大学和四川一枝春茶业有限公司共同选育。晚生种，新梢紫色，茸毛较密。适制绿茶、红茶等。茶多酚含量 20.36%，氨基酸含量 4.41%，咖啡碱含量 3.98%，水浸出物 45.49%，所制烘青绿茶，外形匀整，色青黛，汤色蓝紫清澈，有嫩香，滋味浓厚尚回甘，叶底柔软，色靛青。制红茶外形乌润，有毫，香气浓郁，有甜香，滋味甜醇。该品种为高花青素含量的特色品种，在四川茶区种植一芽二叶时花青素含量在 2%～3%。田间调查紫嫣对茶炭疽病抗性为中抗，低于对照紫鹃（抗）；对茶小绿叶蝉抗性为感，与对照紫鹃相近。抗寒性较强，优于对照紫鹃（中）。注意：①生长势较一般品种弱，对肥培条件要求较高，不宜种植在贫瘠的土壤上。②该品种开花结果能力强，为抑制生殖生长，春梢宜强采，生产季节追肥不宜施含磷的复合肥。同时，需采取疏花疏果的措施来控制生殖生长。③因幼苗期生长势较一般品种弱，需加强肥培管理水平。

川茶 6 号：亲本为崇庆枇杷茶群体种，由四川农业大学、四川省茶业集团股份有限公司、四川省名山茶树良种繁育场和四川雅安西康藏茶集团有限责任公司共同选育。早生种，春季新梢黄绿色，有茸毛，夏、秋季新梢略带紫芽。适制绿茶、红茶等。抗寒性强，适应性较强。茶多酚含量 19.37%，氨基酸含量 4.02%，咖啡碱含量 3.93%，水浸出物 45.52%，烘青绿茶，外形肥壮、较紧实绿润，嫩香高长，汤色绿亮，滋味爽，叶底肥实。所制红茶外形肥壮，显金毫，香气甜浓，汤色红浓较亮，滋味浓甜，叶底红匀。田间调查对茶炭疽病抗性为中抗，与对照福鼎大白茶抗性相近；对茶小绿叶蝉为中抗，优于对照福鼎大白茶（感）。抗寒性强。注意：该品种持嫩性强，注意防治螨类为害，高山阴湿茶区须加强对茶饼病的防治。

三、品种创新情况分析

（一）育种新进展

针对劳动力缺乏、茶产品同质化严重等问题，优质高产依然是目前茶树新品种选育的基本目标，同时开展适合机械化作业的茶树新品种选育、特异茶树新品种选育、多抗或高抗茶树新品种选育以及功能性茶树新品种选育。

1. 优质高产茶树新品种（系）选育

发芽早是绿茶高经济效益的重要影响因素，各区域初步筛选出绿茶新品系 30 余个，如浙江大学选育的浙农 301、浙农 302、浙农 902，云南选育的云茶 014-2 制绿茶品质好，香气清高，有嫩香、花香，滋味醇和、甘鲜。先后育成国家级茶树新品种中茶 111 等。中茶 125、中茶 126、中茶 127、中茶 128、中茶 131、中茶 132、中茶 134、中茶 135、陕茶 1 号、早春翠芽、探春 11 个品种被授权植物新品种权。

在多样化产品需求的大背景下，香气作为影响茶叶品质的重要因素，优雅、丰富的香型吸引着茶叶消费者。高香品种的选育也成为茶树育种的重要目标。以多样化的花香、水果香、栗香、清香等为特征的持久型高香品种成为产业的宠儿。多家单位展开了相关研究，取得了一定的进展。

如华南区域目前筛选出玫瑰香、药香、兰香、奶香、杏仁香、木香、栀子花香等 20 多个高香型红茶新品系，均是广东省农业科学院茶叶研究所自育的优质高香型红茶品种。云南片区筛选红茶新品系 18 个，制红茶品质得分在 87.2～90.1 分，品质得分≥89 分在新品系有 7 个，其中以云茶124 - 8 （90.1 分）品质最好，香气高甜，滋味浓醇、较甘爽，叶底软匀、较红。

福建等区域以优异的乌龙茶种质作为亲本，通过杂交手段，获得不同亲本来源的杂交创新材料，筛选获得 10 多个高香优质乌龙茶新品系，如 0318E、0206A、0314C 等优异新品系，适合制作闽北乌龙及闽南乌龙，也适合制作花香型工夫红茶。

此外，云南片区还筛选出 15 个普洱茶新品系，其中，品质综合得分≥90 分的 5 份新品系为：BZ - 1、BZ - 2、BZ - 4、BZ - 5、QT - 1。

2. 特异茶树新品种（系）选育

在特异品种选育上，各区域主要开展了黄（白）化、紫化等特异性状的茶树新品种（系）选育。黄（白）化品种（系）具有外形特异、氨基酸含量高、滋味鲜爽等独特品质，近年来广受茶农和茶企欢迎。各区域从天然突变材料筛选或以黄白色茶树种质作为亲本，杂交创新出一批新材料，通过多年的鉴定筛选，获得多个特异叶色新品系，分别适合制作名优绿茶、白茶和红茶。近年来已育成了中黄 1 号、中黄 2 号、中黄 3 号、中茶 211、中茶 133、黄叶宝等新梢黄化新品种，中黄 4 号、丽黄 3 号、0309C（茗冠茶）、0317L、浙农 809、浙农 806、浙农 811、中白 1 号、中白 2 号、绍白 1 号等新品系。这些品种（系）在生产上推广应用，产生了较好的经济效益。

紫化品种富含花青素，具有较强的抗氧化等保健效果，也成为育种的一个热点。近年来，中紫 1 号、中紫 2 号、丽紫 1 号等新品系也相继申报了新品种权保护，为下一步品种的推广利用打下基础。此外，广东还选育了一个高叶绿素新品系，浙江选育了数个花色叶系新品系。

3. 适合机械化作业的茶树新品种（系）筛选和选育

目前，中国农业科学院茶叶研究所经过多年选育，初步选育出了具有良好机采适应性的 2 个新品系 CT2007 - 001、CT2007 - 005，这两个新品系具有稳定的适合机采性状，其中，CT2007 - 001 的新梢完整率达到 74.8%。浙江大学初步选育出了浙农 902，新梢直立生长，节间较长，生长势和持嫩性强，连续 3 年机采实验证明，采摘叶中一芽一叶和一芽二叶的比例高于对照品种薮北种。

4. 抗性茶树新品种（系）选育

针对茶产业生态化、低碳化需求，中国农业科学院茶叶研究所利用前期的技术积累和杂技育种材料，鉴定出耐贫瘠茶树新品系 5 份，中茗 2807、中茗 6 号、中茗 7 号、中茗 1511 及中龙 22；与宁海县茶产业化办公室合作选育的氮高效型名优茶品种望海茶 1 号，该品种制茶品质优良，产量高，抗寒性好，现为宁海主推茶树品种。截至 2018 年年底，该品种的种植推广面积已经达到 2 000 亩，其中 2018 年推广面积约为 500 亩。

5. 功能性茶树新品种（系）选育

近年来，区域内各育种单位根据本地茶叶产业的发展需要，开展了氨基酸、茶多酚、EGCG、咖啡碱等功能成分含量优异的特色茶树品种。已选育低咖啡碱品种中茶 251，高茶氨酸品种中茶 136、中茶 137，正在选育的新品系有高花青素紫芽 10 余个，高茶氨酸 10 余个，高 EGCG 6 个，高苦茶碱 4 个，低咖啡碱 3 个等。

（二）品种应用情况

茶树是多年生木本经济作物，其经济年龄有数十年，一般茶区种植后数年甚至数十年内会持续生产，因此目前全国推广应用最广的品种是有性系，但随着优质、高产无性系茶树品种的选育，无性系茶树推广面积也有增加。近年推广种植的较广的无性系以适制绿茶的品种为主，也有适制红茶及其他茶的品种，除福鼎大白茶外，多为浙江选育。主要有以下品种。

福鼎大白茶：全国推广面积在茶叶产业体系示范县内种植超过 200 万亩，主要产茶区都有种植。该品种发芽早。

龙井 43：全国推广面积超过 300 万亩，全国主要绿茶产区都有种植，主要分布区域包括浙江、四川、湖北、贵州、江苏、陕西、山东、河南等地。该品种具有发芽早、抗寒性强、产量高、品质好等优点。但该品种对肥水需求较高，易感炭疽病。

中茶 108：全国推广面积超过 70 万亩，全国主要绿茶产区都有种植，主要分布区域包括浙江、四川、湖北、贵州、江苏、陕西等地。该品种具有发芽早、抗逆性强、产量高、品质好等优点。

中茶 302：全国推广面积超过 30 万亩，主要种植区域包括四川、湖北、贵州等地。该品种具有发芽早、抗逆性强、产量高、品质好等优点，特别适合加工芽形、针形或卷曲型绿茶，也适合加工工夫红茶。

嘉茗 1 号：全国推广面积超过 40 万亩，全国主要绿茶产区都有种植，主要分布在浙江、湖北、四川、安徽等地。该品种发芽特早、产量高、品质好，适制绿茶，尤其是扁形类名优茶。

浙农 117：全国推广面积超过 30 万亩，主要种植区域包括四川、湖北、贵州等地。该品种具有抗逆性强尤其抗倒春寒能力强、产量高、品质好等优点，适合加工绿茶、红茶。

白叶一号：全国推广面积超过 200 万亩，全国主要绿茶产区都有种植，主要分布区域包括浙江、四川、湖北、贵州、江苏等地。该品种为新梢白化品种，具有氨基酸含量高、滋味鲜爽等独特品质特征。但该品种的抗逆性较弱、产量低，价格优势随着种植面积的扩大而逐渐降低，且前期管理较困难。今后应慎重发展。

黄金芽：虽然面积不大，但全国主要绿茶产区都有种植。该品种为新梢黄化品种，具有氨基酸含量高、滋味鲜爽等独特品质特征，适制多种茶类。但该品种幼龄时抗日灼力较弱，需遮荫。

就各区域来讲，因为各茶区的生态环境、茶叶产品不同，所推广应用的品种也具有各自的特点，无性系良种大多种植本省选育的。

1. 湖南

目前推广的品种主要有黄金茶 1 号、碧香早、槠叶齐、湘波绿 2 号、湖红 3 号。

黄金茶 1 号：目前已在湖南等地推广 30 余万亩。该品种属特早生种，比对照福鼎大白茶早 15天；氨基酸含量高达 7.47%，是对照品种的 2.05 倍；加工绿茶品质优，具有香、绿、爽、醇的品质特点。

碧香早：目前已在湖南等地推广 20 余万亩。该品种属早生种，萌芽期比福鼎大白茶早 1~2 天；移栽成活率高、成园快、产量高，抗寒性强，年产量较福鼎大白茶高 30% 以上。制高档名优绿茶品质优，市场反应较好。

槠叶齐：是新中国成立以来湖南选育的国家级无性系茶树良种中影响较大、效益较好的品种之一，累计在湖南、湖北、江西等地推广面积达到 50 万亩。该品种属中生种，萌芽较福鼎大白茶迟3~5天；新梢持嫩性强，成园快，产量高，年产量较福鼎大白茶高 28%。红绿茶兼制，品质优。加工绿茶色泽翠绿，香高味爽，兰花香明显；加工红茶叶底红亮，汤色红艳，滋味浓。抗逆性强，适宜全国茶区推广。

2. 湖北

主要推广的茶树品种有鄂茶 1 号、鄂茶 5 号、鄂茶 6 号、鄂茶 8 号和鄂茶 11 等，其中鄂茶 1 号推广面积 25 万亩，鄂茶 5 号 6 万亩，鄂茶 6 号 1.5 万亩，鄂茶 8 号 1 万亩。

3. 云南

主要茶叶产品为红茶、普洱茶，主要品种为云抗 10 号、紫娟、勐海大叶茶、勐库大叶茶等。

云抗 10 号：现推广面积 180 多万亩，为云南当家品种，优质、抗性强、适应性广、繁殖系数好、产量高、制红绿茶品质优，缺点是感茶饼病。长叶白毫属优质的制名优绿茶品种，推广面积近 10 万亩。

紫娟：在云南、浙江、海南等地推广面积 10 万亩以上，适应性强，抗性强，具有紫芽、紫叶、紫茎、汤色紫红等特异性，缺点是产量较低，茶叶香气特殊。

佛香系列、云茶春韵、云茶红 1 号等杂交新品种：可抵御－10℃的低温和冰雪天气，现已在海拔 2 500 米的高寒山区建立了 5 万多亩"离天空最近"的茶园，可有效促进当地山区经济发展和社会稳定。

勐海大叶茶、勐库大叶茶：突出优点为适应性强、制普洱茶品质优，缺点是品种性状一致性差，品质不稳定。

4. 闽北茶区

原有品种主要有肉桂、水仙、大红袍、矮脚乌龙、白芽奇兰、黄旦等。随着近 20 年岩茶的畅销，需求量增加，种植面积扩大，同时市场对花香型优质乌龙茶需求增大，茶农大量引种福建省农业科学院茶叶所选育的高香优质新品种，如黄观音、丹桂、金牡丹、黄玫瑰、金观音、九龙袍等新品种，带来了良好的经济效益。最近几年福建所选育的瑞香、春闺、0318E 等新品种（系）在闽北茶区推广应用情况良好，特别适合制作闽北乌龙，花香明显品质优异，深受茶农和消费者欢迎，推广面积逐年增大，产生较大的经济效益。

5. 闽南茶区

对新品种的接受度较差，主要以当地的特色品种为主，如安溪铁观音、漳平水仙、平和白芽奇兰、诏安八仙茶、永春佛手等。由于各地都有对应某个品种的品牌，新品种很难融入，给品种推广造成障碍，很多优异的品种无法在当地推广。随着安溪铁观音价格的下降，当地开始改变对固有品种的坚守，近几年金观音在安溪茶区推广面积较大，也得到当地茶农的认可。随着时间的推移，相信更多的好品种能被接受。

6. 闽茶区

原有主栽品种有福云 6 号、福鼎大白、福安大白、福鼎大毫等适合制作绿茶和白茶的品种。随着工夫红茶的再次兴起，对高香新品种的需求快速增长，福建省农业科学院茶叶研究所选育的高香优质新品种，如金牡丹、金观音等制作工夫红茶花香浓郁、品质优异，深受消费者欢迎，经济效益显著，种植面积快速增大。茶农通过种植高香新品种获得更好的收入，对新品种的接受度较高，为后续优异的高香新品种推广奠定了基础。

7. 广东茶区

乌叶单丛，推广面积 2 万。适制高档乌龙茶和红茶，具有浓郁的栀子花香和蜜韵；抗逆性、抗虫性强。

丹霞 1 号，推广面积 2.1 万亩。芽头肥壮，茸毛多，抗寒、抗旱性强，容易扦插，适制红茶、白茶；抵抗病虫害能力较强。

（三）不同生态区品种创新的主攻方向

1. 茶树品种创新的主攻方向

作为乡村振兴、精准扶贫、"一带一路"的载体，茶园种植规模在继续扩大，茶树新品种培育也受到越来越多人的关注，每个产区都有自己的主栽品种，也有全国普及或流行的品种。目前我国现有茶树品种中，主要瓶颈和障碍表现在：①感官品质多样化茶树品种缺乏。随着生活水平和健康意识的提高，市场对茶叶产品的要求越来越高，逐渐转向专业化、多样化需求，而目前的多数茶树品种虽然具有某一些突出的特点，但符合多元化市场需求的特色茶树仍然相对缺乏。②适于机械化采摘的茶树品种少。目前农村劳动力越来越缺乏，劳动力成本不断提高，部分地区茶叶采摘困难，因此对适于机械化采摘的茶树品种需求迫切。③抗性品种少。茶产业发展正处于转型升级的关键时期，消费者对茶叶质量安全要求日益严格，但由于茶树品种抗性鉴定还存在着一定的技术难度，因此目前推广的抗性品种相对较少。

针对我国现有茶树品种中，缺乏感官品质多样化、功能突出并适合深加工产品开发需求的优质茶树品种，不能满足名优茶多样化发展的需求问题，下一步育种方向为：①感官品质多样化优质品种选育：选育形态特征优异、感官品质风格突出（如香高持久、滋味醇爽、叶色特异等）的茶树新品种或新品系，促进名优茶产品多样化发展。②抗性品种选育：茶树是多年生作物，长期处于生活环境中，会遭受低温、高温、病害、虫害等胁迫而受到伤害。随着环保与健康要求的提高，农药、化肥的施用越来越严格，要贯彻绿色优质发展理念，破解茶叶产品质量安全难题，选育抗寒、抗旱、抗病虫、耐贫瘠等具有多种抗性或高抗品种，减少化肥、农药等农业生产资料的过度投入，从根本上解决茶叶产品质量安全难题。③功能强化茶树品种（品系）选育：选育化学成分含量丰富或功能突出的茶树新品种（品系），如抗过敏功能成分甲基化表没食子儿茶素没食子酸酯（EGCG）含量高、抗氧化成分 EGCG 和花色素含量高以及适合咖啡碱过敏人群饮用的低咖啡碱茶树品种。④适应机械化作业品种选育：随着茶产业和茶市场的发展与需求，劳动力成本的大幅增加，机采机制成为趋势，选育适应机械化作业的品种也成为亟待解决的问题。

就不同茶叶产区来讲，所困扰的问题重点稍有不同，茶树品种选育目标也稍有侧重。

长江中下游名优绿茶重点区域：困扰名优茶生产的主要瓶颈是采茶工的短缺、产品同质化严重等问题。因此，育种重点应以适合名优茶机采的茶树新品种选育以及优质特异茶树新品种选育为主。要解析清楚影响茶树株型、机采性状的遗传调控规律，提出相应的选育指标。要明确茶树特异性状特别是品质性状的遗传规律，提出相应的筛选指标和早期鉴定技术，缩短育种年限。

江北茶区：困扰江北茶区的主要因素是低温。因此，应加强抗寒品种的选育。

云南茶区：在品种创新方面存在优质普洱茶品种少，红茶、绿茶品种鲜香不足，抗旱、机采品种选育尚属空白，是云南茶叶绿色发展的主要瓶颈和障碍。下一步需加强茶树育种手段创新，将继续采用系统选种、人工杂交育种等传统的育种手段，结合秋水仙素、叠氮化钠等化学诱变育种技术，创制大量育种材料，做好技术储备。

湖南、湖北和河南茶区：优质红茶品种不足。近年来随着我国红茶产业的发展，湖南、湖北和河南都将红茶作为下一步茶产业发展的重点之一，但由于历史原因，目前红茶产业发展中与之配套的红茶品种却相对缺乏。

闽北茶区：主要瓶颈和障碍是当地茶园面积已经接近饱和，新茶园开垦较难，只能对已有品种进行更新换代。

闽南茶区：主要瓶颈和障碍是当地对新品种的接受度低，各地只认定单一品种。闽南、闽北茶区品种创新的主攻方向是选育优质、抗寒、抗虫的乌龙茶新品种，前者侧重于花香型品种适合制作闽南乌龙，后者侧重于不同香型的品种。

闽东茶区：茶园面积已经接近饱和，只能通过对已有品种的更新换代来推广新品种。但新品种不容易被接受。品种创新的主攻方向，选育高香型红茶品种、特异叶色品种、毫多芽壮适合制作白茶的品种。

广东：是我国红茶和乌龙茶主产地之一，分别以甜香型英红 9 号和蜜兰香型岭头单丛为主，品种结构单一，随着大面积扩种导致同质化竞争、产能过剩的问题日益突出，严重阻碍了广东茶业的快速发展。目前，国内外红茶和乌龙茶香型也比较单一，分别以甜香和清香为主。而广东茶树资源香型丰富，尤其是久享盛名的栀子花香、芝兰香等十大香型单丛乌龙茶，以及近期发现的杏仁香、玫瑰香、木香等红茶群体资源，在国内外独具特色，备受赞誉。但目前这些香型茶叶的生产原料主要是群体种，相应的无性系品种非常稀缺，导致生产规模小、标准化程度低、产品质量不稳定等问题。因此，以促进优化茶树品种结构、填补国内外高品质、个性突出的特异香型茶叶产品空白为目标，结合常规育种和现代基因组学技术，培育综合农艺性状优良的杏仁香、玫瑰香、木香红茶和栀子花香、芝兰香单丛等特异香型新品种，将是促进广东名优茶多样化发展和推进农业供给侧结构性改革的重要途径。

2. 茶树创新品种采用的育种方法

（1）常规育种

按照育种目标，采用单株选择、系统选择、集团选择、杂交育种、辐变育种等方法进行育种。

具体流程如下：①茶树优特异种质资源的创制、收集与保存。通过杂交、辐变、诱变等技术系统收集特色明显、性状优异的茶树种质资源，如功能成分特异和叶色变异材料，通过嫁接或扦插方式保存。②茶树特异种质资源表型的精准鉴定。系统全面和精准鉴定特异资源的基因型、生物学性状、农艺性状、生化成分和制茶品质，同时评价其繁殖能力，全面了解资源的特性，找出推广品种中所缺乏的优异性状及其育种利用方式，提供育种利用。③优异单株扩繁。对具备目标性状的优异单株，通过扦插等繁育成品系。④品系比较试验。开展品系比较试验，筛选出形态特征优异、感官品质风格突出或化学成分含量丰富或功能突出的新品系。⑤适应性评价。选择一定区域，对新品系进行适应性评价，具有潜力的品系申报植物新品种权或进行登记，并进行新品种示范推广应用。

（2）新技术育种

对茶树性状、功能等关键基因挖掘与评价，开发叶色、叶型、特定生化成分、抗性等重要特异性状相关的各类分子标记，挖掘调控茶树重要性状的基因，应用于茶树育种杂交亲本选配、早期鉴定等，指导茶树的分子标记辅助育种，加快育种进程。同时加快茶树再生体系的研究进程，为茶树转基因育种提供基础。

（编写人员：郑新强　王新超　陈常颂　杨阳　吴华玲　金基强　等）

2018 热带作物

登记作物品种发展报告

天 然 橡 胶

一、产业发展情况分析

（一）生产情况

1. 世界天然橡胶生产情况

受天然橡胶价格低迷影响，2018 年全球种植面积没有增长，21 世纪初价格上涨时期扩种的橡胶树大量进入开割期和高产期，产能释放仍处于高峰期，2018 年全球割胶面积约为 1 120 万公顷，比上年增加 31 万公顷。割胶面积增长速度最快的 2 个国家分别为缅甸、柬埔寨，分别达到 30.4％和 20.0％。全球产量为 1 371 万吨，较上年增长 36 万吨，亚洲仍是天然橡胶主要产地，产量占全球的 90.8％。其中泰国、印度尼西亚、马来西亚和越南的天然橡胶产量分别为 468.7 万吨、377.4 万吨、60.2 万吨和 112.8 万吨，共占全球的 74.3％。非洲全年天然橡胶产量约为 92.5 万吨，占全球天然橡胶产量的 6.7％，主要是科特迪瓦的产量快速增加，占非洲的 63.8％。

2. 我国天然橡胶生产情况

我国扩大植胶的积极性降到低点，甚至出现砍树改种其他作物。但各植胶区政府及时启动天然橡胶保护区划定和建设工作，稳定了橡胶面积，2018 年底面积达 117.7 万公顷，比 2017 年略有提升。植胶区除 6—8 月降雨偏多外，总体天气状况良好，但因价格低迷割胶积极性受挫，增产幅度有限，全年产量 83.2 万吨，比上年增加 2.2％。

（二）市场情况

1. 世界天然橡胶市场情况

据初步测算，2018 年全球天然橡胶出口量为 1 229.2 万吨，较上年略有增长，非洲科特迪瓦出口增长强劲，全年出口 61.2 万吨，比上年增加 29.9％。全球进口量为 1 197.5 万吨，比上年减少 2.1％，其中，印度的进口量较高，为 54.8 万吨，同比增加 37.6％。在全球天然橡胶产能继续释放，供大于求压力下，2018 年国际市场天然橡胶价格继续下滑，在中美贸易战、美联储加息、原油价格、汇率等影响下，天然橡胶价格不断回落。2018 年国际市场 SMR20 年平均价格为 1371 美元/吨，比 2017 年下跌 17.4％；RSS3 年平均价格为 1643 美元/吨，比 2017 年下跌 18.3％。

2. 我国天然橡胶市场情况

在天然橡胶的主要消费领域——中国轮胎产业外部环境不断恶化，继美国实施"双反"惩罚性关税后，欧盟和印度也对中国出口的卡客车轮胎开展反倾销调查。为避免美国贸易战 2019 年对中国 25％的贸易附加税，橡胶制品业在第四季度加快生产和出口，预测 2018 年全国天然橡胶消费量为 564 万吨，比上年增长 2.9％。2018 年我国进口天然橡胶、复合橡胶和混合橡胶共 552.7 万吨，比上年减少 2.4％，其中进口天然浓缩胶乳 58.7 万吨、干胶 191.9 万吨、复合橡胶 10.8 万吨、混合橡胶 291.3 万吨。由于天然橡胶价格低迷下行，大量国产全乳标准胶、新胶进入期货市场套期保值，导致上海期货交易所天然橡胶期货库存居高不下，预计到 12 月底，上海期货交易所的天然橡胶库存为 42.4 万吨，青岛保税区的库存为 8.8 万吨，共 51.2 万吨，与上年相当。

（三）种业情况

1. 天然橡胶种子种苗类型

天然橡胶种业销售主要以种子和种苗为主体。种子仅供应砧木培育，一般以育苗公司或育苗基地购买为主，生产中青睐 GT1 胶园的种子，价格比较平稳。种苗的销售主要有裸根苗、袋装苗、袋育苗、籽接苗、小筒苗、大筒苗和组培苗。其中裸根苗因运输方便，虽然定植成活率略低，但还占有一定的生产份额。袋装苗和袋育苗因为本身带土，根系比较完整，定植成活率高，在生产中的份额一直比较稳定。近年兴起的是籽接苗和小筒苗，二者可以结合，由于苗木重量轻，运输方便，加上配套的捣洞定植技术，定植成活率高，但价格稍高。中国热带农业科学院的专家克服了组培苗工厂化技术的瓶颈，实现了组培苗的生产推广，目前应用接近 5 000 亩，是种苗中的后起之秀。

2. 天然橡胶种子种苗品种

种苗品种主要以我国自育的新品种为主体，植胶条件优越地区以热研 8－79 为主，有一定风害地区以热研 7－33－97、文昌 217 等品种为主，有一定寒害地区以云研 77－4、云研 77－2 为主体。由于橡胶树更新迭代时间一般在 30～40 年，RRIM600、PR107、GT1、93－114 等老品种仍占植胶总面积的 50％以上。广东由于植胶气候条件复杂，93－114 品种虽然抗寒性强，但产量非常低，逐步以热研 7－33－97 进行替代，目前该品种推广面积占广东植胶区的 50％以上。

3. 天然橡胶种子市场规模

从全国来看，天然橡胶价格低迷，植胶更新积极性不高，但在国家天然橡胶保护区建设要求下，当年新植面积仍达到 27 万亩，种苗市场规模接近 1 000 万株。国家已取消良种补贴，市场大多以现场交易的形式进行，即一般由买方到育苗圃自主采购。

天然橡胶种业虽初具雏形，但育苗公司和基地普遍规模不大，质量控制和售后服务等还不健全，产业组织化程度不高。

二、品种登记情况分析

（一）品种登记基本情况

天然橡胶开展登记的品种较少，截至 2018 年年底，仅有中国热带农业科学院橡胶研究所申报的 7 个橡胶树品种。目前已完成登记工作的品种包括热研 73397、热研 917、热研 879 这 3 个品种，正在进行申报的品种包括热垦 525、热垦 628、热垦 523、热研 106。云南和广东目前暂未开展橡胶树的品种登记工作。其中云南省林业厅进行园艺注册登记的 5 个，分别为云研 76398、云研 751、云研 1983、云研 76325、云研 78768。

（二）登记品种主要特性

热研 73397 为我国自主培育的高产抗风品种，也是当前我国种植的主导品种之一，亲本为 RRIM600 和 PR107。在海南儋州高级系比区，1～11 割年平均年产干胶 1 977.0 千克/公顷，为对照 RRIM600 的 169.6%。

热研 879 是我国自主培育的早熟高产品种，亲本为热研 88-13 和热研 217，在海南儋州高级系比区，1～11 割年平均干胶 5.8 千克/株，2504.0 千克/公顷（166.9 千克/亩），比对照 RRIM600 高 52.0% 和 51.0%。早熟特性极为明显，在海南儋州高级系比区第二割年株产干胶即达 4.6 千克。

热研 917 为我国自主培育的高产品种，亲本为 RRIM600 和 PR107，海南儋州高级系比区 1～9 割年干胶产量逐年递增，平均年产干胶 1 467.0 千克/公顷，比对照 PR107 增产 68.6%。

（三）登记品种生产推广情况

我国的橡胶树种植全部集中在云南、海南和广东地区。我国植胶区种植超过 10 万亩的品种主要有 6 个，分别是 RRIM600、PR107、GT1、热研 73397、云研 77-4、云研 77-2，比重分别为 22.3%、20.8%、15.6%、14.5%、10.7%、2.5%，占到全国植胶面积的 86.4%。

三、品种创新情况分析

（一）育种新进展

1. 世界天然橡胶育种进展

各植胶国依据不同地区的情况，通过优良的杂交组合已培育出各自所需的不少良种，如马来西亚的 RRIM 等系列，印度尼西亚的 PR 等系列，印度的 RRII 系列，中国的热研、云研系列等，干胶产量水平在 2 500～3 500 千克/公顷。在品种推荐方面，主产国每 3～5 年向全国植胶者发布品种推荐书，向不同区域的植胶者推荐适用的最新品种，做到品种区域对口配置。国外推荐的无性系分为 3 种类型，即胶乳产量为主体的品种，木材量为主体的品种，胶木兼优品种。

2. 我国天然橡胶育种进展

我国橡胶树选育种跟世界其他植胶国一样，仍以传统的杂交授粉方式进行，橡胶树的成果率较低，一般在 5% 左右，一个正规的选育种程序需要历经 30 年左右的时间。目前我国生产中主推的品种都来自于 20 世纪 90 年代培育的品种。2000 年后我国开展了胶木兼优品种的选育，目前筛选出热垦 523、热垦 525、热垦 628 这 3 个有潜力的品种，分别通过中国天然橡胶协会和热带作物品种审定。其中热垦 628 生长快，立木材积蓄积量大。高比区开割前树围年均增粗 8.67 厘米，10 龄株材积 0.31 米^3。产量非常高，1～4 割年平均株产 2.06 千克，由于树体为单杆型，枝叶疏阔，抗风能力突出，同时具有较好的抗寒能力。

目前橡胶树遗传转化技术体系不尽成熟，转化效率较低，诱变育种存在嵌合率较高的问题，分子标记的挖掘持续研究中，提出了乳管分化、胶乳合成相关基因标记，但目前可靠性不高，新技术在育种中缺乏实际应用。

（二）育成品种特性和推荐地区

1. 抗风高产品种

（1）热研 7-33-97

选育单位：中国热带农业科学院橡胶研究所

亲本：RRIM600×PR107

推广等级和种植区域：中风区大规模推广种植，重风区中等规模推广种植。目前已在海南推广 220 多万亩，在广东推广 30 多万亩。

生产特性：产量高，1～12 割年平均株产 4.58 千克，平均每公顷产干胶 1983 千克，分别比 RRIM600 高 44.2% 和 49.0%。生长较快，林相整齐，开割率高，开割前年均茎围增长 7.51 厘米，为对照 RRIM600 的 118.1%；开割后年均茎围增长 1.94 厘米，显著高于 RRIM600（1.46 厘米）。抗风能力强，白粉病发病率较低。

（2）文昌 217

选育单位：中国海南农垦橡胶研究所

亲本：海垦 1×PR107

推广等级和种植区域：适宜重风区大规模推广。目前已在海南少量种植。

生产特性：产量高。高比区 1～11 割年平均单株年产干胶 3.60 千克。为对照 RRIM600 的 118.1%；平均年公顷产干胶 1882.6 千克，为 RRIM600 的 125.5%。抗风力强。1982 年高比的文昌 217 风害累计断倒率 8.9%，比对照海垦 1 号的 33.0% 轻 24.1 个百分点，比 RRIM600 的 13.8% 轻 4.9 个百分点。原生皮比海垦 1 号厚，干胶含量高，死皮率低。

（3）文昌 11

选育单位：中国海南农垦橡胶研究所

亲本：RRIM600×PR107

推广等级和种植区域：适宜重风区大规模推广。目前已在海南少量种植。

生产特性：产量高，高比区 1～11 割年平均年产干胶 3.63 千克/株、1954.0 千克/公顷，分别为 RRIM600 的 119.2% 和 130.3%。高产期稍迟，头 3 年产量较低，以后上升很快。抗风力较强。干胶含量高，死皮较少，生长整齐，开割率较高。开割前生长稍慢，但与 RRIM600 差异不显著，开割后生长于 RRIM600 相当。

（4）热研 7-20-59（热研 917）

选育单位：中国热带农业科学院橡胶研究所

亲本：RRIM600×PR107

推广等级和种植区域：海南省中西部中风区中规模推广。目前已在海南少量种植。

生产特性：产量高，1～9 割年平均年产干胶 3.95 千克/株，亩产 97.8 千克，分别比对照 RRIM600 增产 78.7% 和 68.6%，生长较快。具有较强的抗风和恢复生长能力。

2. 抗寒高产品种

（1）云研 77-2

选育单位：云南省热带作物科学研究所

亲本：GT1×PR107

推广等级和种植区域：云南Ⅰ、Ⅱ、Ⅲ类型区，特别是Ⅱ、Ⅲ类型区种植。目前已在云南推广种植 210 万亩，广东推广种植接近 4 万亩。

生产特性：产量高，适应性系比区割胶第 1 年至第 6 年的平均干胶含量 33.4%，株产干胶 3.46 千克，公顷产 1 471.5 千克，分别为对照 GT1 的 164.0% 和 179.7%；生势粗壮、速生，生长量比 GT1 快 19%。树干粗壮直立，主分枝较少，耐割不长流，干胶含量高，对刺激割胶反应良好。抗寒力强于 GT1。感白粉病中等。

（2）云研 77 - 4

选育单位：云南省热带作物科学研究所

亲本：GT1×PR107

推广等级和种植区域：云南Ⅰ、Ⅱ、Ⅲ类型区，特别是Ⅱ、Ⅲ类型区种植。目前已在云南推广种植 50 万亩，广东推广种植接近 1 万亩。

生产特性：产量高，适应性系比区割胶第 1 年至第 6 年的平均干胶含量 33.6%，株年产干胶 2.65 千克，每公顷产干胶 1 119 千克，分别为对照 GT1 的 128.0% 和 136.6%；速生，生长量比 GT1 快 17.2%。树干粗壮，直立，分枝习性良好，耐割不长流，对刺激割胶反应良好，干胶含量高。抗寒力强于 GT1，感白粉病较轻。

3. 高产品种

（1）大丰 95

选育单位：海垦大丰农场

亲本：PB86×PR107

推广等级和种植区域：适宜海南各植胶区大规模推广。目前已在海南少量种植。

生产特性：高产、稳产且高产期早。生产示范区 1～11 割年平均年产干胶 3.09 千克/株，1899 千克/公顷，分别为对照 RRIM600 的 112.4% 和 127.1%。抗风、抗病、抗寒和抗旱能力均比较强。抗风力极明显强于 RRIM600，感染白粉病、炭疽病、黑团孢叶斑病等叶病明显轻于 RRIM600，死皮病亦极显著轻于 RRIM600，抗寒力明显强于 RRIM600。

（2）热研 8 - 79

选育单位：中国热带农业科学院橡胶研究所

亲本：热研 88 - 13×热研 217

推广等级和种植区域：在Ⅰ类植胶区中规模推广，其他类型区可进行生产性试种。目前已在海南和云南少量种植。

生产特性：在初比区，第二割年株年产干胶 4.48 千克；头 10 割年，株年产干胶 9.11 千克，极显著高于 RIM600。在高比区，第二割年亩年产干胶 100 千克；1～6 割年，亩年产干胶 151.3 千克，极显著高于 RIM600。开割后生长较慢。抗风性能与对照 RRIM600 相当。

品种优缺点：该品种早熟高产，应加强水肥管理，极不耐寒，应在适宜区域种植，冬季应及时涂封。

4. 胶木兼优品种

品种名称：热垦 628

选育单位：中国热带农业科学院橡胶研究所

亲本：IAN873×PB235

推广等级和种植区域：海南中西部、广东雷州半岛、云南Ⅰ类植胶区。目前还在生产性试验阶段，生产未推广。

生产特性：产量高，1～4 割年平均株产 2.06 千克。生长快，立木材积蓄积量大。高比区开割前树围年均增粗 8.67 厘米，10 龄株材积 0.31 米³。抗寒及抗风能力突出。

（三）主要品种推广应用情况

1. 品种应用占比情况

通过区域试种示范辐射带动，热研 73397 等优势品种进一步扩大推广和应用，在海南品种占比接近 30%，在广东应用规模超过总面积的 50%。

海南垦区从之前 PR107、RRIM600 占比超过 90%，自主选育新品种不足 5% 的情况下，逐步提升至 30% 以上。目前在海南垦区的主力品种为热研 73397（含自根幼态无性系）、PR107、RRIM600，其占比分别为 28%、35% 和 30%，其中民营胶园 80% 以上推广品种为热研 73397，而 PR107 则为海胶集团的主要品种，另外还有早期种植的 RRIM600（图 28-1）。

在云南垦区，从以前的 GT1 和 RRIM600 为主体，到现在 GT1、RRIM600 和云研系列（含云研 774、云研 772）三足鼎立，其占比分别达到 33%、32% 与 30%（图 28-2）。

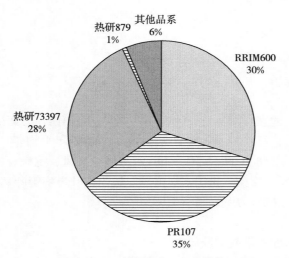

图 28-1 海南植胶区品种结构

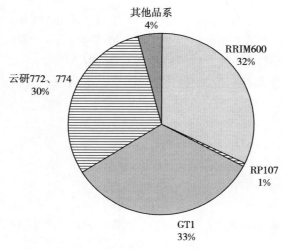

图 28-2 云南植胶区品种结构

广东垦区 21 世纪以前的主力品种为 IAN873、93114、GT1、南华 1 号等。近年来，由于加大了热研 73397、云研 774 等新品种的推广力度，主力品种结构已发生根本性改变，热研 73397 已成为广东垦区最重要的主栽品种，占比已在 50% 以上；新品种云研 774 占比也达到了 7%。截至 2017 年，广东农垦共有橡胶树 1 504.92 万株，2001—2017 年种植 961.9 万株，占 63.92%；其中热研 73397、云研 77-4 分别种植 476.9 万株和 74.0 万株，占 3 代胶园（2001 年以后种植）的 49.4% 和 7.66%（图 28-3）。

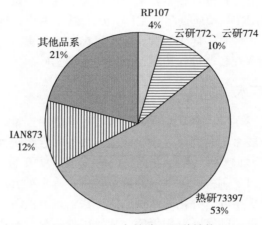

图 28-3　广东植胶区品种结构

2. 品种推广应用成效

品种结构优化及升级带来了巨大的经济、社会和生态效益，部分品种的技术水平具有世界领先水平，如四生代热研 879 在海南儋州地区实现了 7~8 千克的年单株产量。而在云南临沧孟定农场，其 1~7 割年的单株产量分别为 2.4 千克、4.3 千克、5.9 千克、7.1 千克、7.6 千克、9.5 千克和 11.2 千克；第二割年亩产即达 100 千克，第七割年达 300 千克，体现了极高产的品种性能。在产业经济效益方面，以海南、广东的主力品种热研 73 397 为例，热研 73397 总推广面积 250 万亩，海南单产约为 90 千克，广东为 65 千克，产量增幅在 10% 以上，2007—2015 年，创造总产值 97.2 亿元，增收 12.15 亿元。近 10 年来，由于热研 73397、云研 774 等新品种的快速推广应用，使我国第三代品种应用比例由 6% 提升至 30%。

品种的良种化，更加有效地推动我国植胶业的稳定和持续发展，在稳定我国植胶规模，增加气候适宜地区胶农的收入，实现增产增效，保障我国经济建设和国防需求等方面发挥重要作用。

（四）品种创新主攻方向

1. 选、育种目标多元化

随着全球气候变化极端天气现象增多，植胶园区向非传统植胶区发展，刺激割胶常规化以及对橡胶制品质量和品种的需要，橡胶树选、育种需要从过去的生长、产量选择，扩大到对抗风、抗寒、抗旱、抗病、耐刺激、胶乳特性等的选择，育种目标渐趋多元化。

此外，由于国内外大量研究发现，砧木对接穗生长、产量和抗逆性具有显著影响，橡胶树选育种也将从以往关注地上部分——接穗的遗传改良，到关注砧木的改良。随着组织培养技术的不断完善，接穗—砧木一体化育种将成为橡胶树育种研究新方向。

2. 扩大选、育种亲本范围

目前世界栽培的橡胶树绝大部分来源于魏克汉和克洛斯 1876 年在亚马逊河收集的母树种子的后代。占世界植胶面积 90％以上的东南亚地区，其商业规模种植的材料大都可追溯到魏克汉引到新加坡的 22 株原始实生苗。在选育种过程中又都是以高产表型为主选择亲本，使亲本数目进一步减少。天然橡胶是异花授粉植物，长期种内杂交结果使遗传基础已十分贫乏，进一步大幅度提高橡胶树的产量可能性不大。为拓展橡胶树遗传基础，各主要植胶国在橡胶树种质资源收集与创新利用方面都开展了大量工作，尤其是以 1981'IRRDB 种质资源为主体，从产量、生长、抗病等方面，积极开展种质资源的鉴定评价与创新利用研究。针对多样化的选、育种目标，必须更广泛更系统地收集和引进品种资源，开展主要经济性状的系统调查和评价，拓宽橡胶树的遗传基础。

3. 应用辅助选、育种技术

由于杂交后亲本的遗传基因在子代会发生重组，目前对橡胶树产量、生长、抗风性、抗寒性、抗病性等性状之间的调配还未开展系统研究，导致在橡胶树育种中存在很大的不可预知性。由于橡胶树选、育种年限长达 30 多年，为加速选、育种进程，国内外很早就开始了辅助选、育种技术的研究。在产量早期预测技术方面，提出了刺检、试割、乳管数量测定等多种方法，我国在 20 世纪 80 年代提出了小叶柄胶法，且创新了以次生乳管分化开展预测的方法，该方法对于橡胶树产量性状的定向遗传改良和提高选、育种效率具有重要的实际应用价值。除此以外，充分利用分子生物学和蛋白质组学研究手段进行产量和抗性预测研究，如发现黄色体中的橡胶素和几丁质酶基因、HMG 合成酶基因和REF 基因在高产品系胶乳中的表达量大于在低产品系中的表达量，发现抗南美叶疫病相关的 QTL 主效标记等。但目前尚未形成可供实际应用的技术手段。为提高选、育种的针对性，在原有各性状遗传力研究及杂交亲本组配经验的基础上，继续加强产量、抗性等主要性状的遗传特性研究，摸清亲代与子代间的遗传规律，做好杂交亲本选配，提高选、育种成效。此外，充分利用橡胶树辅助育种技术，加快橡胶树选、育种进程。强化对品种资源的创新，通过新技术，如物理化学诱变、花药培养、多倍体育种、生物技术等手段，创造出具有抗病、抗风、抗寒、优质、高产、早熟等单项或多项优良性状的橡胶树育种中间材料，与常规育种技术相结合，为橡胶树遗传性状的改良提供新的方向，从而选育成具有突破性的橡胶树新品种。

4. 缩短选、育种年限

橡胶树选、育种由有性杂交和无性繁殖结合，要经历亲本选择、杂交授粉、苗圃有性系比、大田有性系比、无性系初级系比、无性系高级系比、无性系生产性系比和区域性试验等阶段，从杂交授粉开始完成一系列选、育种过程需要历程 30 多年。马来西亚橡胶研究院采用跳级小区无性系试验，即跳过小规模试验，将育种年限缩短了 6～10 年。此外，马来西亚、泰国、印度等国通过采用缩短鉴定年限，如小规模试验以 2 年的鉴定结果替代 4 年及以上的结果，或通过辅助选择的方法，如乳管列数、堵塞指数、分子标记等，加快鉴定评价过程。我国在选育种路线上，同样也采取传统程序与跳级试验相结合的方式进行，对国外引种的优良无性系，则在参照国外相关试验资料的基础上，直接安排参加无性系高级系比和区域性试验，也可将育种年限缩短 8～10 年。今后应充分结合利用传统鉴定和辅助选、育种技术，提高品种选出效率，加快育种进程。

（编写人员：曾霞　高新生　胡彦师　等）

图书在版编目（CIP）数据

登记作物品种发展报告 . 2018 / 农业农村部种业管理司，全国农业技术推广服务中心编 . —北京：中国农业出版社，2019.9

ISBN 978-7-109-26829-6

Ⅰ . ①登… Ⅱ . ①农… ②全… Ⅲ . ①作物-品种-产业发展-研究报告-中国-2018 Ⅳ . ①S329.2

中国版本图书馆 CIP 数据核字（2020）第 078996 号

中国农业出版社出版

地址：北京市朝阳区麦子店街 18 号楼

邮编：100125

责任编辑：刁乾超 王 凯

版式设计：王 怡 责任校对：吴丽婷

印刷：北京印刷一厂

版次：2019 年 9 月第 1 版

印次：2019 年 9 月北京第 1 次印刷

发行：新华书店北京发行所

开本：889mm×1194mm 1/16

印张：16.25

字数：300 千字

定价：88.00 元